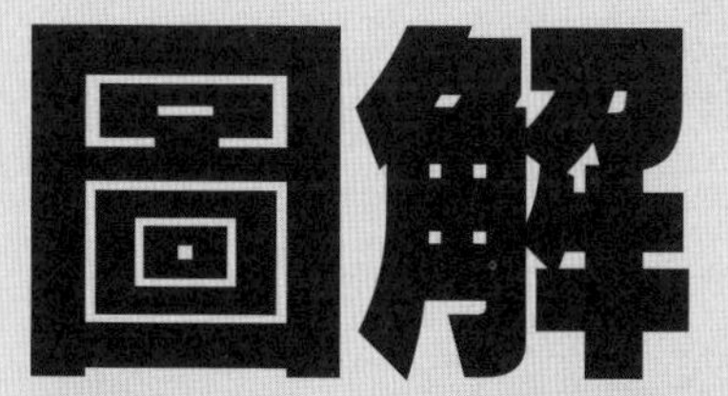

圖解系列

三大特色

- 一讀就懂廣告學基本入門知識
- 文字敘述簡明易懂、提綱挈領
- 圖表方式快速理解、加強記憶

廣告學

莊克仁 著

五南圖書出版公司 印行

本書目錄

第1章 廣告的基本概念

第2章 廣告學與廣告理論

第3章 廣告運作的基礎

第4章 廣告產品與廣告市場

第5章 廣告創意

本書目錄

本書目錄

本書目錄

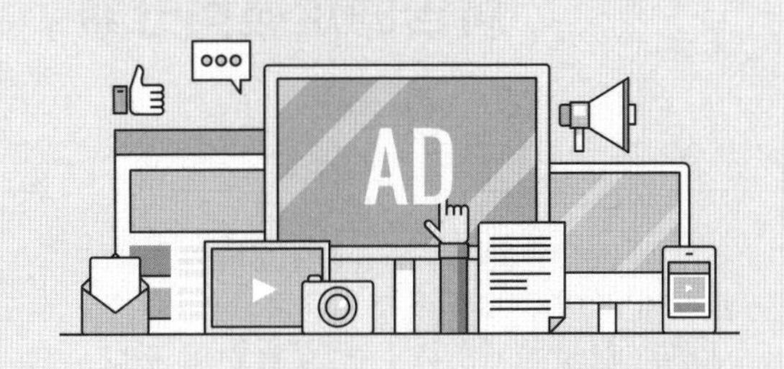

廣告的基本概念

章節體系架構

Unit 1-1 廣告的定義與分類

一、廣告的定義

廣告在行銷中扮演溝通的角色，但是卻能形成一個專業，產生和其他行銷活動的關聯性。美國行銷協會對廣告的定義：「廣告是由特定的廣告主付費，以非個人的方式，將其觀念、商品或服務所做的陳述與推廣。」美國《廣告時代》雜誌對廣告的定義是：「由廣告主支付費用，透過印刷、撰寫、口述或圖書等方式，替個人、商品、服務或運動做公開宣傳，以達到促銷、使用、投票、贊成的目的。」R. H. Colley認爲廣告是付費的大眾媒體，其最終目的在於傳遞情報，改變人們對產品廣告的認知態度，誘發其購買行動並使廣告主得到利益。Neil H. Borden則認爲廣告是把想要購買財貨或勞務的人，或者爲了對企業商標等採取善意的行爲，或是使其持有好感，向特定大眾告知，或予以影響爲目的，將訊息用視覺或言語等方式向他們所做的活動。此外，美國麥肯廣告公司則定義廣告爲能有效的告知消費者事實眞相。行銷學者Kolter則認爲廣告是特定資助者所做的任何形式，須付費及非人員展示或單向形式的溝通，用以推廣理念、產品和服務。

廣告的定義可以分爲廣義和狹義兩種。廣義的廣告泛指一切向公眾傳播資訊並引起人們注意的手段，如布告、聲明、啟事、通知、演講等。狹義的廣告指透過各種媒介向使用者和消費者宣傳商品和服務，以促進銷售或擴大服務的手段，通常稱爲「商業廣告」，或「經濟廣告」。當我們認眞地思考和追索一下廣告是什麼時，就會發現不同的歷史時期以及不同的國家和地區，對於「廣告」的定義有著不同的界定和解讀。

綜合以上學者及協會組織的看法，廣告的涵義可以歸類爲以下幾點：

1. 廣告需有明確的廣告主，而且必須付費。
2. 廣告以商品、勞務、服務爲內容。
3. 廣告是一種非個人式的傳播。

二、廣告的分類

1. 按廣告目的分類

(1) 營利廣告，主要指商業廣告，是以營利爲最終目的的廣告。廣告的目的是透過宣傳推銷商品或勞務，進而取得利潤。

(2) 非營利廣告包括範圍較廣。例如：政府和社會團體的公告、通知、啟事、聲明以及個人的掛失聲明、尋人啟事、徵婚啟事等。一般不具營利目的並透過一定的媒介發布的廣告，都可納入非營利廣告範圍。

2. 按廣告對象分類

可分爲消費者廣告、工業用戶廣告、商業批發廣告等。

3. 按廣告內容分類

可分爲商品廣告、勞務廣告、文化娛樂廣告、社會廣告、公益廣告等。

4. 按廣告形式分類

分爲報刊廣告、廣播廣告、電視廣告、招貼廣告、直接郵寄廣告、電子網路廣告等。

5. 按廣告區域分類

可分爲國際性廣告、全國性廣告、區域性廣告和地方性廣告。

廣告的定義

1 美國行銷協會

廣告是由特定的廣告主付費，以非個人的方式，將其觀念、商品或服務所做的陳述與推廣。

2 學者Kolter

廣告是特定資助者所做的任何形式，須付費及非人員展示或單向形式的溝通，用以推廣理念、產品和服務。

3 廣義

泛指一切向公眾傳播資訊並引起人們注意的手段，如布告、聲明、啟事、通知、演講等。

4 狹義

(1) 指透過各種媒介向使用者和消費者宣傳商品和服務，以促進銷售或擴大服務的手段。
(2) 通常稱為「商業廣告」，或「經濟廣告」。

5 廣告綜合

(1) 廣告需有明確的廣告主，而且必須付費。
(2) 廣告以商品、勞務、服務為內容。
(3) 廣告是一種非個人式的傳播。

廣告的分類

1. 按目的分

1. 營利廣告
2. 非營利廣告

2. 按對象分

1. 消費者廣告
2. 工業用戶廣告
3. 商業批發廣告

3. 按內容分

1. 商品廣告
2. 勞務廣告
3. 文化娛樂廣告
4. 社會廣告
5. 公益廣告

4.按形式分

1. 報刊廣告
2. 廣播廣告
3. 電視廣告
4. 招貼廣告
5. 直接郵寄廣告
5. 電子網路

5.按廣告區域分類

1. 國際性廣告
2. 全國性廣告
3. 區域性廣告
4. 地方性廣告

Unit 1-2 廣告依訴求對象的分類

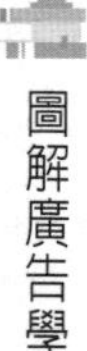

一、以目的區分

1. 消費者廣告

係指廣告的主要訴求對象爲一般消費者，其以最終消費爲目的，這類廣告非常多，舉凡便利品、選購品、特殊品等都是消費者廣告的商品。

2. 工業廣告

以購買材料、原料、設備等工業產品的企業及相關採購決策人員爲訴求對象的廣告，均稱之爲工業廣告，這些廣告常出現在特定的管道上，例如：直接郵寄、工商名錄或特殊網頁上。

3. 交易廣告

爲了增加通路，以銷售通路或中間商爲訴求對象所做的廣告，稱爲交易廣告。這類廣告多半配合一些銷售促進的方式，在廣告中提示中間通路商可能獲得的獎金、津貼或旅遊機會，以吸引中間通路購買廣告主的產品。

4. 專業廣告

指針對一些專業人士諸如學生、老師、美髮美容師、工程師等爲訴求的廣告，告訴這些專業人士如何選擇醫療設備、如何選擇教學設備和教材、如何選擇美容保養品。

二、以涵蓋地區區分

1. 國際性廣告

許多廣告主產品已行銷許多國家，因此可能一則廣告適用於所有的國家，像NIKE的廣告在各國都曾看到相同的畫面，當然也有的國際性廣告因各地之特殊需求，將語言部分改變成當地所使用的語言，以便於消費者了解。

2. 全國性廣告

全國性廣告是以全國爲目標對象，多半利用全國性媒體如無線電視台、全國聯播等播放廣告，例如：企業形象的廣告。

3. 地方性廣告

只以某一個地區爲銷售對象的廣告，稱之爲地方性廣告，例如：每一地區的超市所提供的優惠活動，藉由地方性媒體傳播，例如：「台北藝術節」活動的廣告、「陽明山花季」等。

三、以內容區分

1. 企業廣告

爲了推動企業組織的形象、商譽，而非爲了推廣某一特定產品所進行的廣告稱爲企業廣告。例如：國泰人壽在九二一大地震過後所做的廣告提示「這時候做比說更重要——國泰人壽用行動和您共創家園」，又如在台灣SARS期間，ING安泰人壽所做的廣告「握手不如拱手」，都表現出企業善盡社會責任的義務。

2. 產品廣告

產品廣告乃具體陳述產品之特徵、功能及服務，以引起消費者的購買慾望，大部分的廣告都屬於這一種類。

四、以形式區分

1. 開創性廣告

主要用於刺激對新產品或新品類的初級需求，例如：愛之味推出的番茄汁，主要在刺激消費者重視茄紅素的營養價值。

2. 競爭性廣告

爲了強調企業主的產品品牌選擇性需求，藉以區別競爭者品牌之特性，例如：汽車業經常強調自己所提供給客戶的差異性服務。

3. 比較性廣告

此乃以直接或間接方式將企業主產品與競爭者產品在某些特點上逐項比較，使消費者明顯看出差異，甚至有時還會出現攻擊性的內容，像是通訊系統業者經常做廣告，比較月租費率、網內外互打費率、國際漫遊費率等。

4. 提醒性廣告

此類廣告在使消費者更熟悉企業主的產品，一些已具知名度的產品仍經常提出新的廣告以提醒消費者，繼續保持熟悉度。

廣告依訴求對象的分類

一、以目的區分

- 01 消費者廣告
- 02 工業廣告
- 03 交易廣告
- 04 專業廣告

二、以涵蓋地區分

- 01 國際性廣告
- 02 全國性廣告
- 03 地方性廣告

三、以內容區區分

- 01 企業廣告
- 02 產品廣告

四、以形式區分

1. 開創性廣告
2. 競爭性廣告
3. 比較性廣告
4. 提醒性廣告

Unit 1-3 廣告的要素和特性

一、廣告的要素

商業營利性廣告的定義，是從廣告的動態過程來說明廣告是一種促銷商品的傳播手段，對於具體的某一則廣告而言，它僅是廣告活動的結果或表現。

一則具體的廣告，需有一些基本構成要素：廣告主、廣告資訊、廣告媒介、廣告費用、廣告對象。

1. **廣告主**：廣告主就是進行廣告者，指提出發布廣告的企業、團體或個人，如工廠、商店、賓館、飯店、公司、戲院、生產者、商販等。
2. **廣告資訊**：廣告資訊是指廣告的主要內容，包括商品資訊、勞務資訊、觀念資訊等。商品和勞務是構成市場經濟活動的物質基礎。
3. **廣告媒介**：廣告媒介又稱廣告媒體。
4. **廣告費用**：廣告費用就是從事廣告活動所需付出的費用。廣告活動需要經費，利用媒介要支付各種費用，如購買報紙、雜誌版面需要支付相應的費用，購買電台、電視台的播出時間也需要支付費用。
5. **廣告對象**：廣告對象就是廣告宣傳所針對的公眾、消費者。

二、廣告的特性

從廣告的主要構成因素看：

1. **資訊的傳播活動**：依據廣告類型學（advertising typology），可將廣告根據傳播學的5W模式將其歸類。5W模式揭示資訊傳播過程中的五個核心要素：傳播者（who）、傳播內容（says what）、傳播管道（by which channel）、傳播受眾（to whom）、傳播效果（what effects）。
2. **明確的廣告主**：其意義有兩點：第一，廣告主是廣告的出資者，付出費用必須得到回報，只有明確了廣告主，才可能得到經濟回報。第二，能夠明確廣告責任。廣告主負有一定的責任，對消費者的承諾必須兌現。明確了廣告主，可以防止欺騙性廣告出現，一旦有了虛假的、誤導的廣告資訊，就能追究廣告主的責任。
3. **屬於付費傳播**：播權的控制權，電子媒介播出前，政府單位有權決定廣告的內容、表現方式、發布的時間和空間等。
4. **非人際傳播**：廣告主要透過報紙、雜誌、廣播、電視等大眾傳播媒介和其他媒體，向消費者傳播商品資訊，是一種非人際傳播。
5. **具有特定資訊**：廣告傳播的內容，不僅包括商品、勞務方面的資訊，而且涉及形象、觀念方面的內容。廣告內容要求眞實、簡潔、生動、具體、精彩，能夠產生促銷效果。同時，還要符合社會規範和道德規範，要受到一定的管理和約束。
6. **採用說服方式**：廣告的最終目的，是使目標消費者接受廣告資訊，影響購買行爲，促進銷售。在商品生產不發達時期，商品產量低，品種少，廣告的主要形式是向消費者告知商品資訊。在市場競爭時代，產品相當豐富，廣告就變成了說服。
7. **選擇傳播受眾**：廣告活動並不是向所有的消費者進行宣傳，而是有特定的目標公眾。有了目標公眾，可以制定廣告策略，有針對性地進行宣傳。

廣告的要素

01

廣告主

進行廣告者

02

廣告資訊

廣告的主要內容

03

廣告媒介

廣告媒體

04

廣告費用

從事廣告活動所需付出的費用

05

廣告對象

廣告宣傳所針對的公眾、消費者

廣告的特性

1. 資訊的傳播活動
2. 明確的廣告主
   (1) 廣告的出資者
   (2) 明確廣告責任
3. 屬於付費傳播
4. 非人際傳播
5. 具有特定資訊
6. 採用說服方式
7. 選擇傳播受眾

Unit 1-4 廣告的社會與經濟功能

一、資訊傳播的功能

商業廣告是服務於商品流通的，爲產品進入消費提供服務，與「物流」（是指商品實體的運動，也就是使用價值的運動）、「商流」（是指商品、貨幣與所有權的運動或轉移，也就是商品價值的運動）一起共同承擔完成商品使用價值的運動和價值交換的全部過程。商業廣告把有關生產方面的資訊傳遞給消費者，向消費者提供商品或勞務資訊，這就是廣告的資訊傳播功能。

二、指導消費的功能

在現今商品市場中，由於科學技術的突飛猛進，新產品日新月異，商品種類繁多，各類商品的功能各異，同時，許多商品都分散在各個商業網點，消費者迫切需要了解商品的性能和產、供、銷情況。廣告透過對商品資訊的有效傳播，向消費者介紹商品的廠牌、商標、性能、規格、用途、特點、價格，以及如何使用、保養和各項商業服務措施，這實際上是在幫助消費者提高對商品的認識程度，指導消費者如何購買商品。尤其是新上市產品，廣告的消費指導尤爲重要。

三、溝通產銷管道、促進商品銷售的功能

在現代化的社會化大生產中，生產和流通是統一的生產過程中兩個相輔相成的要素。企業生產出來的產品，只有透過流通領域才能夠進入消費，實現其使用價值。廣告在溝通產銷管道、疏通產供銷關係上，有著橋梁作用。市場經濟的發展，整個市場變得完全開放，流通管道增多而流通環節相對變少，地不分南北，人無論中西，都在市場經濟中生活。現在的廣告已成爲工商企業加速商品流通和擴大商品銷售的有效工具，被譽爲「運用先進媒體的超級推銷巨人」。

四、鼓勵競爭、促進生產經營與管理的功能

由於廣告宣傳活動具有明確的針對性訴求，並且需要對廣大消費者進行說服，因此在廣告活動中，就必須明確地宣傳產品的生產廠商、牌號、商標等，同時還必須充分強調所宣傳的產品特點和優於同類產品之處，以激發消費者的注意和興趣，促成消費者認牌購買。這樣，廣告宣傳就成了企業之間開展產品競爭和爭奪市場的手段，同時，也刺激和促進了生產廠商或勞務服務性企業提高生產能力，改善經營管理。

五、傳授新知識、新技術的功能

現代經濟生活中，任何一件新產品的生產上市，都是應用現代化科學技術的結果。據信，柯達彩色膠片公司一年投入的新產品研製費用就達數百億美元。因此，每當新產品上市，就必須透過廣告向廣大消費者宣講新產品的性能、品質、工作原理、使用方法等涉及科學技術進步的新知識和新技術。這樣，廣告就有意識地承擔起了一部分新知識和新技術的社會教育功能，向廣大消費者傳授科技領域的新知識、新發明和新創造，而這些都有利於開拓人民群眾的視野，活躍他們的思想，豐富他們的物質和文化生活。

資訊傳播的功能

商業廣告  生產方面的資訊  消費者

提供商品或勞務資訊

指導消費的功能

廣告  商品資訊  消費者

介紹商品的性能、用途、價格，以及如何使用、保養和各項商業服務措施

溝通產銷管道、促進商品銷售的功能

溝通產銷管道 ← 廣告 → 疏通產供銷管道

運用先進媒體的超級推銷巨人

鼓勵競爭、促進生產經營與管理的功能

作法

(1) 必須明確地宣傳產品的生產廠商、牌號、商標等。
(2) 必須充分強調所宣傳的產品特點和優於同類產品之處。

目的

(1) 激發消費者的注意和興趣。
(2) 促成消費者認牌購買。

傳授新知識、新技術的功能

1. 向消費者宣講新產品的性能、品質等的新知識和新技術。
2. 有利於消費者豐富的物質和文化生活。

Unit 1-5 廣告對企業的功能與原則

一、廣告對企業的功能

一般而言，廣告可以幫助企業達成目標，主要功能有下列幾種：

1. **提供產品相關資訊**：在廣告中提供與產品相關的資訊可以幫助消費者選擇及做購買的決策，廣告提供的資訊則由目標消費者的需求來決定，例如：一些新產品上市，廣告應提供可以滿足消費者的重要資訊。
2. **提供誘因以採取行動**：對於新產品，廣告主宜於廣告中揭示可以滿足消費者的利益或價值，例如：品質、安全、便利、幸福感等，藉此使新產品容易迅速上市。在產品上市後，消費者會因爲競爭者的行銷活動吸引而有所轉變，此時廣告主要以不同的廣告來提示產品利益或價值，讓消費者能判斷廣告主產品和競爭者產品的差異，進而選擇廣告主的產品。
3. **提供提醒和強化**：許多廣告主的廣告目的在維繫現有的消費者，在淡季時提醒消費者，或在旺季時記得購買產品，有時消費者淡忘了當初購買產品的需求時，一些廣告像是持續提示品牌名稱、產品好處、價值等都能有助於消費者再次購買成爲忠誠者。一般常用的方法包括以標語、歌曲不斷在廣告中播放，都能提醒、強化消費者對產品的需求。知名的標語有「Just do it」、「就是要海尼根」等；知名歌曲有五、六年級生自小耳熟能詳的「綠油精」、「大同、大同國貨好」等，至今仍能琅琅上口。

二、廣告的原則

廣告不僅僅是企業活動的一部分，也是社會活動的一部分，因此，廣告就應該遵循一些基本的原則。

1. **眞實原則**：眞實是廣告的生命。保證廣告的眞實性、維護廣告的信譽，是廣告客戶應負的社會責任和法律責任。
2. **心理原則**：受眾對於廣告的接受，要經過注意、興趣、感情、思考、記憶和慾望等一系列的心理過程，這個過程可以歸納爲五個方面：一是引起注意、二是產生興趣、三是促進慾望、四是增強，以及五是指導行動。
3. **實效原則**：從廣告所傳遞的資訊僅僅靠眞實是不能引起受眾注意的，也是毫無價值的。廣告要追求實效，具體體現在兩個方面：一是傳遞的資訊應當是有用的、有吸引力的，是受眾所需求的；二是廣告運作要科學合理，包括廣告的目標定位、設計製作、媒介選擇、發布時間、發布區域等，都要合情合理，恰到好處。
4. **藝術原則**：廣告是一門將造型藝術、語言藝術、表演藝術融爲一體的綜合藝術，它利用繪畫、攝影、語言、文字、音樂、表演、歌曲等形式，塑造出生動而又富有創意的藝術形象來表現廣告的內容，進而感染受眾，使受眾在自然而然的興趣和愉悅中認知和接受廣告的傳播，並從中獲得藝術的欣賞和美的享受。
5. **法律原則**：廣告是一種有責任的資訊傳播活動，必須以法律爲準繩，遵循相關法律原則，對社會和公眾負責。例如：要維護社會公共利益，不能用不正當手段進行廣告宣傳競爭，不能用虛假廣告坑害消費者利益等。

廣告對企業的功能

01 提供產品相關資訊

幫助消費者選擇及做購買的決策。

02 提供誘因以採取行動

讓消費者能判斷廣告主產品和競爭者產品的差異。

03 提供提醒和強化

以標語、歌曲不斷在廣告中播放，都能提醒、強化消費者對產品的需求。

廣告的原則

真實原則　保證廣告的真實性、維護廣告的信譽。

心理原則　一是引起注意，二是產生興趣，三是促進慾望，四是增強，五是指導行動。

實效原則　一是傳遞的資訊應當是有用的、有吸引力的，是受眾所需求的：二是廣告運作要科學合理，恰到好處。

藝術原則　將造型藝術、語言藝術、表演藝術融為一體的綜合藝術。

法律原則　遵循相關法律原則，對社會和公眾負責。

Unit 1-6 何謂直效廣告和有效廣告的構成要素

一、何謂「直效廣告」？

直效廣告乃利用直接和消費者接觸的工具提供廣告訊息。

這工具包括直接信函、電腦網路、型錄、電視等，目的在直接刺激產生銷售量。直效行銷有兩個標準。第一，它必須藉由吸引消費者而傳送一個有意義的訊息以滿足消費者；第二，一則廣告必須同時達成廣告主的目的。

二、有效廣告的構成要素

廣告是現代社會一種常見的資訊傳播活動，在經濟生活中扮演著尤爲重要的角色。對廣告現象進行本體研究，目的是把握事實眞相以及現象背後的客觀規律，從而更好地指導廣告實踐活動，使之從一種自在行爲上升爲一種自覺行爲。有效廣告的構成要素包括下列四個構面：策略、創意、訊息來源可靠度及執行，這四個構面一起運作才能使廣告眞正有效。

1. 策略

一個明智的策略的執行，才能產生一個有效的廣告。廣告主爲了達到特殊的目的而發展廣告，謹愼地針對主要受眾，設計並傳達他們最想要的訊息，這就是訊息策略；此外，使用最能有效觸及到受眾的傳播媒體（例如：印刷品、廣播或網路）來傳播它，並規劃媒體播放的排程，這就是媒體策略。一個好的廣告策略至少要規劃到訊息策略及媒體策略。

2. 創意

創意的構思就是廣告抓住閱聽者的注意力和保留閱聽者記憶的主要方法。例如：Yahoo搜尋網站利用「是誰讓名模安妮懷孕」的廣告，充分展示強而有力的創意。創意的思考驅動整個廣告的領域，廣告所規劃的內容及呈現方式需要有創意，購買廣告和放置廣告在傳播媒體上也需要有創意的思考。廣告之所以令人興奮，就在於廣告是針對不同傳播媒體產生創意的表現方式和變化訊息。

3. 訊息來源可靠度

另一個跟來源有關且影響效果的因素是來源可靠度，這在說服力上是一個重要的準則。你會相信某些人的話勝過另一群人的話，只因爲他們可信度較高。這就是爲什麼醫生和權威人物常常出現在廣告中。人們因爲廣告是由一家公司付費播放的，而對廣告訊息會產生偏見。相對地，報紙上的報導則比較讓人相信，因爲人們認爲該報導是經由公正的編輯評論過，所以將一個公共關係新聞播放成爲一個大眾媒體故事，會比廣告擁有更高的可信度。此外，你會更相信一個從你認識的朋友中得知的故事，而不是新聞評論的文章。這就是爲什麼口碑是溝通上一種有利的說服方式，口碑甚至比大眾傳媒更有說服力。

4. 執行

最後，有效的廣告是需要澈底的執行。意思是舉凡攝影、背景、印刷和作品濃淡程度都需要注意細節。好的廣告主都知道，如何表達一件事和表達什麼事一樣重要。要「表達什麼事」是由策略而定，而「如何表達」則是創意和執行的結果。策略、創意和執行對於一個廣告是否得獎也有所貢獻，但是唯有在廣告達到目的時，得獎才更有意義。

何謂「直效廣告」？

定義 直效廣告乃利用直接和消費者接觸的工具提供廣告訊息。

工具 這工具包括直接信函、電腦網路、型錄、電視等，目的在直接刺激產生銷售量。

標準
(1) 傳送一個有意義的訊息以滿足消費者。
(2) 能同時達到廣告主的滿意。

有效廣告的構成要素

01	策略	一個明智的策略的執行，才能產生一個有效的廣告。
02	創意	創意的構思就是廣告抓住閱聽者的注意力和保留閱聽者記憶的主要方法。
03	訊息來源可靠度	這在說服力上是一個重要的準則。口碑甚至比大眾傳媒更有說服力。
04	執行	舉凡攝影、背景、印刷和作品濃淡程度都需要注意細節。

Unit 1-7 有效廣告七個因子及其內涵

消費者在不同的情境下，反應模式也不同，有的學者認為有效的廣告可以藉由七個因子來評估，茲分別說明如下：

一、知覺

所謂知覺是指人們選擇接觸訊息，注意解釋訊息的過程，包括：知覺的第一步訊息展露、第二步吸引人注意，最後則是興趣與相關性，意指消費者可能會對廣告中的產品產生興趣，或是對模特兒、明星、標題上的保證或不尋常的圖畫等產生興趣。

二、了解

了解是指基於需要對訊息的反應，從中學習，了解某些事物的差異性，然後將這種了解歸為記憶，並可以隨時回憶起，包括：需要、資訊、知覺學習和差異化。首先，廣告商乃針對消費者需要提出訊息設計，並告訴消費者如何使用產品的相關訊息，例如：產品的大小、價格、規格、內容等。而消費者則對於廣告提供的訊息進而產生了解，亦即知覺學習，例如：鈣片的廣告讓消費者學習到平時要多注意身體的保健。最後，差異化指消費者學習了解廣告提供的訊息，從中可區分廣告產品與其他產品在品牌、成分、利益、定位等方面具有不同的特色。

三、聯想

聯想是透過象徵性意義的溝通，透過廣告中傳遞的品牌形象、品質或生活型態，而與消費者重視的價值產生連結。另一個學習事情的方法是讓事件跟你的想法有所關聯，例如：伯爵錶代表尊貴、可口可樂代表歡樂。

四、情感

情感反映出消費者對某些事物的心理感覺，此情感表達了慾望、喜愛和共鳴。例如：「我想要某個東西」、「我愛某個產品」。最後是「共鳴」，例如：台新銀行對女性所做的廣告——台新玫瑰卡的廣告強調認真的女人最美麗，深深引起女性的共鳴。

五、說服

廣告可以利用說服來鼓勵人們相信或感覺一些事情。例如：說服消費者重視有機的成分、說服消費者改變選擇產品的依據，或說服消費者改變使用產品的習慣，包括：主張和態度。「主張」即某一狀況存在的理由，通常廣告在說服我們買產品的時候都會看重邏輯和證明。而「態度」是最基礎的信念，見解則是這些態度的表現。廣告商知道消費者會對新產品建立一些見解。當消費者使用這些產品後，會對自己的見解有所修飾或更加肯定。

六、涉入

人們在涉入一則訊息時會變得情緒化，而這是一種一般常用的說服策略。涉入是指消費者對某一訊息、品牌或媒體感興趣的強度。通常消費者對產品、購買情況或是廣告涉入，有著高涉入或低涉入的情形。廣告訊息會提供誘因，驅使人們找到購買產品的理由，例如：許多促銷活動提供許多贈品、折價券，以促使消費者優惠省錢的動機得到滿足。此外，許多廣告公司提供顧客忠誠方案，目的在使顧客重複購買以留住顧客。

七、信念

信念是指一個非常強烈的信心或信賴，例如：對國家及對宗教的熱誠。心態、原因、邏輯推理方式及情緒，均是造成信念的因素。

有效廣告七個因子及其內涵

因子	內涵
知覺	指人們選擇接觸訊息，注意解釋訊息的過程，包括：訊息展露、吸引人注意、興趣與相關性。
了解	指基於需要對訊息的反應，從中學習，了解某些事物的差異性，包括：知覺學習和差異化。
聯想	指透過象徵性意義的溝通，例如：伯爵錶代表尊貴、可口可樂代表歡樂。
情感	指反映出消費者對某些事物的心理感覺，例如：強調認真的女人最美麗，深深引起女性的共鳴。
說服	指利用說服來鼓勵人們相信或感覺一些事情，例如：說服消費者重視有機的成分或改變使用產品的習慣。
涉入	指消費者對某一訊息、品牌或媒體感興趣的強度。例如：許多促銷活動提供許多贈品、折價券，以促使消費者優惠省錢的動機得到滿足。
信念	指一個非常強烈的信心或信賴，例如：對國家及對宗教的熱誠。

Unit 1-8 廣告的社會文化功能及其影響與作用

一、廣告的社會文化功能

廣告，即使是商業廣告，也帶有社會文化性質。原因有三：第一，廣告創作者是浸沉於社會文化之中的社會人，在進行廣告創意時無法脫離歷史知識、社會生活和個人經歷，這些都屬於文化範疇。第二，即使是商業廣告，其內容也必然帶有當時社會普遍認同的價值觀、審美觀，也就是說，廣告內容即使只是商品資訊也會透露出社會需求。第三，廣告的目的性要求廣告必須針對受眾進行廣泛傳播。受眾都是存在於一個特定時期、特定地域且有著特定民族文化，接收傳統媒體廣告符號後，需要進行解碼，而在解碼過程中當然會受到社會文化的影響。

二、廣告的影響與作用

有關廣告的影響與作用，可從下面幾個層次來探討：

1. 溝通產銷資訊，促進商品銷售

隨著生產能力的提高，商品通路以及同類產品競爭的問題變得愈來愈突出，銷售成了企業經營活動中的重要問題。

企業運用各種行銷手段，組合成一個系統化的整體（合）行銷策略，來實現經營目標，這就是市場營銷組合。

2. 激發競爭活力，推動企業發展

競爭是商品經濟的產物。當市場上有幾個企業生產和銷售同一類產品或勞務時，就必然產生競爭。廣告能增加競爭的聲勢，向消費者提供選擇和比較，激發競爭的活力。

透過廣告宣傳，必然促進企業開發市場，擴大市場容量，大量生產並大量銷售，進而降低成本、降低售價，提高市場競爭能力。

3. 廣告可以創造流行，製造時尚，提倡和推動新的生活方式

許多流行商品的出現，與廣告傳播是分不開的。一種新的產品問世，一種新的消費方式產生，經過廣告推廣，就會被消費者學習、接受、模仿，成爲新的流行和時尚。

4. 廣告具有宣傳教育功能

作爲社會教育的一種形式，大量的廣告資訊傳播，可以彌補家庭教育和學校教育的不足。廣告傳播有關的資訊，能夠潛移默化地普及和影響新的商品知識、科技知識和消費觀念等，甚至在精神文明建設、社會良好風氣、高尚情操的培養薰陶等方面，產生很重要的作用。

5. 廣告帶動經濟收入

廣告主要是透過大眾傳播媒體傳遞有關的資訊內容。反過來，大眾傳播媒體又透過刊播廣告得到可觀的經濟收入。在資本主義國家，絕大多數報紙、雜誌、電視台和電台等，都是依賴廣告收入來生存和發展的。其中，廣播、電視業的收入約90%以上透過廣告獲得，報業有一半的收入來自廣告，雜誌的廣告收入也在20%～70%不等。

6. 廣告具有文化藝術感染力

廣告能夠利用較強的藝術感染力來吸引和打動目標消費者，產生很好的藝術效果。廣告作爲一種文化現象，已被人們所接受。

7. 廣告可美化市容

廣告也是現代化城市的一個重要標誌，可以美化市容環境。樹立在高樓大廈上的看板、閃爍變幻的霓虹燈、各大商場陳列商品的櫥窗，都構成了城市亮麗的風景，把城市裝點得更加美麗多姿。

廣告的社會文化功能

原因

1. 廣告創作者是浸沉於社會文化之中的社會人。
2. 廣告內容即使只是商品資訊，也會透露出社會需求。
3. 廣告必須針對受眾進行廣泛傳播。

結論

受眾接收傳統媒體廣告符號後，在解碼過程中當然會受到社會文化的影響。

廣告的影響與作用

1. 溝通產銷資訊，促進商品銷售。
2. 激發競爭活力，推動企業發展。
3. 創造流行，製造時尚，提倡和推動新的生活方式。
4. 具有宣傳教育功能。
5. 廣告帶動經濟收入。
6. 廣告具有文化藝術感染力。
7. 廣告可美化市容。

Unit 1-9 台灣廣告業發展簡史

一、廣告發展階段

曾有國內學者從光復時期開始計算，將廣告業的發展區分爲萌芽期（光復時期到1960年）、成長期（1961～1970年）、茁壯期（1971～1980年）、國際化時期（1981～1990年）以及成熟期（1991年至今）。學者樊志育於1986年將台灣廣告業發展區分爲業務員制度時期（1945～1954年）、小型代理業制度時期（1955～1960年），以及廣告代理業制度時期（1961年之後）。另有學者鄭自隆將國內廣告業發展分爲戰後萌芽期（1945～1957年）、廣告代理導入期（1958～1965年）、成長期（1966～1975年）、競爭期（1976～1988年），以及多元期（1989～1999年）。

根據台北市廣告代理商業同業公會將台灣廣告業的發展時期區分爲六期，與之前學者區分差異不大，唯獨增加了第六期——「震盪期」（2000～2008年）（獨立媒體服務盛行和網路再起）。在震盪期部分將近年來的重要記事做一說明，2000年台北市媒體服務代理商協會（簡稱MAA）集合了「媒體整合企劃與購買」爲核心的代理商爲廣告主提供專業服務。

二、電視廣告時代

2002年廣告主協會呼籲廣告主，停止在數家被評爲情色的節目上刊播廣告。2003年SARS促成線上購物盛行，客家電視台開播。2005年政府將廣告業列入十三項文化創意產業重點扶植產業之一；同年10月25日立法院三讀通過《國家通訊傳播委員會組織法》，自此《電信法》、《廣播電視法》、《有線廣播電視法》及《衛星廣播電視法》中涉及國家通訊傳播委員會（NCC）職權部分，主管機關變更爲NCC。2006年《中國時報》首先將分類廣告上線，將原本報紙上的平面廣告移至網頁上呈現。而2003年《蘋果日報》加入台灣報業競爭後，至2006年已有五家報社停刊，平面媒體已式微。

至於2008年因國際油價上升、雷曼兄弟事件爆發全世界金融危機等不利因素，使得百業蕭條、廣告量急速下降，但是網路關鍵字服務卻迅速成長。另外台灣平面報紙龍頭之一的《中國時報》，也在長期不堪虧損情形下，於2008年轉賣給旺旺集團。

三、數位廣告時代

目前有廣告公司已經開始加快數位化的腳步，來因應消費者的改變與需求。另外，數位廣告近年來一直保持正向的成長力道，根據「DMA台灣數位媒體應用暨行銷協會」公布的《2018年台灣數位廣告量統計報告》，數字顯示，台灣2018年整體數位廣告量達389.66億台幣，相較於2017年全年度330.97億，成長率爲17.7%。若以媒體平台類型區分，一般媒體平台爲243.23億，占比62.4%，成長率15.7%；社群媒體平台爲146.43億，占比37.6%，成長率21.17%。

望眼看去，行銷傳播爬出傳統電視框架，網路傳播如今繽紛多彩；品牌透過社群媒體，與大權在握的消費者互動；不再以線性進行的顧客歷程，跨管道、跨設備、跨疆域，消費隨時都在發生；在資訊公開透明風的吹襲下，品牌脆弱易碎，唯有言行一致，才能吸引目標對象。

由上可知，在網路時代下，過去廣告代理的經營模式正歷經嚴峻的挑戰，未來何去何從，還有待當前廣告界的經營者，找出突破困境的辦法來。

廣告發展階段

學者樊志育（1986）

1. 業務員制度時期（1945～1954年）
2. 小型代理業制度時期（1955～1960年）
3. 廣告代理業制度時期（1961年之後）

學者鄭自隆將

1. 戰後萌芽期（1945～1957年）
2. 廣告代理導入期（1958～1965年）
3. 成長期（1966～1975年）
4. 競爭期（1976～1988年）
5. 多元期（1989～1999年）

根據台北市廣告代理商業同業公會

1. 增加了第六期—「震盪期」（2000～2008年）。（獨立媒體服務盛行和網路再起）
2. 在震盪期部分將近年來的重要記事做一說明：
   2000年台北市媒體服務代理商協會（簡稱MAA）集合了「媒體整合企劃與購買」為核心的代理商為廣告主提供專業服務。

電視廣告時代

❶ 2002年廣告主協會呼籲廣告主，停止在數家被評為情色的節目上刊播廣告。
❷ 2003年SASRS促成線上購物盛行，客家電視台開播。
❸ 2003年《蘋果日報》加入台灣報業競爭後，至2006年已有五家報社停刊，平面媒體已式微。
❹ 2005年政府將廣告業列入十三項文化創意產業重點扶植產業之一。
❺ 2005年10月25日立法院三讀透過《國家通訊傳播委員會組織法》，自此《電信法》、《廣播電視法》、《有線廣播電視法》以及《衛星廣播電視法》中涉及國家通訊傳播委員會（NCC）職權部分，主管機關變更為NCC。
❻ 2006年《中國時報》首先將分類廣告上線，將原本報紙上的平面廣告移至網頁上呈現。
❼ 2008年因國際油價上升、雷曼兄弟事件爆發全世界金融危機等不利因素，使得百業蕭條、廣告量急速下降。
❽ 2008年《中國時報》轉賣給旺旺集團。
❾ 2020年《聯合晚報》停刊。

數位廣告時代

❶ 台灣2018年整體數位廣告量達389.66億台幣，相較於2017年全年度330.97億，成長率為17.7%。
❷ 若以媒體平台類型區分，一般媒體平台為243.23億，占比62.4%，成長率15.7%。
❸ 社群媒體平台為146.43億，占比37.6%，成長率21.17%。
❹ 在網路時代下，過去廣告代理的經營模式正歷經嚴峻的挑戰。
❺ 未來何去何從，還有待當前廣告界的經營者，找出突破困境的辦法來。

Unit 1-10 世界廣告業的發展簡史

一、廣告內涵的擴大

廣告向來被認爲是行銷4Ps中促銷的重要部分，被界定爲透過大眾媒體向特定目標受眾傳遞商品或服務資訊的付費的傳播形式。因此，廣告一般被限定在電視等四大媒體以及戶外廣告上。廣告公司的經營除了整體策劃外，就是媒介代理。但是，1990年代以來，消費市場和媒介都發生了很大變化。首先是市場總體上供過於求，消費者選擇餘地更大，這時，僅僅單向性的說服性廣告效果逐漸減弱，廣告主必須認眞了解消費者的需求和回饋，需要雙方良好的溝通；其次，可供廣告主選擇用來傳遞資訊的媒介形式日益增多，僅僅四大媒體已經無法滿足廣告主的需求。於是，人們談到廣告，其所指的內涵已經比原來擴大了。主要表現在以下兩個方面：

1. 從消費者到生活者

以前，廣告業使用消費者這個概念，消費者一般指購買或使用某產品或服務的人。廣告要影響的對象是消費者，於是，人們努力研究作爲消費者的個體或群體的各種消費行爲、消費心理以及媒介接觸習慣等，以期找出其消費活動規律，制定相應的策略。

2. 廣告主行銷觀念及其對代理商選擇的變化

在競爭日益激烈的市場，廣告是否有效，廣告公司固然負有重要責任。不過，廣告畢竟只是營銷中的一環，任何廣告方案最終也由廣告主決定。因此，廣告主對營銷的廣告代理商的選擇，是決定性的因素。近年來，國際廣告主這方面的主要變化有以下幾點：

(1) 重視品牌資產：在產品高度同質化的今天，消費者很難區分不同企業的同類產品差別，或者即使能夠區分，這種差別實際上也並不重要。消費者更常地根據品牌來選擇產品，因此，品牌成爲企業的競爭優勢，是企業的資產。這一點雖然早已得到公認，但是由於競爭激烈，爲了提高銷售額，很多廣告主忽略了對品牌的培育，追求短期利益，結果損失更大。

(2) 嘗試聯合行銷：近年來國際上採用聯合行銷方式的廣告主愈來愈多。聯合行銷在日本也稱共策廣告，是指具有互補性（如產品功能、企業的行銷策略）的廣告主基於共同的利益，採取互相合作的行銷方式，如共同發布廣告、聯合進行促銷等。

(3) 代理業作爲經營夥伴：過去，代理業只要做好分內的代理工作，如廣告策劃、創意、媒介計畫與購買等。但是今天的市場更加複雜，競爭更加激烈，廣告主更希望代理公司能夠成爲眞正的經營夥伴，幫助提供企業發展方向、企業戰略等方面的諮詢服務。

(4) 選擇多家代理：現在的世界性大廣告主幾乎很少使用一家代理公司，而是充分利用代理業之爭，以期得到最佳的廣告方案。

二、現代訊息革命產業

現代廣告公司隨著科技數位化，也發展成了集多種職能爲一體的綜合性訊息服務機構，負責蒐集和傳遞政治、經濟、社會、文化等各種各樣的訊息，並把這些訊息用來指導企業的新產品開發、生產和銷售，爲工商企業的商品生產和銷售提供一條龍的訊息服務。

廣告內涵的擴大

20世紀90年代以來發生很大變化

1. 市場總體上供過於求，消費者選擇餘地更大。
2. 可供廣告主選擇用來傳遞資訊的媒介形式日益增多。

主要表現

1. 從消費者到生活者。
2. 廣告主行銷觀念及其對代理商選擇的變化。

國際廣告主要變化

1. 重視品牌資產
2. 嘗試聯合行銷
3. 代理業作為經營夥伴
4. 選擇多家代理

現代訊息革命產業

現代廣告公司

1. 集多種職能為一體的綜合性訊息服務機構。
2. 成為工商企業的商品生產和銷售提供一條龍的訊息服務。

Unit 1-11 廣告形態變遷與大廣告產業

一、廣告形態變遷（advertising form changes）

歷史上，人們對「廣告」內涵的認識發生過多次變化。1890年前，西方社會對廣告比較公認的定義是「有關商品或服務的新聞」，這從早期西方報刊廣告與新聞混編，可見一斑。1905年，美國廣告人約翰・甘迺迪提出廣告是「印在紙上的推銷術」，這個定義被廣泛接受。

但隨著1920年代廣播、電視等媒介的興起，這個定義的外延顯然過窄。1948年，美國市場行銷協會（AMA）提出了一個新的定義：「廣告是由可確認的廣告主，對其觀念、商品或服務所做之任何方式付款的非人員性的陳述與推廣。」這個定義至今仍影響著西方廣告學者。威廉・阿倫斯在其《當代廣告學》（第8版）中對廣告提出了如下定義：「廣告是由已確定的出資人透過各種媒介形式進行的有關產品（商品、服務和觀點）的、通常是有償的、有組織的、綜合的、勸服性的非人員的資訊傳播活動。」

1920年代以來，世界的行銷環境和傳播環境發生了很大的變化，特別是以數位技術爲代表的新媒介的出現改變了傳統的傳播方式，也改變了廣告的生存形態。傳統的廣告定義的一些屬性也不太適合新的廣告形式。例如：在網路廣告中，消費者可以是廣告資訊的接收者，也可以是廣告資訊的製作者和發布者，可以採用旗幟廣告形式進行大眾傳播，也可以透過電子郵件、搜尋引擎、BBS、網誌等進行小眾傳播甚至人際傳播。由此可見，傳統定義中的「特定出資人」、「非人員傳播」、「有償」等限定語，在新的廣告形態中已不合時宜。

二、大廣告產業（grand advertising industry）

1. 大廣告產業的意涵

大廣告產業是基於營銷的傳播領域的產業融合，所形成的跨越傳統廣告產業邊界的產業形態。

第一層涵義：大廣告產業意味著廣告、公關、促銷、行銷諮詢、事件行銷等多種行銷傳播工具的融合，由提供單一廣告代理服務走向提供廣告、公關、促銷、營銷諮詢等多元服務。

第二層涵義：大廣告產業是廣告產業與其上下游產業融合後的產業形態的描述。數位技術是廣告產業與上下游產業融合的基礎。在廣告產業上游，各企業普遍在生產經營活動中運用數位尖端技術，進行技術革新。新的、經過重大改進的技術也已誕生，用於這些計畫，出現了客戶識別卡、智慧卡、信用卡現金回饋、POS讀卡機、個性化的統一資源定位器（URL）等。廣告公司可以透過與軟體公司聯手打造協同作業系統，使企業經營管理平台全部實現。

2. 廣告學與行銷學的關係

21世紀是整合行銷傳播的時代，是以行銷學爲基礎的各種傳播學說與工具的整合，從大行銷的視野來看，廣告傳播只是其中的一部分，雖然很重要，但是廣告產業生存的基點依然是爲行銷策劃服務。而從大廣告產業的價值鏈來看，廣告的重要性已經延伸至行銷領域，廣告甚至取代了行銷的多種功能。對於行銷學與廣告學的不同內涵及二者之間的關係，可以從不同的角度來理解。

廣告形態變遷（advertising form changes）

01

1890年前，廣告比較公認的定義是 ：「有關商品或服務的新聞。」

02

1905年，美國廣告人約翰．甘迺迪：廣告是「印在紙上的推銷術」，這個定義被廣泛接受。

03

1948年，美國市場行銷協會（AMA）：「廣告是由可確認的廣告主，對其觀念、商品或服務所做之任何付款的非人員性的陳述與推廣。」

04

威廉．阿倫斯在《當代廣告學》（第8版）：「廣告是由已確定的出資人透過各種媒介形式進行的有關產品（商品、服務和觀點）的、通常是有償的、有組織的、綜合的、勸服性的非人員的資訊傳播活動。」

05

在網路廣告中，消費者可以是廣告資訊的接收者，也可以是廣告資訊的製作者和發布者。

06

「特定出資人」、「非人員傳播」、「有償」等限定語在新的廣告形態中已不合時宜。

大廣告產業（grand advertising industry）

大廣告產業的意涵

1. 由提供單一廣告代理服務走向提供廣告、公關、促銷、營銷諮詢等多元服務。
2. 數位技術是廣告產業與上下游產業融合的基礎。

廣告學與行銷學的關係

1. 21世紀是整合行銷傳播時代。
2. 廣告取代了行銷的多種功能。

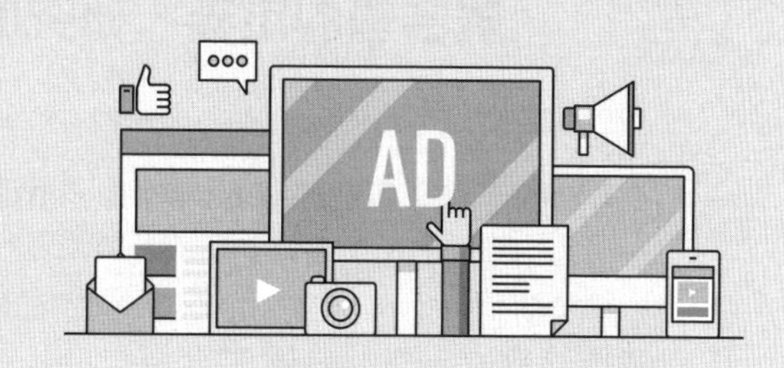

第 2 章

廣告學與廣告理論

章節體系架構

Unit 2-1 廣告學的定義、研究的基本內容

一、廣告學的定義、研究的基本內容

廣告學是一門獨立的學科，它是研究廣告活動的歷史、理論、策略、製作與經營管理的科學。有關廣告的知識，起初只零星地見之於新聞學科和經濟學科的部分章節內，且不成系統。到現在爲止，廣告知識仍是這些學科的組成內容之一，如新聞學、市場學、企業管理學、商業心理學等都論述到廣告的內容。隨著商品經濟的發展，市場經濟由「賣方市場」向「買方市場」轉化，市場競爭日趨激烈，爭奪消費者和增加市場占有份額成爲企業成敗的關鍵。隨著科學技術的進步，廣告手法日益科學化、現代化，運用廣告來開拓市場，爭取消費者，成爲企業開發市場、擴大商品銷售的重要方式。

二、廣告學的基本內容

1. 廣告調查

廣告調查是圍繞廣告運動所進行的一切調查活動，爲開展科學的廣告運動提供依據。圍繞廣告資訊傳播所展開的傳播調查，主要有資訊調查、媒體調查和廣告效果調查。

2. 廣告策劃

廣告活動的正式有序化開展，直接依照於廣告活動的計畫執行。

3. 廣告創意

廣告創意是廣告人員對廣告活動所進行的創造性思維活動。

4. 廣告文案創作

廣告文案是以語詞進行廣告資訊內容表現的形式。

5. 廣告受眾

廣告受眾成爲構成傳播過程兩極中的一極，在傳播中占有十分突出的地位，扮演著非常重要的角色。

6. 廣告媒體策略

廣告是以媒介爲載體進行的傳播活動，大眾媒體和其他重要媒體各有其優點和不足，這就需要我們根據不同媒介的特點，選擇相應的媒介或媒介組合策略，有效地傳播特定的廣告內容。

7. 廣告效果測定

廣告效果可以分爲經濟效果和社會效果、銷售效果和廣告本身效果、即時效果和潛在效果等。

8. 廣告管理

廣告管理是國家工商行政管理機關會同廣告行業協會和廣告社會監督組織，依照廣告管理法律、法規和有關政策規定，對廣告行業和廣告活動實施的指導、監督、協調和控制。

三、廣告學的本體規範（ontology specification）

每個學科都有自身獨特的研究對象、研究內容和研究方法，廣告學也不例外。由於廣告學是一門多學科，交叉的學科所涉及的學科門類廣，因此規範廣告學的本體，釐清廣告學的研究範疇和研究方法，對於廣告學而言是最基本的工作。廣告學之所以成爲一門應用性、綜合性很強的學科，是因爲它所涉及的學科領域較爲寬廣、學科交叉較爲明顯這一特點基礎理論，涉及社會學、經濟學、商品學、新聞學、心理學、語言學、統計學、美學、音樂舞蹈、聲學、攝影學、光學、電學等眾多學科，著重探尋廣告傳播工作的性質、特點及其運作規律與實務技巧，學科涉及面廣，可行性高，有助於經濟建設。

廣告學的定義、研究的基本內容

定義

廣告學是研究廣告活動的歷史、理論、策略、製作與經營管理的科學。

範圍涵蓋

新聞學、市場學、企業管理學、商業心理學等。

廣告學的基本內容

1. 廣告調查
2. 廣告策劃
3. 廣告創意
4. 廣告文案創作
5. 廣告受眾
6. 廣告媒體策略
7. 廣告效果測定
8. 廣告管理

廣告學的本體規範（ontology specification）

本體　理清廣告學的研究範疇和研究方法。

重點　探尋廣告傳播工作的性質、特點及其運作規律與實務技巧。

Unit 2-2 廣告學與其他學科的關係

廣告學是從20世紀初開始出現的一門跨學科的科學，是一門既涉及社會科學，又涉及自然科學和心理科學的綜合性的獨立學科。在對廣告學與經濟學、市場學、傳播學、管理學、美學、心理學、公共關係學、文學藝術等，既聯繫又獨立的分析中，可以勾畫出廣告學性質的輪廓。

一、廣告學與經濟學及市場學

廣告學是市場經濟發展到一定階段的產物，廣告學隨著市場經濟的發展而不斷完善與成熟。經濟學和市場學中揭示的許多規律，廣告活動照樣適用，也必須遵守。

二、廣告學與傳播學

廣告學與傳播學的聯繫最爲密切，但是，廣告學不同於傳播學，主要有以下幾個方面：

1. 廣告學以廣告現象爲研究的出發點。廣告的目的是透過傳播廣告訊息，而誘導社會公眾。傳播學以資訊傳播爲研究的出發點。傳播學中，訊息傳遞的目的是與公眾進行交流。
2. 廣告的媒體是大眾傳播媒介；而傳播的媒體既可以是大眾傳播媒介，也可以是自身傳播媒介和組織傳播媒介。
3. 廣告講究突出重點資訊、強化形象，可以採用多種藝術形式進行形象塑造和文案設計；傳播講究的是資訊的完整性、準確性。
4. 廣告追求廣告效果，注重投入產出效應，而傳播追求的是資訊到位。
5. 在約束機制上，廣告資訊傳播受到廣告法規的限制和保護，廣告資訊一旦失眞、失誤要受法律制裁；一般的傳播大多不受到什麼約束，即使失眞、失誤，往往並不用負任何責任，法律也並不追究。

三、廣告學與管理學

廣告活動作爲一種社會活動、經濟活動和傳播活動的綜合，在其活動中必然要求以管理行爲來計畫、組織、指揮、協調和控制。廣告學借助於管理學的理論和方法指導廣告工作，以達到完善廣告學的理論體系，並指導廣告實務的目的。

四、廣告學與心理學

廣告作爲說服社會公眾的藝術，與心理學有著密切的關係。心理學提供了人的心理構成機制和心理活動的特點和性質，廣告借助於心理學的理論和規律才能達到說服的目的。

五、廣告學與美學、文學和藝術

廣告要利用各種文學和藝術手法來達到廣告的目的，與文學和藝術有著不可分割的關係。文學、藝術可以透過其特有的形式去影響、傳達、感染，甚至支配人們的感情，乃至於改變人們的觀念和行爲。

六、廣告學與公共關係學

在現代資訊社會中，廣告和公共關係都是運用一定的傳播媒介，宣傳自身、樹立形象。廣告學與公共關係學，既相互聯繫又有一定區別。就相互聯繫而言，公共關係必須在許多時候利用廣告的形式來宣傳自己，樹立自身的形象，廣告也在不斷地透過吸收公共關係的思考來調整、修正、完善傳統的廣告活動。就區別而言，廣告學以樹立產品形象爲核心，目的在於促進產品銷售。而公共關係學以樹立組織形象、提高組織知名度和美譽度爲核心，目的在於樹立組織的整體形象。

廣告學與其他學科的關係

廣告學與經濟學及市場學

揭示的許多規律，廣告活動照樣適用，也必須遵守。

廣告學與傳播學相異之處

❶ 廣告學以廣告現象為研究的出發點。
❷ 廣告的媒體是大眾傳播媒介；而傳播的媒體既可以是大眾傳播媒介，也可以是自身傳播媒介和組織傳播媒介。
❸ 廣告講究突出重點資訊、強化形象；傳播講究的是資訊的完整性、準確性。
❹ 廣告追求廣告效果；而傳播追求的是資訊到位。
❺ 在約束機制上，廣告資訊傳播受到廣告法規的限制和保護；一般的傳播大多不受到什麼約束。

廣告學與管理學

1. 廣告活動作為一種社會活動、經濟活動和傳播活動的綜合。
2. 廣告學借助於管理學的理論和方法指導廣告工作。

廣告學與心理學

1. 心理學提供了人的心理構成機制和心理活動的特點和性質。
2. 廣告借助於心理學的理論和規律才能達到說服的目的。

廣告學與美學、文學和藝術

1. 廣告要利用各種文學和藝術手法來達到廣告的目的。
2. 文學、藝術可以透過其特有的形式去影響、傳達、感染，甚至支配人們的感情。

廣告學與公共關係學

1. 廣告學以樹立產品形象為核心，目的在於促進產品銷售。
2. 公共關係學以樹立組織形象、提高組織知名度和美譽度為核心，目的在於樹立組織的整體形象。

Unit 2-3 廣告學如何進入學科體系

廣告學如何進入學科體系？廣告學的學科地位爲何？

一、廣告學

廣告學（advertising）是一門獨立的學科，它是研究廣告活動的歷史、理論、策略、製作與經營管理的科學。有關廣告的知識，起初只零星地見之於新聞學科和經濟學科的部分章節內，且不成系統。廣告學的形成經歷了廣告活動的長期積累和整體運動的科學運作這一漫長的過程。在廣告學的形成和發展過程，不斷借鑑、融合了與之相關的其他學科的理論成果。廣告學作爲一門獨立學科，是於1920年代出現於西方。

二、學科定位與學科體系

1. 學科定位（subject orientation）

廣告學作爲一門獨立學科醞釀於19世紀末、20世紀初的美國。廣告學的產生有一定的前提：一是傳播資訊的媒介技術不斷進步，爲廣告形態的變遷提供了內在的動力；二是經濟狀況和社會文化狀況不斷變化，爲廣告形態變遷提供了外部的動力；三是心理學、經濟學等學科的發展爲廣告學提供了理論基礎。

2. 學科體系（discipline）

20世紀初的大學廣告人才培養體系爲學科建立提供了動力，廣告理論和廣告實踐緊密結合的過程。也就是廣告學學科體系趨於完備的過程，在這一過程中，廣告學學科體系的理論框架已呈現出基本輪廓，專業廣告教育的出現又進一步推動了廣告學學科的不斷發展。換言之，市場化經濟的高度繁榮、心理學科的發展和學科分化的盛行，以及大學廣告人才培養體系建立的合力作用，促進了廣告學學科的產生和發展。

三、學科地位（academic position）

進入21世紀，廣告賴以生存的經濟社會和媒介環境的全球化趨勢逐漸明朗，雖然中國廣告業發展迅速，廣告在社會生活中的重要性進一步彰顯，理論研究和學科體系建構也逐步完善，但仍相對滯後。這雖然與中國廣告業及廣告學發展歷史不長，正處於從「術」到「學」與「術」並重的轉型發展時期有關，但不能因此而忽視廣告學在時代發展進程中的責任。廣告學要隨著環境的變化而調整和演變，承擔起社會賦予的重任，同時面對在更高層次上獲得學科合法性、逐漸樹立起自身的學科權威、不斷提升學科地位的壓力。在全球化的背景下，一方面要深化學術性與前瞻性的學理研究，建構並完善自己獨特和健全的理論體系和學科體系，確立廣告學的規範性、典型性、獨立性的學科特性；另一方面要跟上業界發展的步伐，爲之提供現實的理論與經驗指導，培養高素質的人才。廣告學的發展必定是一個不斷適應、調整與演變的過程，進入21世紀後，必須針對廣告學存在的某些理論基礎取向的偏差及理論建構上的缺失，解決一系列理論和現實問題，使廣告學學科地位不高、在科學殿堂中合法性得不到認可、地位難以提升的局面迅速改變，眞正提升廣告學的學科地位。

廣告學（advertising）

01 廣告學是一門獨立的學科，它是研究廣告活動的歷史、理論、策略、製作與經營管理的科學。

02 廣告學作為一門獨立學科於1920年代出現在西方。

學科定位（subject orientation）與學科體系（discipline）

學科定位（subject orientation）

1. 傳播資訊的媒介技術
2. 經濟狀況和社會文化狀況
3. 心理學、經濟學等學科的發展

學科體系（discipline）

1. 市場化經濟的高度繁榮
2. 心理學科的發展和學科分化的盛行
3. 大學廣告人才培養體系建立

學科地位（academic position）

現象

進入21世紀後，廣告賴以生存的經濟社會和媒介環境的全球化趨勢逐漸明朗。

任務

1. 廣告學要隨著環境的變化而調整和演變，承擔起社會賦予的重任。
2. 一方面要深化學術性與前瞻性的學理研究，另一方面要跟上業界發展的步伐。
3. 必須解決一系列理論和現實問題，真正提升廣告學的學科地位。

Unit 2-4 廣告與螺旋理論

在產品發展的不同時期，廣告螺旋理論的內容要點是什麼？

在產品生命週期的不同階段，接受度都是可以確定的，而正是接受度決定了產品廣告的階段。廣告螺旋，是產品生命週期的拓展。在很多方面，廣告螺旋平行於產品生命週期。這種理論提供了如何確定一種產品在特定時間和特定市場下處於哪個或者哪些階段的參考，以及對於廣告訊息的信任度。這些是非常重要的決策參考資訊，而且清楚地界定了廣告創意小組應當提供給目標顧客的資訊內容。

一、廣告開創時期理論

開創階段的廣告主要是讓消費者意識到他們以前的思想已經過時了。它必須讓消費者明白，他們以前認爲的那些僅有的方法已經有了改善，而且那些他們長期以來不得不容忍的產品缺點也已被克服了。因此，在這個階段的廣告要做的工作不僅僅是展示一種產品，也必須向消費者灌輸一種新的消費理念，改變他們的習慣，並發展一種新的使用方法或者培養新的生活標準。換句話說，開創階段的廣告必須教育消費者使用一種產品或者服務。

總之，開創階段的廣告重點在於告訴消費者，產品能夠做什麼，提供什麼，或者說明該產品能夠完成哪些以前任何一種產品都不能做或者不能提供的功能。

二、廣告競爭時期理論

一旦一種開創性產品爲顧客所接受，競爭就會隨之出現。此時消費者已經知道這種產品是什麼，以及它應該怎樣使用。在這個階段，消費者面臨的重要問題是：我應該選擇什麼品牌的產品？當這種情況發生時，產品就進入了競爭階段，而這個階段的廣告也被稱爲競爭性廣告（應該注意的是，此處所指的競爭是一種狹義的競爭。讀者不應該把它和廣義的競爭混淆，因爲從後者來說，任何廣告都具有競爭性）。

三、廣告保持時期理論

產品進入成熟期或者被普遍接受之後，就有可能進入保持階段，或者說進入廣告的提醒階段。當產品被接受，並且被消費者使用時，可能並不需要競爭性廣告。在這個階段，個人都知道存在這樣一種產品，或者喜歡或者不喜歡——那麼廣告爲什麼要存在呢？這種類型的廣告的重要目的在於不斷地將產品展示給消費者。多年來的實驗表明，一旦生產商在產品獲得成功後便停止做廣告，消費者就會迅速遺忘他們的產品。因此，多數有生意頭腦的廣告客戶都會透過不斷將品牌展示給消費者，以確保他們不會失去這些顧客。

產品經歷的第三個階段被稱爲提醒廣告——它不僅僅是用來提醒消費者存在這樣一種產品。這種廣告通常非常醒目，基本上屬於名稱廣告，即這種廣告基本上不會告訴消費者爲什麼購買產品的原因。多數的提醒廣告都有些類似於海報——大篇幅的產品照片，配以少量的文字。一般情況下，這類廣告都沒有或者很少有廣告正文，因爲沒有必要傳遞給消費者繁多的資訊。

廣告螺旋理論與產品生命週期拓展

1. 確定產品在特定時間和特定市場下處於哪個階段的參考
2. 對於廣告訊息的信任度
3. 提供決策參考資訊
4. 提供給目標顧客的資訊內容

廣告開創時期理論

1. 向消費者灌輸一種新的消費理念
2. 改變消費者的習慣
3. 告訴消費者，產品能夠做什麼、提供什麼
4. 發展一種新的使用方法
5. 培養新的生活標準

廣告競爭時期理論

在這個階段，消費者面臨的重要問題是 → 我應該選擇什麼品牌的產品？

產品進入了競爭階段 → 這個階段的廣告也被稱為競爭性廣告。

廣告保持時期理論

1. 在這個階段
廣告為什麼要存在呢？

2. 這種類型的廣告的重要目的
在於不斷地將產品展示給消費者

3. 第三個階段
稱為提醒廣告

4. 提醒廣告的特徵
類似海報有產品照片，配以少量的文字

Unit 2-5 整合行銷傳播理論的影響

有關整合行銷傳播理論（IMC theory）的發展對現代廣告理論的影響，說明如下：

一、唐・舒爾茨的整合行銷傳播理論

唐・舒爾茨（Don E. Schultz），美國西北大學李麥迪爾新聞學院整合行銷傳播教授，也是位於伊利諾州愛格瓦諮詢公司（AGORA）的總裁，被譽爲「整合行銷傳播之父」。

唐・舒爾茨的整合行銷傳播是不斷豐富、不斷深入的。第一，他敏銳地洞察到行銷環境的變化，並認識到只有整合行銷傳播才是全球化、數位化、品牌化時代的新戰略方向。第二，他認爲整合行銷傳播的中心思想是「以客戶爲中心」，這是貫穿了其理論始終的中心思想。第三，他提出整合行銷傳播的四個階段、八個原則、五個步驟，具有較高的實際指導價值。第四，對顧客投資回報率的研究，構成整合行銷傳播理論的一個鮮明特色。第五，他希望自己的理論具有應用價值，對實務層面遇見的問題十分重視，包括對組織結構、薪酬等問題的研究。

二、湯姆・鄧肯的整合行銷傳播理論

湯姆・鄧肯（Thomas Duncan）曾在李奧貝納廣告公司工作，從事市場傳播。1997年，他與妻子合著《品牌至尊：利用整合行銷創造終極價值》。其中，鄧肯提出整合行銷（IMC）的商業模式，說明企業與其顧客和利益關係人發展品牌關係。從根本上說，IMC所探討的是如何重整無形的商業地帶，也就是品牌價值與品牌資產的經營管理。

2001年湯姆・鄧肯出版了《整合行銷傳播：利用廣告和促銷建樹品牌》。他提出，簡單地說，整合行銷傳播是一個提高品牌價值、管理顧客關係的過程。具體而言，整合行銷傳播就是透過戰略性地控制或影響相關團體所接受到的資訊，鼓勵資料發展導向，有目的地和它們進行對話，進而創造並培養和其他利益相關者之間可獲利關係的一個跨職能的過程。整合行銷傳播與其他以客戶爲中心的營銷不同之處在於：它的基礎是傳播，傳播是所有關係的核心。整合行銷傳播是一個持續增加銷售、利潤和品牌權益的循環過程。

湯姆・鄧肯的理論自成一派，豐富了整合行銷傳播理論。他區分了整合行銷傳播的界線，使整合行銷傳播的範圍更加清晰。理論的核心命題是：整合行銷傳播建立品牌關係，品牌關係造就品牌。他對行銷傳播手段（行銷傳播功能）作了全面的介紹，反映出他對多種行銷傳播手段的重視。他提出的概念，如利益相關者品牌客戶接觸點、品牌等，新意十足，爲我們提供了有益的啟發。

但是，湯姆・鄧肯的整合行銷傳播理論依然存在一些不足：

1. 研究視角依然單一

只是從行銷學的單一視角研究整合行銷傳播，缺乏資訊經濟學、社會學、符號學等學科的多視角研究，因而無法避免以企業爲中心的取向，有損理論的中立和客觀。

2. 理論不夠系統

儘管有品牌爲支撐來建構理論體系，但整個理論框架不夠嚴密，只是廣告理論的升級版而已。

整合行銷傳播理論

唐．舒爾茨，被譽為「整合行銷傳播（Integrated Marketing Communication, IMC）之父」。

唐．舒爾茨的整合行銷傳播

1. 是全球化、數位化、品牌化時代的新戰略方向
2. 指導思想是「以客戶為中心」
3. 具有較高的現實指導價值
4. 最鮮明特色：
   (1) 顧客投資回報率研究
   (2) 具有應用價值

湯姆．鄧肯的整合行銷傳播理論

優點

1. 提出整合行銷（IMC）的商業模式
2. 說明企業與顧客和利益關係人發展品牌關係
3. 探討品牌價值與品牌資產的經營管理
4. 建立品牌關係
5. 品牌關係造就品牌

缺點

1. 研究視角依然單一
2. 理論不夠系統

Unit 2-6 廣告傳播的模式

一、廣告模式（advertising model）

廣告作爲一種以商業資訊爲主要內容的資訊傳播活動，除遵循資訊傳播的一般模式之外，它又是一種目的性和功利性極強的資訊傳播活動，從傳播主體、傳播內容、傳播管道到傳播受眾都具有特殊性，因此廣告傳播模式具有一定的特殊性。國外學者已經總結出眾多的廣告傳播模式，從不同角度、不同層面揭示出廣告資訊傳播的特點。

二、資訊生產模式

廣告資訊生產是廣告作品發布的前提。從眾多的產品或服務資訊中選擇合適的資訊並進行編碼加工，使之成爲具有傳播力和說服力的廣告作品，是對廣告人的一項基本要求。廣告業界總結出了一些關於廣告編碼的原則，即廣告資訊生產模式（information production model）。

三、KISS模式

KISS模式最早由美國飛機設計工程師凱利・詹森於1975年提出，他認爲，好的設計具備共通性，即「Keep It Simple and Stupid」（保持簡單並且傻瓜都能懂）。KISS模式後來成爲廣告業界評判廣告作品好壞的一個標準，並成爲廣告資訊生產的一個指導原則。

四、3B模式

3B模式是由美國廣告人大衛・奧格威提出的，他認爲，廣告中如果包含「beauty」（美女）、「beast」（動物）、「baby」（嬰兒）這三個元素之一，將獲得更好的傳播效果。後來這個3B模式被國際廣告界廣泛接受，成爲廣告創作的黃金法則。

五、改進的廣告傳播模式

美國學者芭芭拉・斯特恩於1994年提出了一個「改進的廣告傳播模式」（a revised communication model for advertising）。與以往廣告傳播模式不同的是，該模式特別關注能表現廣告資訊傳播自身特點的要素，因此獨樹一幟，引起了極大的反響。

六、鼓形傳播模式

日本行銷協會專家中島正之認爲，要達到廣告的最佳效果，必須將大眾媒介傳播與口碑傳播結合起來，他把這個過程用模式圖表現出來，模式圖的外形類似一個鼓，因此被稱爲「鼓形傳播模式」。該模式把整個傳播過程分爲前後兩部分，前期是「由潛在顧客變成眞正顧客」的階段，在此階段，龐大的潛在顧客群逐漸變成實際的顧客，進而有部分轉化爲「優良顧客」，在顧客數量上是一個逐步減少的過程；後期是「由顧客向潛在顧客推薦」的階段，在此階段，經優良顧客的推薦，一批顧客成爲產品的潛在顧客，而這批顧客再次推薦，類似滾雪球一樣，愈來愈多的顧客變成產品的潛在顧客。

七、廣告傳播終極模式

美國學者弗雷德里・韋伯斯特提出了一個「廣告傳播終極模式」。在韋伯斯特的「廣告傳播終極模式」中，信源、資訊和接收者是三個基本要素，另外增加了編碼、解碼、通道、噪音、反應和回饋等要素。在該模式中，資訊流動始自信源，終歸信源，構成一個完整的資訊循環流動過程。

廣告模式

分目的性與功利性兩種。

資訊生產模式（information production model）

❶廣告資訊生產是廣告作品發布的前提。
❷廣告業界總結出了一些關於廣告編碼的原則，即廣告資訊生產模式。

KISS模式

❶「Keep It Simple and Stupid」（保持簡單並且傻瓜都能懂）。
❷為凱利・詹森於1975年提出，好的設計具備共通性。
❸後成為廣告資訊生產的一個指導原則。

3B模式

❶美國廣告人大衛・奧格威提出。
❷認為廣告中如果包含「beauty」（美女）、「beast」（動物）、「baby」（嬰兒）這三個元素之一，將獲得更好的傳播效果。
❸後成為廣告創作的黃金法則。

改進的廣告傳播模式

❶美國學者芭芭拉・斯特恩於1994年提出了一個「改進的廣告傳播模式」（a revised communication model for advertising）。
❷特別關注能表現廣告資訊傳播自身特點的要素。

鼓形傳播模式

❶日本行銷協會專家中島正之：將大眾媒介傳播與口碑傳播結合，才能達到廣告的最佳效果。
❷「鼓形傳播模式」：把這個過程用模式圖表現出來，模式圖的外形類似一個鼓。
❸該模式分為前後兩部分：
・前期：「由潛在顧客變成真正顧客」階段。
・後期：「由顧客向潛在顧客推薦」階段。

鼓形傳播模式

❶由美國學者弗雷德里・韋伯斯特提出。
❷該模式三個基本要素：信源、資訊和接收者。
❸另增：編碼、解碼、通道、噪音、反應和回饋等要素。
❹完整的資訊循環流動過程：資訊流動始自信源，終歸信源。

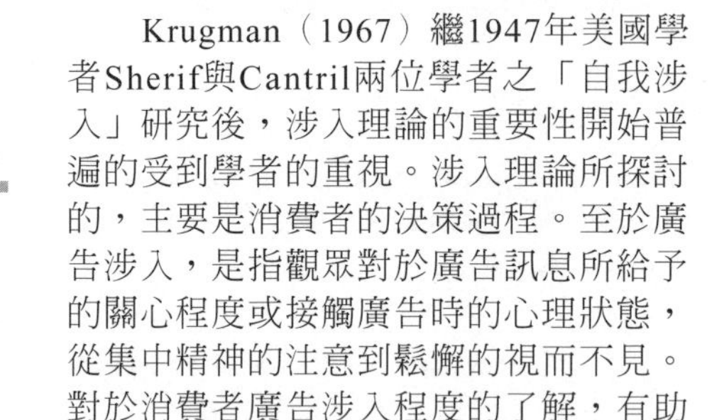

Unit 2-7 廣告資訊過程模式

Krugman（1967）繼1947年美國學者Sherif與Cantril兩位學者之「自我涉入」研究後，涉入理論的重要性開始普遍的受到學者的重視。涉入理論所探討的，主要是消費者的決策過程。至於廣告涉入，是指觀眾對於廣告訊息所給予的關心程度或接觸廣告時的心理狀態，從集中精神的注意到鬆懈的視而不見。對於消費者廣告涉入程度的了解，有助於決定廣告內容的定位及投放力度。

影響消費者對廣告涉入程度的廣告資訊過程模式，包括：

一、EKB模式

一般研究中探討到購買決策，最常為人引用的是EKB（Engel, Kollat, & Blackwell）模式。消費者對高涉入產品的決策模式，亦即決策過程（decision process）分為五個階段：問題認知（problem recognition）→尋找（search）→方案評估（alternative evaluation）→選擇（choice）→結果（outcome）。

二、LIM模式

LIM模式，即低涉入模式（low involvement model），由赫伯・庫格曼（Herbert E. Krugman）於1965年提出。該模式認為，消費者對廣告的涉入程度是不一樣的，例如：消費者對電視廣告低涉入，他們對待電視廣告漫不經心，不如對待報紙廣告那樣聚精會神。LIM模式揭示了不同媒介形態、不同類別產品的廣告，會被受眾以不同方式加以資訊處理。受眾對廣告資訊的介入程度影響著廣告傳播的效果。

三、ELM模式

ELM模式，即推敲可能性模式（elaboration likelihood model），由凱西波（John Cacioppo）和佩蒂（Rechard Petty）於1989年提出。該模式認為，消費者對廣告資訊的處理有兩種途徑，一種稱為「中央路徑」（central route）、一種稱為「周邊路徑」（peripheral route）。前者是指消費者有意識地認真思考廣告提供的資訊，最終導致認知反應、態度改變和行為改變，在此過程中，理性因素產生決定性作用。後者則相反，認為消費者對廣告資訊缺乏深度參與，常常是由於情感或廣告誘導產生作用，形成信念、行為和態度的改變。「推敲可能性模式」的得名也就是源於它詳盡思考了消費者對廣告資訊處理的兩種可能性。

四、CRM模式

CRM模式即認知反應模式（cognitive response model），由波克和沙威特於1983年提出。該模式認為，有效的廣告資訊不僅能讓消費者接收到，而且能深度介入消費者的思想和經驗，是一個從認知到反應的過程。CRM模式揭示出廣告資訊傳播生效必須經過由認知到反應的過程，當然「認知」和「反應」可以進一步分解出不同的心理指標。

五、DMH模式

DMH模式，即雙介假說模式（dual mediation hypothesis），由魯茲（S. B. Lutz）於1985年提出。該模式認為，消費者購買意願（purchase intention, PI）由消費者對於品牌的態度（attitude toward the brand, Ab）引起，而消費者對於品牌的態度是由消費者對廣告的態度（attitude toward the ad, Aad）和消費者對品牌的認知（brand cognitions, BC）這兩個仲介物決定的，消費者對於廣告的認知（ad cognitions, AC），影響消費者對廣告的態度，後者直接影響消費者對品牌的認知和對品牌的態度。

涉入理論與研究學者

1947年以前

1. 美國學者Sherif與Cantril兩位學者開始「自我涉入」研究。
2. 廣告涉入指觀眾對於廣告訊息所給予的關心程度或接觸廣告時的心理狀態，從集中精神的注意到鬆懈的視而不見。
3. 涉入理論的重要性開始普遍的受到學者的重視。

1947年以後

1. Krugman（1967）繼續涉入理論探討。
2. 主要是消費者的決策過程。
3. 影響消費者對廣告涉入程度的廣告資訊過程模式，包括：EKB模式、LIM模式、ELM模式、CRM模式、DMH模式。

EKB模式

決策過程分為五個階段

問題認知（problem recognition）→ 尋找（search）→ 方案評估（alternative evaluation）→ 選擇（choice）→ 結果（outcome）

LIM模式

❶ **緣起**：低涉入模式（low involvement model, LIM），由赫伯．庫格曼（Herbert E. Krugman）於1965年提出。

❷ **主張**：消費者對廣告的涉入程度是不一樣的。

❸ **例如**：消費者對電視廣告低涉入，他們對待電視廣告漫不經心，不如對待報紙廣告那樣聚精會神。

❹ **貢獻**

- 揭示了不同媒介形態、不同類別產品的廣告，會被受眾以不同方式加以資訊處理。
- 受眾對廣告資訊的介入程度，影響著廣告傳播的效果。

CRM模式

❶ **緣起**：認知反應模式（cognitive response model, CRM），由波克和沙威特於1983年提出。

❷ **主張**

- 一個從認知到反應的過程。
- 廣告資訊傳播生效，必須經過由認知到反應的過程。

DMH模式

❶ **緣起**：雙介假說模式（dual mediation hypothesis, DMH），由魯茲（S. B. Lutz）於1985年提出。

❷ **主張**

- 消費者購買意願（purchase intention, PI）由消費者對於品牌的態度（attitude toward the brand, Ab）引起。
- 消費者對於品牌的態度是由消費者對廣告的態度（attitude toward the ad, Aad）和消費者對品牌的認知（brand cognitions, BC）這兩個仲介物決定的。
- 消費者對於廣告的認知（ad cognitions, AC），影響消費者對廣告的態度，後者直接影響消費者對品牌的認知和對品牌的態度。

Unit 2-8 CI理論的內涵

一、廣告形象行銷理論

CI是英文Corporate Identity的縮寫。一般譯爲企業識別、企業形象，是指一個企業借助於直觀的識別字號和內在的理念等證明自身差異和內在同一性的傳播活動，其顯著的特點在於同一性和差異性。這是日本賦予CI的新解釋。

所謂識別包含了兩層意思：一是主體性，即企業上下理念必須一致，具有一致才可能被認識。二是獨立性，即必須與其他企業相區別，有區別才可能被識別。這就是現代市場競爭的前提條件之一。

理念（mind）一詞，在美語中有精神、見解的意思。在企業中，與理念相近的詞，至少有以下一些企業精神、經營哲學、價值觀、經營宗旨等。

CI理論起源於美國，最初主要強調視覺識別系統，即設計與展示一整套區別於其他企業，體現企業個性特徵的標識系統，以突出企業形象，獲得市場競爭優勢的經營戰略。

綜上所述，CI不是一成不變的概念，其內涵會隨著時代的變革、企業的發展而不斷地創新與變革。但究其核心，CI是將企業經營理念與精神文化、組織行爲方式和外在形象透過一整套傳播系統，傳遞給消費者，進而獲得一種親和力和認同感。在CI理論中，CI作爲一個整體機制由三大要素構成：⑴理念識別系統（mind identity, MI）、⑵行爲識別系統（behavior identity , BI）、⑶企業視覺識別系統（visual identity, VI），換言之，三者的交集才是完整的CI。

二、CI三大要素

1. 理念識別系統（mind identity, MI）

理論識別系統，企業之「心」。理念識別是最高決策層次，也是CI的基本精神所在。

2. 行爲識別系統（behavior identity, BI）

行爲識別系統，企業之「手」。它是一種在經營理念指導下所形成的一系列行爲規範，透過參與企業發展戰略的策劃、經營目標的確定、管理體制的革新、組織機構的設置、科技發展的重點、產品開發的方向和促銷、公關活動等一些特殊活動，把企業和品牌形象動態地加以表現。

3. 企業視覺識別系統（visual identity, VI）

企業視覺識別系統，企業之「臉」。它是在企業經營理念、戰略範圍和經營目標的支配下，運用視覺傳達方法，透過企業識別的符號來展示獨特形象的設計系統。因爲視覺識別系統是企業形象的直接傳達系統，故被稱爲「企業的臉」。

MI、BI、VI是三位一體的關係。MI處於統帥的地位，它決定了其他活動的基礎和前提。三者相互推動、協調運作，才能爲企業塑造獨特的形象，帶動企業經營的發展。三者只有在一個點上良好地結合，CI才能達到較完美的境界。因此，CI中的三大構成要素既具有很強的層次性，又具有緊密的關聯性；而企業導入CI追求的正是這一點。

廣告形象行銷理論

廣告形象行銷理論

1. 一般譯為企業識別、企業形象。
2. 指一個企業借助於直觀的識別字號和內在的理念等，證明自身差異和內在同一性的傳播活動。

日本賦予 CI 的新解釋

1 主體性

2 獨立性
CI理論
起源於美國

CI理論中，作為一個整體機制由三大要素構成

理念識別系統（mind identity, MI）＋行為識別系統（behavior identity, BI ）＋企業視覺識別系統（visual identity, VI）

換言之，三者的交集才是完整的CI。

三者只有在一個點上良好地結合，CI才能達到較完美的境界。因此，CI中的三大構成要素既具有很強的層次性，又具有緊密的關聯性；而企業導入CI追求的正是這一點。

CI 的系統因素構成

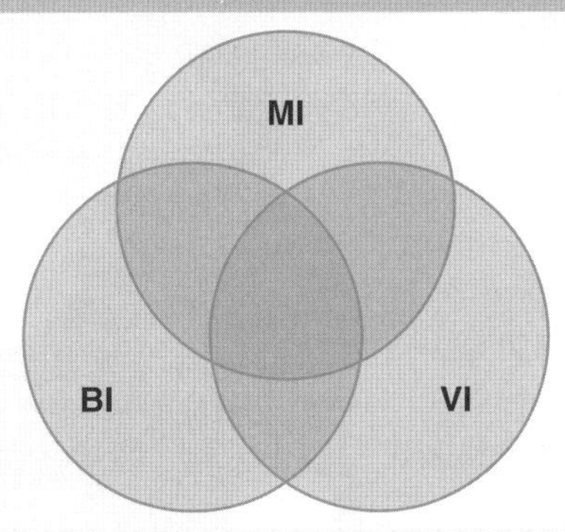

Unit 2-9 解釋名詞（一）

一、訴求理論（appeal theory）

廣告資訊生產是廣告資訊傳播的基礎，主要解決「說什麼」和「怎麼說」的問題，用廣告學術語來說即爲「訴求什麼」和「如何訴求」的問題。爲了解決廣告訴求問題，西方廣告學界和業界人士提出了眾多理論，下面主要介紹四種理論：IP理論、TA理論、USP理論、定位理論。

二、IP理論

IP理論也稱IP模式，即資訊過程模式（the information processing model）。該模式主張，有效的廣告必須傳遞關於產品或服務的清晰資訊，以引起消費者對此資訊的記憶、理解和信任。廣告資訊過程是由廣告主到消費者的單向過程，廣告中居第一位的因素是產品或品牌資訊，居第二位的因素是創意和情感。

三、TA理論

TA理論也稱TA模式，即誘導廣告模式（transformational advertising model）。該理論與IP理論恰恰相反，認爲有效的廣告主要依靠情感而不是資訊產生作用。斯沃米拉登（Mladen）等人提出「誘導廣告可能性模式」（the likelihood of transformational advertising model），指出產品新潮性、產品風險度、產品炫耀性、產品誘人方式、產品同質度、價格敏感度、技術穩定性等因素決定誘導性廣告存在的可能性，因此，廣告不需要傳播什麼訊息，但也一樣能產生品牌認知、理解和信任，廣告訴求應借助情感、人性化、象徵等手法。

四、USP理論

USP理論是美國廣告人羅瑟・瑞夫斯（Rosser Reeves）於1961年在他的《實效的廣告—USP》一書中提出的。他認爲，能帶來銷售實效的廣告才是好廣告，而好廣告一定具有「獨特的銷售主張」（USP）。USP理論有三個要點：(1)獨特性，即廣告主張必須是你率先提出的，是別人沒有提出或者無法提出的，是獨一無二的；(2)促銷性，即廣告說辭不僅僅引人注意，還必須能夠促銷，能讓人付諸行動；(3)明確性，廣告說辭必須有一非常明確的主張，讓消費者明白他能從該廣告宣傳的產品中獲得什麼具體的利益。

五、定位理論

定位理論是美國廣告人阿爾・里斯（Al Ries）和傑・特勞特提出的，他們於1968年創辦Trout &Ries廣告公司，並在20世紀60年代末的《工業行銷》和《廣告時代》等雜誌上發表了一系列關於定位的文章。1981年他們出版《定位── 爲進入心智而戰》一書，闡述了定位理論。定位理論的基本觀點有：(1)廣告的目標是使某一品牌、產品、公司在消費者心目中獲得認定，即占有一席之地；(2)廣告應將火力集中在一個狹窄的目標上，在消費者的心智上下工夫；(3)打開消費者心智的常用方法有很多，如「第一法」、「比附法」、「尋隙法」等；(4)定位一旦產生功效，無論何時何地，只要消費者產生了關係的需求，就會自然而然地先想到這個品牌、產品或公司，達到先入爲主的效果。

訴求理論（appeal theory）

廣告資訊生產是廣告資訊傳播的基礎，主要解決廣告訴求問題。

IP理論

❶ IP理論也稱IP模式，即資訊過程模式（the information processing model）。
❷ 主張：有效的廣告必須傳遞關於產品或服務的清晰資訊，以引起消費者對此資訊的記憶、理解和信任。

TA理論

❶ 也稱TA模式，即誘導廣告模式（transformational advertising model）。該理論與IP理論恰恰相反。
❷ 主張：有效的廣告主要依靠情感，而不是資訊產生作用。
❸「誘導廣告可能性模式」（the likelihood of transformational advertising model）：由斯沃米拉登等人提出，主張廣告訴求應借助情感、人性化、象徵等手法。

USP理論

❶ 緣起：美國廣告人羅瑟・瑞夫斯（Rosser Reeves）於1961年在《實效的廣告—USP》一書中提出的。
❷ 主張：能帶來銷售實效的廣告才是好廣告，而好廣告一定具有「獨特的銷售主張」（USP）。
❸ USP理論三要點
(1) 獨特性、(2) 促銷性、(3) 明確性。

定位理論

❶ 緣起：由廣告人阿爾・里斯和傑・特勞特提出。
❷ 1981年出版《定位——為進入心智而戰》一書，完整地闡述了定位理論。
❸ 基本觀點
(1) 廣告的目標是使某一品牌在消費者心目中占有一席之地。
(2) 廣告應將火力集中在消費者的心智上下工夫。
(3) 打開消費者心智的常用方法有很多，如「第一法」等。
(4) 定位一旦產生功效，即達到先入為主的效果。

Unit 2-10 解釋名詞（二）

一、AIDA模式

1898年，路易士提出了AIDA模式，他認爲廣告產生效果需要經過四個步驟：第一步是引起注意（attention），第二步是產生興趣（interest），第三步是產生慾望（desire），第四步是付諸行動（action）。這是一個廣告產生功效的完整過程，也是世界上第一個廣告模式。該模式從心理學角度描述了廣告效果生成的機制，對後來的廣告人產生了深遠影響。

二、DAGMAR模式

1960年代初，科利提出DAGMAR模式，即「制定廣告目標以測定廣告效果」（defining advertising goals for measured advertising results）理論。他指出，「廣告目標是記載對行銷工作有關傳播方面的簡明陳述」，其「基準點的決定取決於所完成的事項能夠測量而制定」。DAGMAR模式強調，在廣告發布前必須制定明確的廣告目標，廣告發布後能夠用資料測定出廣告效果，比較二者資料以考察廣告是否生效。因此，他的這個模式也被稱爲「目標與任務法」（objective-and-task）。科利將廣告生效的過程分爲四個步驟：認知（awareness）—了解（comprehension）—確信（conviction）—行動（action）。科利認爲，廣告生效的每個步驟都應制定相關目標，然後透過資料測量來檢驗每個步驟是否達到廣告目標。

三、品牌理論（brand theory）

品牌與商標、名牌都有關聯，但其內涵遠比商標、名牌豐富。「品牌形象」（brand image）這一概念最早由大衛・奧格威提出。在《一個廣告人的自白》一書中，奧格威對品牌定義如下：「品牌是一種錯綜複雜的象徵——它是產品屬性、名稱、包裝、價格、歷史聲譽、歷史方式的無形總和，品牌同時也因消費者對其使用的印象以及自身的經驗而有所界定。」可見，品牌形象欠佳是長期形成的，其影響因素有很多——廣告、定價、產品名稱、包裝、贊助過的電視節目、投放市場時間長短等。

四、ROI理論

伯恩巴克是20世紀70年代創意革命的「三大旗手」之一，在他的領導下，DDB廣告公司成爲當時最具創造力的廣告公司，創作出大量富有創意的廣告作品，例如：奧爾巴克商店系列廣告、金龜車系列廣告、艾飛斯計程車公司廣告、艾爾・阿爾航空公司廣告等。

五、創意理論（creativity theory）

在廣告資訊生產中，創意理論是關於編碼的理論。廣告有很強的目的性，爲了讓受眾關注、激起受眾的興趣和購買慾望，需要發揮廣告創作者的創造力，對枯燥、空洞的產品資料或說辭進行藝術加工，以增強廣告的說服效果。在眾多的創意理論中，最有影響力的當數ROI理論和創意生產理論。

六、創意生產理論

在眾多創意理論中，詹姆斯・韋伯・揚的創意生產理論是最早有關創意如何產生的理論，該理論一誕生就產生了深遠影響。

創意生產過程共包括五個步驟：第一步—蒐集資料，包括特定的資料與一般的資料；第二步—消化資料，即反覆思考直至心力交瘁；第三步—擱置問題，在這個階段儘量不想該問題，在放鬆中讓潛意識工作；第四步—創意來臨，往往是在休息和放鬆時，靈感突然意外降臨；第五步—發展創意，將創意在現實中應用，並發展與完善創意。

AIDA模式

❶ 緣起：1898年，路易士提出了AIDA模式。

❷ 主張

(1) 廣告產生效果需要經過四個步驟

① 引起注意（attention）
② 產生興趣（interest）
③ 產生慾望（desire）
④ 付諸行動（action）

(2) 對枯燥、空洞的產品資料或說辭進行藝術加工，以增強廣告的說服效果。一個廣告產生功效的完整過程，也是世界上第一個廣告模式。

DAGMAR模式

❶ 緣起

(1) 1960年代初，科利提出「制定廣告目標以測定廣告效果」（defining advertising goals for measured advertising results）理論，亦即DAGMAR模式。

(2) 也被稱為「目標與任務法」（objective-and-task）。

❷ 主張

(1) 決定取決於所完成的事項能夠測量而制定。DAGMAR模式強調，在廣告發布前必須制定明確的廣告目標。

(2) 廣告生效過程的四個步驟

① 認知（awareness）
② 了解（comprehension）
③ 確信（conviction）
④ 行動（action）

(3) 每個步驟都應制定相關目標，然後透過資料測量來檢驗每個步驟是否達到廣告目標。

品牌理論（brand theory）

❶ 緣起：「品牌形象」（brand image）這一概念最早由大衛・奧格威提出。

❷ 主張：在《一個廣告人的自白》一書中，奧格威對品牌定義如下：
錯綜複雜的象徵──它是產品屬性、名稱、包裝、價格、歷史聲譽、歷史方式的無形總和，品牌同時也因消費者對其使用的印象以及自身的經驗而有所界定。

ROI理論

❶ 緣起：伯恩巴克是20世紀70年代創意革命的「三大旗手」之一。

❷ 後續：在他的領導下，DDB廣告公司成為當時最具創造力的廣告公司，創作出大量富有創意的廣告作品。

創意理論（creativity theory）

❶ 緣起：在廣告資訊生產中，創意理論是關於編碼的理論。

❷ 主張：對枯燥、空洞的產品資料或說辭進行藝術加工，以增強廣告的說服效果。

創意生產理論

❶ 緣起：詹姆斯・韋伯・揚的創意生產理論是最早有關創意如何產生的理論，該理論一誕生就產生了深遠影響。

❷ 主張：創意生產過程的五個步驟

(1) 蒐集資料　(2) 消化資料　(3) 擱置問題　(4) 創意來臨　(5) 發展創意

Unit 2-11
整合行銷傳播理論

一、整合行銷傳播依然處於成長期

「整合行銷傳播」（IMC）作爲一個新的概念和理論議題，目前在廣告業界和學界獲得廣泛的認可，成爲廣告領域最熱門的話題之一；學術界至今對其基本概念界定、核心命題建構、理論發展階段，以及價值判斷等關鍵問題尚未達成一致意見，這說明IMC依然處於成長期，還不是一個成熟的理論模式，有待更多、更深入的研究。

二、廣告學與公共關係學的聯繫

在現代社會中，廣告學與公共關係學出現了諸多領域的融合與交叉。

1. 第一時期

1841年以前的古代廣告或原始廣告時期，包括：

一是廣告傳播的起源和早期廣告傳播活動階段。

世界四大文明古國——埃及、巴比倫、印度和中國，它們的共同特徵是在原始氏族社會後期和奴隸社會初期，由於生產力的發展而完成了三次社會大分工，產生了早期的商業和商人，並產生了爲推銷剩餘商品、招徠顧客的實物陳列、口頭叫賣等原始廣告形式。

二是原始廣告繁榮階段，中國文明區和阿拉伯文明區占有主導地位，發揮著主導作用。

中國的封建文明是人類文明的第二高峰，在社會、政治、經濟、科技和文化發展等方面領先於同時代的世界其他文明區。當時只有阿拉伯文明區可以與之抗衡。

三是印刷廣告產生與發展的初級階段，中國文明區和以英國爲中心的歐洲文明區是世界廣告傳播發展的主體。

原始形態的印刷廣告從產生到17世紀以前，一直在中國文明區發展。德國古騰堡（Johannes Gensfleisch zur Laden zum Gutenberg）在1450年率先使用金屬活字印刷術，促進了歐洲的文化傳播和科技發展，爲文藝復興的勝利和報刊媒介首先在德國、英國、法國和義大利的產生創造了條件；特別是從16世紀到18世紀，美洲大陸的發現、環球航行的成功、殖民化運動的興起、資產階級革命和工業革命的勝利，皆有力地促進了歐洲資本主義經濟的發展。

2. 第二時期

1841～1920年的近代廣告時期或稱印刷媒介大眾化時期。印刷媒介大眾化時代——美國取代英國成爲世界廣告傳播的中心。

美國在19世紀初進行工業革命，到30年代工業革命完成，又經過數十年的發展，到19世紀末20世紀初，它逐漸取代英國，成爲世界工商業發展中心和第一工業強國。

3. 第三時期

1920～1970年代末的現代廣告時期或電子媒介時代。在以廣播、電視和報刊爲代表的傳介時代，美國是世界廣告傳播發展的主體，日本和歐盟國家成爲其兩翼。20世紀20年代的電台媒介、40年代的電視媒介，特別是50年代中期彩色電視機的產生，帶來了以聲音傳播、視聽傳播爲主的資訊傳播方式和資訊存在及表現形態的變化。

4. 第四時期

1980年代以後的當代廣告或網路媒介時代。以網路爲代表的新媒介時代和世界廣告的國際化趨勢，催生出廣告傳播多元化時代的來臨。從1980年代開始，以國際網際網路的建立和網路傳播的興起爲標誌的網路媒介，作爲第四大媒介登上了世界傳媒舞台。

整合行銷傳播依然處於成長期

1. 「整合行銷傳播」（integrated marketing communications, IMC）作為一個新的概念和理論議題，目前還不是一個成熟的理論模式。
2. 有待更多、更深入的研究。

廣告學與公共關係學的聯繫

第一時期

- 廣告傳播的起源和早期廣告傳播活動階段
- 原始廣告繁榮階段
- 印刷廣告產生與發展的初級階段

第二時期

1841～1920年的近代廣告時期或稱印刷媒介大眾化時期。

第三時期

1920～1970年代末的現代廣告時期或電子媒介時代。

第四時期

1980年代以後的當代廣告或網路媒介時代。

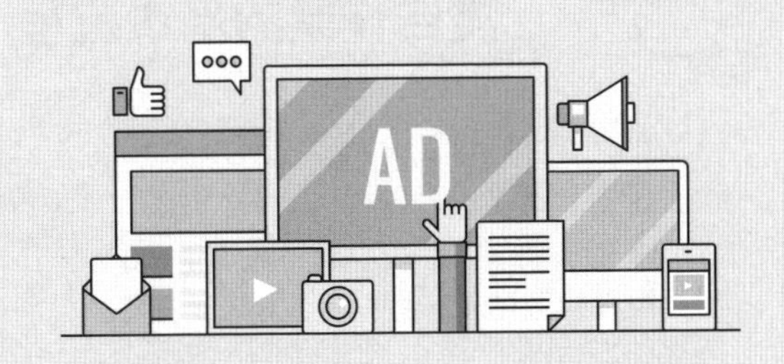

廣告運作的基礎

章節體系架構

Unit 3-1 廣告作業的基本流程

一、前置作業

在前置作業期，相關的協助工作包括：提供行銷建議、協助市場調查、確定市場特定問題、與企業共同擬定產品概念、品牌名稱、包裝設計、決定預算、協助開發新產品、提出相關項目的建議，以及完成尚未進入廣告計畫之前的其他協助工作。

二、廣告作業

1. 客戶簡報

一般而言，廣告主如果眞想要廣告代理商協助處理廣告活動，通常會爲對方舉辦「說明會」（orientation），給廣告公司一個詳細的簡報（briefing），詳盡地說明公司行銷策略與計畫概況，包括目標、作法與問題等，讓廣告公司清楚地了解產品、了解整體行銷計畫、了解廣告擔任的角色與任務，以及執行過程中的一些要求，如時間表、評估標準、其他附帶工作等，以此作爲雙方合作的基礎。

2. 市場分析

聽取說明會後，廣告公司根據廣告客戶的要求，開始策劃廣告方案並組織成立專案小組，這個小組由客戶執行、策劃文案、創意設計等從各部門抽調出來的相關人員組成，通常由客戶總監統領。專案小組成立後，就開始針對廣告主提供的客戶簡報的書面材料，著手蒐集更多的市場、競爭對手和消費者的資料，對產品、市場環境、競爭對手、目標人群等進行分析。

3. 廣告策略

具體而言，這裡的廣告策略是指形成初步的廣告計畫方案，包括創意概念、預算建議、公關促銷活動配合、媒介組合等初步方案，探討產品的定位、名稱、廣告語、推廣節奏、大概的推廣內容等。廣告策略形成後，廣告公司提案給客戶，如果客戶同意並確認，專案小組客戶總監即會向創意人員與媒介部下達工作單。

4. 創意表現與媒介計畫

收到客戶部的工作單之後，創意部與媒介部分頭行動，創意部需要依據創意概念發展出三至五個不同思考方向的創意點，並可以經由概念測試（concept test）確定其中一個，再發展成創意表現。媒介部需要研究媒介策略，並提出相關具體媒介建議。之後，專案小組內部就創意表現及媒體建議進行評估，確認其與廣告策略方向的配合，一切就緒後，開始準備提案。

三、後續作業

1. 媒體執行結果分析

媒體計畫執行了一段時間之後，廣告公司需要向客戶提供媒體的事後效果評估（post effectiveness evaluation）報告。以電視廣告爲例，做媒體計畫時的資料都是對以往收視率等的總結，只有做事後評估時，才能了解實際播出後的收視率資料。因此，透過事後評估可以測評廣告效果。

2. 廣告效果測定

媒體計畫的事後評估，可以根據媒體調查公司的電腦資料進行分析。如果在廣告播出一段時間後，要了解消費者對廣告資訊的認知和接受程度，則需要做創意溝通方面的具體調查與測評，以評估廣告策略及創意是否奏效。調查結果可以供廣告公司修改創意再繼續播出，也可供下一階段的廣告計畫做參考。

廣告作業的基本流程

前置作業

相關的協助工作包括：提供行銷建議、協助市場調查等。

廣告作業

客戶簡報

市場分析

廣告策略

創意表現與媒介計畫

後續作業

01 媒體執行結果分析

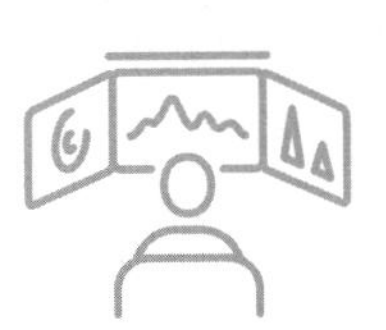

02 廣告效果測定

Unit 3-2 廣告調查的定義與類型

一、廣告調查的定義

廣告調查是指圍繞廣告活動，採用科學的調查方式和方法，按照一定的程序和步驟，有計畫、有目的、有系統地蒐集、分析呈現廣告活動有關的消費者資訊、企業與產品資訊、傳播媒體資訊，以及廣告效果資訊的活動。

二、廣告調查的類型

1. 全面調查

全面調查是一種一次性的普查。其調查的方式有兩種，一種是組織專門的調查機構和人員，對調查對象進行直接調查；一種是利用機關團體、企業等內部的統計報表進行彙總。利用第一種方式需要很多人力、物力，在廣告調查時較少採用。第二種方式相對比較簡便，所以需要比較全面的統計資料時，常採用這種方式。

2. 抽樣調查

抽樣調查是從應調查的物件中抽取一部分有代表性的物件進行調查，然後根據抽樣的結果來推斷整體的性質。抽樣調查方法不僅具有很高的科學性和準確性，而且省時、省力，是廣告調查中最常用的方法。抽樣調查可分為隨機抽樣和非隨機抽樣兩大類。

3. 文獻調查

文獻調查是一種間接調查方式，即對已有的各種文獻、檔案等文字資料進行的調查研究，是對既存資料的使用。其最顯著的優點就是可以節省用於基本調查活動所需的大量經費和時間。在採用文獻法進行調查時，要了解文獻資料的來源，並對其進行甄別和整理。

4. 訪問調查

實地與調查物件進行接觸，從中了解是蒐集資訊的一種廣告調查方法。訪問法是在實地調查中獲得資料的最可靠途徑。它的優點是可以在雙方直接交流中考察對方對問題的反映，了解調查物件對廣告產品或廣告效果的意見。訪問調查可分為家庭訪問、街頭訪問和電話訪問。

5. 問卷調查

借助問卷進行調查，在廣告調查活動中最為常見。廣義的問卷調查是所有實地調查方法的工具，以擬好的調查問卷去進行訪問、郵寄、網上調查及抽樣調查等。而狹義的問卷調查是指調查物件以文字或符號形式回答調查問題，然後回收問卷、整理資料的調查方法。

6. 觀察法

觀察法是指透過對調查現場的情況，進行直接觀察以獲取有關資訊的調查方法。觀察法常用於檢測售點的顧客流量、成交率某路段的車流量、人流量、戶外廣告的注目率等。採用觀察法要注意選擇適當的調查內容調查數量，進行較長時間的觀察，並要適當配合其他方法，取長補短，才能獲得更好的效果。

7. 實驗法

在廣告調查中，實驗法通常用於廣告活動展開前，探究消費者對產品口味或包裝、產品價格、廣告資訊的反應等。這種方法由於眾多的不可控因素，如消費者的偏好、競爭者的策略等，都有可能影響實驗物件，進而影響到實驗效果，而且查獲資料的時間較長，費用較高。

總之，廣告調查的方法各具優缺點，選擇時應視具體情況而定，有時需要將各種方法進行組合，以獲得最佳的調查結果。

廣告調查的定義

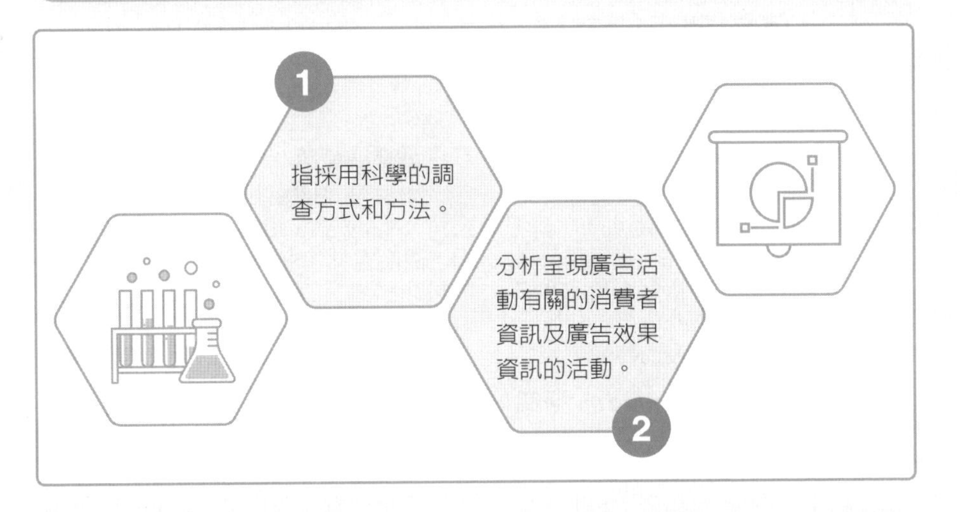

廣告調查的類型

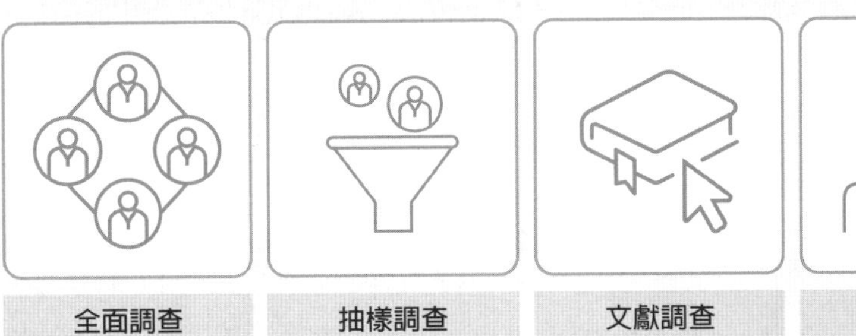
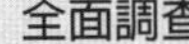

全面調查　抽樣調查　文獻調查　詢問調查

問卷調查　觀察法　實驗法

Unit 3-3 廣告調查的方法

一、視向測試法（eye camera test）

本法是以研究視線方向的機械，用於測試廣告文案。其原理是這樣的：於眼球側方投入小光點，當這點小光點觸及角膜，進而引起反射作用，因爲眼球並非完完全全的球體，即使光源在固定的位置，其反射光也會隨眼球之轉動而轉動。

二、透視鏡（one-way mirror）研究法

本法是在一間特別設計的房間，在室內牆壁鑲上一面極大的鏡子，此牆壁與鄰室毗連，從這間特別設計的房間來看，完完全全是一面鏡子，但從其鄰室向這邊看，卻似一扇大窗戶，能看到這個房間的內部。

三、EDG測試法

本法是用檢流計（galvanometer）所作之測驗，稱之爲EDG（electro dermogram）。測試時必須將測試者兩根手指繫上電線，以電池和百萬分之一安培（micro ammeter）精緻的電流連成線路，一旦加予任何刺激，由於汗腺活動，增加出汗作用，皮膚的電器抵抗力頓時減少，然後再恢復到原來狀態，此種測試過程稱爲EDG或GSR。

四、節目分析法（program analyzer）

指在節目播映前，測驗視聽者對節目或廣告喜好之反應。令被測試者視聽所播映的節目，當被測試者感受廣告或節目引入注意或感到有趣時按鈕。就這樣隨時間之進行，一直記錄下去。

五、瞬間顯露器測試法

瞬間顯露器（tachistocope）之測試原理，是控制照明一定的時間（例如1/100秒、1/10秒等），在極短的時間內，予對象以刺激，譬如提示廣告文案、商品包裝等，以測定其醒目程度。

六、雪林調查法

本法是美國紐約一家名爲雪林調查公司（Schwerin Research Co.）所宣導的，故名雪林（Schwerin）調查法。首先令被測試者三百人齊聚於播映室，每人給一份記載所要測試之CM商品及其競爭品的名單，令被次測試者從名單中所列出的商品，按著所詢問的問題，選擇其中一個。

七、記憶測驗（memory test）

乃指消費者對於某一廣告究竟記憶了多少的一種測驗，大致分爲回憶法及再確認法。

1. **回憶法（recall test）**：指不提示任何有關被測試的廣告，令被訪者回憶的一種方法。譬如測驗報紙廣告時，詢問對方：看過今天○○日報了嗎？如果回答看了，再問：你所看的那份報紙有什麼廣告？
2. **再確認法（recognition test）**：指提示廣告實物，問他是否讀過或看過該一廣告，爲一種詢問是否記憶的方法。再確認法中所謂演示法（masking method），即提示給被測試者的廣告，預先將廣告中的商品和廣告主的名稱予以掩蓋，令被測試者判斷它是什麼商品廣告、廣告主是誰。究竟他是否眞正看過那個廣告，從他對廣告的大致感受便可明瞭。

八、詢問法（inquiry test）

本法是按消費者看到廣告後向刊播廣告者詢問，按詢問數目多寡，衡量廣告效果，這種方法便稱之爲詢問法。因爲本法並非強制消費者來作實驗，是消費者自願的，所以事先略動腦筋，譬如在廣告中的贈送券（coupon）上作暗號，便可比較媒體價值。

調查的方法

視向測試法

以研究視線方向的機械，用於測試廣告文案。

透視鏡研究法

在一間特別設計的房間，利用極大的鏡子以測試廣告文案效果。

EDG測試法

用檢流計（galvanometer）所作之測驗，稱之為EDG（electro dermogram）。

節目分析法

在節目播映前，測驗視聽者對節目或廣告喜好之反應。

瞬間顯露器測試法

控制照明一定的時間，予對象以刺激，以測定文案醒目程度。

雪林調查法

測定視聽牆紙被測試者視聽（CM），以CM前後選擇商品之變化情形。

記憶測驗

❶指消費者對於某一廣告究竟記憶了多少的一種測驗。
❷分為回憶法（recall test）與再確認法（recognition test）。

詢問法

❶按消費者看到廣告後向刊播廣告者詢問。
❷按詢問數目多寡，衡量廣告效果。

Unit 3-4 廣告市場調查主要內容、意義與遵循原則

一、廣告市場調查主要包含的內容

廣告調查必須遵循一般社會調查所需的道德準則，主要包括為客戶保密和保護被調查者的隱私權兩方面。許多調查是由客戶委託調查研究公司進行的，因此，調查公司以及從事調查的人員必須對獲得的資訊保密，不能將資訊洩露給協力廠商。在實際調查過程中，有時調查資料的獲取是相當困難的，調查人員可能會時常遭到被訪對象的拒絕，但不論在什麼情況下，調查人員都應該對調查的道德準則保持高度敏感，力圖透過與調查對象的正當溝通達成志願合作，尊重被調查者的人格及權益，不能欺騙被調查者或對其造成傷害。

二、廣告調查對廣告活動的意義

廣告市場調查是為指導廣告活動所進行的有關市場情況的資料蒐集與分析，主要指針對消費者、競爭者、經銷商、企業自身以及整個產業所作的調查。廣告市場調查是廣告調查中最基礎的研究層面，是確定廣告目標、擬定廣告戰略和行銷建議的重要依據。其內容主要包括市場行銷環境調查、企業自身情況調查、消費者調查、競爭對手調查等幾個方面。

1. 市場行銷環境調查

市場中存在諸多影響企業發展的因素，既可以為企業行銷帶來市場機會，也可以形成某種威脅。因此，全面、正確地認識市場行銷環境，監測、把握各種環境力量的變化，對企業審時度勢地開展行銷和廣告活動具有重要意義。

2. 企業自身情況調查

在開展廣告活動前，有必要全方位地了解企業產品基本情況、產品價格、品牌等的基本情況。

3. 消費者調查

消費者是現代市場行銷的邏輯起點，對消費者的情況掌握將決定行銷和廣告的方向。而廣告市場調查所涉及的各個具體方面，實際上也是透過消費者才可能實施調查。消費者調查主要探究消費者消費態勢、消費者需求與動機、消費者性質與特徵、潛在消費者等方面。

4. 競爭對手調查

在現代市場經濟的競爭環境下，企業除了要準確把握目標市場的需求和利益，在自身產品和服務上不斷創新和突破外，還必須正確分析競爭對手的市場動態，運用相應的戰略和策略為自己謀求市場中的競爭優勢。

三、廣告調查的設計、展開、實施必須非常嚴謹及遵循的原則

1. 科學性

科學性指研究及研究結論的實證性和邏輯性，調查得來的資訊必須是以科學的方法取得的。

2. 客觀性

在調查的過程中，尊重客觀事實，眞實準確地反映客觀情況，避免主觀偏見或人為地修改資料結果。

3. 系統性

系統性是指具有特定功能的、相互之間具有有機聯繫的許多要素所構成的整體。

4. 道德準則

廣告調查必須遵循一般社會調查所需的道德準則，主要包括為客戶保密和保護被調查者的隱私權兩方面。

廣告市場調查主要包含的內容

1. 必須遵循一般社會調查所需的道德準則
2. 為客戶保密
3. 保護被調查者的隱私權

廣告調查對廣告活動的意義

原因

1. 指導廣告活動所進行的有關市場情況的資料蒐集與分析。
2. 主要指針對消費者、競爭者、經銷商、企業自身，以及整個產業所作的調查。

主要內容

1. 市場行銷環境調查
2. 企業自身情況調查
3. 消費者調查
4. 競爭對手調查

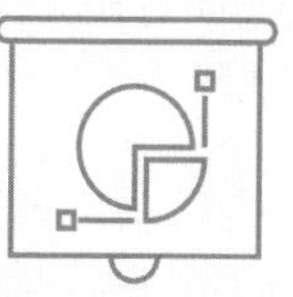

遵循原則

科學性

客觀性

系統性

道德準則

Unit 3-5 廣告預算的方法與全球廣告標準化的優缺點

一、廣告預算的方法

確定廣告預算額度的方法很多，但每種方法都不是很完善。以下將介紹幾種最常見的方法：

1. 銷售比例法

是依據過去或預期銷售額的某些預定百分比而算出廣告預算。銷售額基數可以是上一年度的銷售額，或者下一年度預計的商品銷售額，或者若干年（近三年）銷售額的平均數等。例如：假設公司預計明年某品牌的銷售額為5,000萬元，分配明年預期銷售額的5%為廣告預算，那麼廣告預算就是250萬元。

2. 目標任務法

是先確立一定的銷售目標和廣告目標，然後再決定需要花費多少去達成這個目標。例如：你需要花費多少金額在廣告上面，才能使60%的目標受眾知道你的產品？或者是廣告要到達多少人及多少次？每個目標花費多少？然後再把所有目標的花費加總起來。

3. 競爭對抗法

是競爭對手導向法，也就是根據競爭對手的廣告費用總額來決定本企業的廣告費用。運用這種方法的背後邏輯是，廣告主相信為產品投入的廣告額占同類別產品廣告總量的比例，會影響消費者的「心目占有率」，也同時會影響「市場占有率」。

4. 投資利潤法

即根據一定期限內的利潤總額比率，來預算廣告費用的方法。

5. 量入為出法

即有資源限制的公司會在分配完其他無法避免的支出後，如成本費、管理費、其他雜費後，將剩餘費用合理地分配在廣告預算上。這是一種最簡單的預算方法，適用於新品上市、非牟利企業或一般小型企業。

二、全球廣告標準化的優缺點

1. 標準化的優點

(1) 品牌形象統一：例如Levi's或可口可樂都是利用全球標準化的廣告策略，來建立起全球統一的品牌形象。

(2) 訴求於相同或類似消費者的基本需求：當產品可以跨越國界或文化來滿足消費者的基本或相同需求時，全球廣告可以發揮最大的效用。

(3) 分享好的廣告創意：全球廣告的標準化提供了許多公司在不同市場上交換或流通好創意的機會，例如：麥當勞的寶寶搖籃篇，廣告中一個躺在搖籃中的嬰兒一下子哭、一下子笑，後來才發現原來搖籃中的嬰兒是因為一下看到、一下沒有看到窗外麥當勞招牌的關係。

(4) 降低製作、設計和運輸的成本：全球標準化廣告最吸引人的地方，就是可降低花費，這是可理解的。當減少產品類型和廣告的製作，花費自然就降低了。

2. 標準化的限制

(1) 各地的語言、文化以及生活習慣不同：各地的語言、文化、消費者生活形態上的差異，是許多廣告無法使用標準化全球策略，而改採取地區化策略的主要原因。

(2) 各個國家市場的特性、工業發展的情況不同：全球市場可以分為已開發國家、開發中國家，以及未開發國家等三種，若是在全球採用同一種標準化的策略，而這些不同市場的特性不同，那麼廣告效果也一定不盡相同，說不定還會造成廣告的浪費。

廣告預算的方法

1. 銷售比例法（percentage of sales method）
2. 目標任務法（objective & task method）
3. 競爭對抗法（competitive parity method）
4. 投資利潤法（return on investment method）
5. 量入為出法（all-you-can-afford method）

全球廣告標準化的優缺點

標準化的優點

01 品牌形象統一

02 訴求於相同或類似消費者的基本需求

03 分享好的廣告創意

04 降低製作、設計和運輸的成本

標準化的限制

1. 各地的語言、文化以及生活習慣不同

2. 各個國家市場的特性、工業發展的情況不同

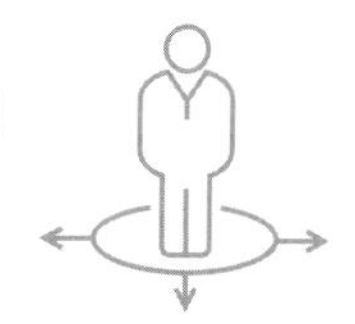

Unit 3-6 收視率的調查方法

收視率是指在一定時段內收看某一節目的人數（或家戶數）占觀眾總人數（或總家戶數）的百分比，即收視率＝收看某一節目的人數（或家戶數）／觀眾總人數（或總家戶數）。收視率一般是用在電視的，如用在電台則稱爲收聽率，其調查方法如下：

一、Arbitron

Arbitron是美國調查公司（American Research Bureau, ARB）用於視聽率調查的裝置。該公司所作的視聽率調查，以全美一千兩百個家庭做樣本，被抽出來的家庭電視機上，裝有對應器（transponder），各對應器透過電話線，被連結到Arbitron總部。

每九十秒由總部傳送某種訊號電流，對應器則開始動作。依此原理可以掌握本家庭是否在看電視？是哪一台？這些資料透過電話線，瞬間即可傳送到調查總部。

二、Audimeter

這是美國尼爾森公司（Nielsen, A.C. Company）所從事的視聽率調查所用的調查工具。其原理是：把自動記錄器（audimeter）安裝在被調查家庭的電視機上，隨時間流逝，該被調查家庭所看的節目時間和收看電視台，被一一記錄在自動記錄器內部軟體上，軟體盒可自由取下，每週由尼爾森郵寄來新的軟體盒，上週的軟體盒由被調查者直接寄回尼爾森公司，將其打入IBM卡，送進統計裝置進行統計。

三、Videometer

Videometer是自動記錄被調查家庭視聽情形的儀器。這種電子記錄器體積不大，僅三公斤重，它是由電子工學與膠帶（tape）結構巧妙組合而成。將其裝在被隨機抽出的調查家庭的電視機上，用簡單的天線，以檢測視聽家庭看的頻道變化，它是由Videometer的檢測部分，自動記錄地方台發送的振周波數，來記錄所收視的頻道，每隔一分鐘將其鑽孔在膠帶上。

由於按節目播映時間之長短調查對象受限，而且其調查對象並非一般家庭，偏於擁有電話機之家庭，此皆爲其缺點。但這種方法具有時效性，昨天的收視率，今天即可送到訂戶手中。

四、日記式調查法

日記式調查法是先將電視節目表或印有時間階段的調查問卷，分配給調查對象家庭，請調查對象者按實際視聽情形予以記錄的方法。調查對象多爲家庭，有時用於個人。

五、問卷面談法

問卷面談法是按照印有節目的問卷，由調查員直接詢問受訪者，將前一日的視聽情形重新確認的一種調查方法。雖有引導回答的缺點，但有選擇多數樣本和廣大調查區域的優點。其調查對象爲個人。

六、觀察法

觀察法雖是以電視機爲對象所作的調查，但吾人所欲獲得的資料並非電視機而是家庭中每個人的視聽情形，何況一台電視機並非只有一個人收看，既有多數人一起收看，也有開著電視機而無人收看的情形。

中國大陸地區專業收視率統計機構是央視—索福瑞媒介研究有限公司（CSM）。CSM主要使用日記卡，而台灣則以AC尼爾森公司的「人員測量儀法」爲主。

收視率的調查方法

收視率一般是用在電視的，如用在電台則稱為收聽率，其調查方法如下：

Arbitron

緣起	特色
Arbitron是美國調查公司（American Research Bureau，ARB）用於視聽率調查的裝置。	可以掌握本家庭是否在看電視？是哪一台？這些資料透過電話線，瞬間即可傳送到調查總部。

Audimeter

緣起	特色
美國尼爾森公司（Nielsen, A.C. Company）所從事的視聽率調查所用的調查工具。	自動記錄器（audimeter）由被調查者送進統計裝置進行統計。

Videometer

緣起	特色
Videometer是自動記錄被調查家庭視聽情形的儀器。	用簡單的天線檢測視聽家庭看的頻道變化。

日記式調查法

緣起	特色
日記式調查法是先將電視節目表，請調查對象者按實際視聽情形予以記錄的方法。	調查對象多為家庭，有時用於個人。

問卷面談法

緣起	特色
按照印有節目的問卷，由調查員直接詢問受訪者，將前一日的視聽情形重新確認的一種調查方法。	調查對象為個人。

觀察法

台灣	中國大陸
以AC尼爾森公司的「人員測量儀法」為主。	專業收視率統計機構是央視—索福瑞媒介研究有限公司（CSM），主要使用日記卡。

Unit 3-7
常見的廣告效益指標

一、接觸率（reach）

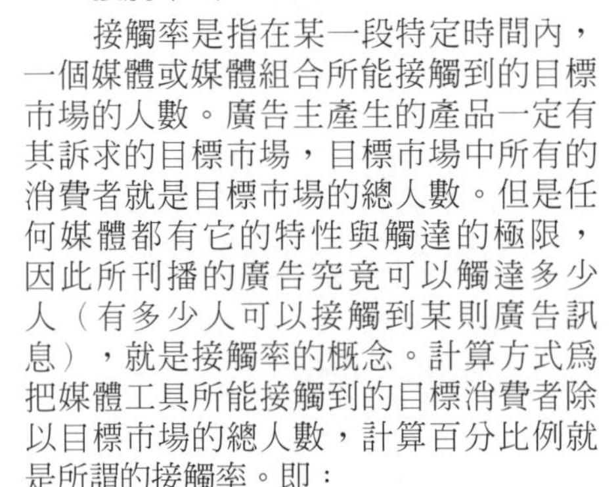

接觸率是指在某一段特定時間內，一個媒體或媒體組合所能接觸到的目標市場的人數。廣告主產生的產品一定有其訴求的目標市場，目標市場中所有的消費者就是目標市場的總人數。但是任何媒體都有它的特性與觸達的極限，因此所刊播的廣告究竟可以觸達多少人（有多少人可以接觸到某則廣告訊息），就是接觸率的概念。計算方式爲把媒體工具所能接觸到的目標消費者除以目標市場的總人數，計算百分比例就是所謂的接觸率。即：

$$接觸率=\frac{接觸人數}{目標市場人數}\times 100\%$$

二、總收視率（毛評點）（gross rating point）

就是所有收視率的總加値，也是一個百分比例數，由於它不考慮閱聽眾是否重複接觸到訊息（亦即同一則廣告訊息，你可能在不同媒體中都接觸到），因此總收視率的概念用「毛額」這個字眼。其目的就是了解在廣告播出期間，目標消費者接觸該則廣告訊息所累積的收視率。訂定媒體計畫時通常會以某個總收視率爲目標，然後再考慮運用哪些媒體工具來共同完成這個目標。

總收視率＝接觸率×平均接觸頻率

三、每千人成本（cost per million, CPM）

廣告在媒體的刊播費用是整個廣告計畫中最客觀的預算，因此對於成本與效益之間的關係就成爲評量媒體效果的重要指標。在不同種類的媒體中，其廣告是使用不同的方式購買，例如：電視廣告是以三十秒爲一檔銷售、報紙則是以版面大小、雜誌以頁爲單位。因此，必須有個概念可以比較不同媒體之間的成本概念，也就是廣告要讓一千人次看到某則廣告的每一個人平均分擔到多少廣告成本。

其計算公式爲：

千人價格＝（廣告費用／到達人數）×1,000

基本上每千人成本本身只是一種比較的尺度，主要可運用在三種情況：

1. 同一種媒體，不同時段或版面的比較。
2. 同一種媒體，不同節目的比較。
3. 不同媒體之間的比較。

四、收視率每一單位成本（cost per rating point , CPRP）

所謂收視率每一單位成本指的是廣告成本除以收視率後的每個收視點成本，亦即購買每個收視點的成本，代表購買作業的成本效率。

這樣的作法就是將廣告購買與收視率結合在一起，成爲現在電視廣告最主要的交易方式。電視台則保證給予廣告客戶一定的觀眾人數，而履約與否一概以收視率判定，對廣告主非常划算。因此，「保證CPRP」制度，讓廣告主形成最有力的買方市場。其廣告價格如下：

收視率每一單位成本＝某節目廣告收視率

五、市場銷售的占有率（share of market, SOM vs. share of voice, SOV）

SOM指市場銷售的占有率，廣告主的產品銷售都希望占有最大的市場占有率，因爲代表有愈多的消費者購買，所以與收視率結合在一起，成爲現在電視廣告最主要的交易方式。其廣告價格如下：

收視率每一單位成本＝某節目廣告的廣告收視率

接觸率（reach）

定義 指在某一段特定時間內，一個媒體或媒體組合所能接觸到的目標市場的人數。

公式 接觸率＝$\frac{\text{接觸人數}}{\text{目標市場人數}}\times 100\%$

總收視率（毛評點）（gross rating point）

定義 將所有收視率的總加值，也是一個百分比例數。

公式 總收視率＝接觸率×平均接觸頻率

每千人成本（cost per million, CPM）

定義 廣告要讓一千人次看到某則廣告的每一個人平均分擔到多少廣告成本。

公式 千人價格＝（廣告費用／到達人數）×1,000

主要可運用在三種情況

1. 同一種媒體，不同時段或版面的比較。
2. 同一種媒體，不同節目的比較。
3. 不同媒體之間的比較。

收視率每一單位成本（cost per rating point , CPRP）

定義

1. 購買每個收視點的成本，代表購買作業的成本效率。
2. 「保證CPRP」制度，讓廣告主形成最有力的買方市場。

公式 廣告價格：收視率每一單位成本＝某節目廣告收視率

市場銷售的占有率（share of market, SOM vs. share of voice, SOV）

定義 SOV指市場銷售的占有率。

公式 廣告價格：收視率每一單位成本＝某節目廣告的廣告收視率

Unit 3-8 行銷調查與廣告調查

一、行銷調查

根據美國市場行銷協會的定義，所謂行銷調查是指行銷者透過訊息與消費者、公眾聯繫的一種職能。這些訊息用於識別和定義行銷問題與機遇，制定、完善和評估行銷活動，監測行銷績效，改進對行銷過程的理解。行銷調查決定解決問題所需的資訊，設計資訊蒐集方法，管理和實施資料蒐集過程，分析結果，就研究結論及其意義進行溝通。

二、廣告調查

廣告調查有哪些類型？

廣告活動貫穿於廣告活動的整個流程，根據廣告調查進行的時間和所要解決的具體問題，我們將廣告調查概括爲四種類型：廣告戰略調查、廣告創意概念調查、廣告媒介調查和廣告效果調查。

1. 廣告戰略調查

廣告戰略調查說明廣告公司明確客戶產品所處的市場環境、廣告主企業經營情況、產品競爭情況、廣告活動針對的目標市場、目標市場中消費者的特徵與偏好、品牌在消費者心目中的形象，以及對該類產品而言最重要的因素等。廣告戰略調查的主要目的在於發現問題，同時決定「對誰說」、「說什麼」的對策問題。

2. 廣告創意概念調查

廣告戰略確定後，下一步是如何確定廣告創意概念。在創意概念未產生之前，可以透過市調尋找關鍵資訊，激發靈感。具體作法是可以採用小組座談的方式，即邀請一組目標市場的消費者，請他們就與廣告產品有關的問題，例如：使用體驗、使用場合等問題，暢所欲言，廣告創意人員從他們的互動交談中尋找訴求要點，以及獨特的表述方式。廣告創意概念調查決定廣告「說什麼」和「如何說」的問題。

3. 廣告媒介調查

廣告媒介調查是廣告調查的一個重要分支。企業支出的廣告費大部分都花在媒介版面和媒介時間的購買上，因此媒介調查在廣告調查中舉足輕重。媒介調查包括目標受眾的媒介接觸習慣、媒介種類（如報紙、雜誌、廣播、電視、戶外、網路等）及其組合的可能性與方式、具體的媒介載體（指具體的某個節目或者某個刊物，其傳播範圍和視聽度、媒體的節目安排、節目編排、技術水準與製作方式）、媒介的版面和時間、媒介價格、媒介檔期標準等。廣告媒介調查，決定廣告「在哪裡說」的問題。

4. 廣告效果調查

廣告效果是指廣告資訊在傳播過程中，所引起的直接或者間接的變化總和。廣告效果調查，就是透過科學的技術與方法研究廣告的效果和廣告達到這一效果的過程，分爲事前測定、事中測定、事後測定三個層次。廣告效果的事前測定，就是在廣告計畫實施之前，先對廣告作品各個媒介組合進行評價，預測廣告活動實施以後會產生怎樣的效果；廣告效果的事中測定是在廣告正式發布之後直到整個廣告活動結束之前的廣告效果的測定；廣告效果的事後測定是在廣告活動全部結束之後的總體評價。

行銷調查與廣告調查

定義

指行銷者透過訊息與消費者、公眾聯繫的一種職能。

類型

廣告戰略調查

發現問題同時決定「對誰說」、「說什麼」的對策問題。

廣告創意概念調查

決定廣告「說什麼」和「如何說」的問題。

廣告媒介調查

決定廣告「在哪裡說」的問題。

廣告效果調查

1. 指透過科學的技術與方法，研究廣告的效果和廣告達到這一效果的過程。
2. 分為事前測定、事中測定、事後測定三個層次。

Unit 3-9 廣告傳播調查的主要內容

一、廣告傳播調查

廣告傳播調查指圍繞廣告資訊傳播的內容及過程所展開的廣告調查，主要指廣告資訊調查、廣告媒介調查和廣告效果測定。

1. 調查準備階段

在準備階段主要解決調查目標、範圍，並制定切實可行的調查計畫。

2. 調查實施階段

調查實施階段是整個調查過程中最關鍵的階段，主要任務是組織調查人員，按照調查計畫的要求，系統地蒐集資料和數據，聽取被調查者的意見。

3. 調查總結階段

調查的總結工作不能草率從事，因此，做好調查的資料整理與分析工作，撰寫調查報告及做好追蹤與回饋工作是非常有必要的。

二、廣告調查的方法

1. 文獻法

文獻法是對二手資料的調查研究，是對既存資料的使用，這種調查，又被稱為既存資訊調查或相對於基本調查來說的次級調查。

2. 觀察法

觀察法是透過對調查對象的直接觀察，以獲得有關資訊的一種調查方法。現場觀察可以由相關調查人員執行，也可以透過儀器觀察。⑴觀察法的類型：觀察法可分為直接觀察法和儀器觀察法。⑵觀察法的特點：透過直接的現場觀察，調查人員能獲取現場某些一手資料，卻很難深入了解到被觀察對象的深層心理狀況，無法取得有關被調查對象的心態、購買動機及品牌印象等情報。

3. 實驗法

實驗法是在控制的條件下，考察一些因素的變化對其他因素的影響的一種蒐集資料的方法。

⑴ 實驗室測驗：是在一種人為控制或排除了許多因素的環境中，來驗證變數之間的因果關係。實驗室測驗的主要優點在於能夠控制許多其他原因性因素，進而專注於引數的變化對因變數產生的影響。

⑵ 市場測驗：是一種在眞實的市場上，進行測試的實驗方法。

4. 問卷法

借助問卷展開調查，在廣告調查活動中最為常見。

⑴ 家庭訪問法：是指到被訪者家裡對其進行訪問的方式，是一種面對面、基本上是一對一訪問的調查方式。

⑵ 街頭訪問法：是指在目標對象常出現的街頭、路邊，或人流量較大的購物休閒場所、居民社區等地所做的現場調查。

⑶ 電話訪問法：是以電話為交流的工具，按照一定的訪談表，對被訪者進行訪談，並由訪問人員當場記錄答案的方法，是一種非常簡便、快捷和經濟的方法。

⑷ 郵寄問卷法：是透過郵寄的方式將問卷送到被訪者手中，請被訪者自行填答問卷，等被訪者填答完後，由被訪者透過郵寄的方式將填好的問卷郵寄回調查者。

⑸ 留置問卷法：是調查者將問卷送到被訪者的手中，一般是送到被訪者家裡，不當場訪問，不要求當場作答，給被訪者二年的時間期限，請其在方便的時間自行填答，待其完成後，再由調查人員上門收回。

⑹ 網上調查法：是將問卷發表在網路上，如網站、網上論壇、電子公告牌或聊天室、E-mail等進行調查，由點擊頁面者自願作答。

廣告傳播調查

定義

1. 指圍繞廣告資訊傳播的內容及過程所展開的廣告調查。
2. 主要指廣告資訊調查、廣告媒介調查和廣告效果測定。

調查準備階段

主要解決調查目標、範圍，並制定切實可行的調查計畫。

調查實施階段

主要任務是組織調查人員，按照調查計畫的要求，系統地蒐集資料和數據，聽取被調查者的意見。

調查總結階段

1. 撰寫調查報告
2. 做好追蹤與回饋工作

廣告調查的方法

文獻法

對既存資料的使用。

觀察法

透過對調查對象的直接觀察，以獲得有關資訊的一種調查方法。

實驗法

定義 控制的條件下，考察一些因素的變化對其他因素的影響的一種蒐集資料的方法。

內容
(1) 實驗室測驗
(2) 市場測驗

問卷法

定義 借助問卷展開調查

內容
(1) 家庭訪問法
(2) 街頭訪問法
(3) 電話訪問法
(4) 郵寄問卷法
(5) 留置問卷法
(6) 網上調查法

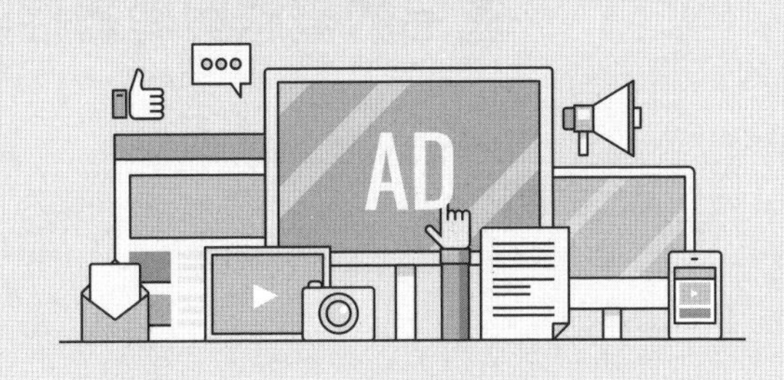

廣告產品與廣告市場

章節體系架構

Unit 4-1 產品的概念與消費性產品的分類

一、產品的概念層次

產品的五個產品概念層次，包括：

1. 核心產品

指所有產品對消費者都存在一個根本的利益，因此是抽象的，例如：裕隆汽車提供安全、便利的利益價值；洗衣機的核心產品是洗淨；書籍的核心產品是消磨時間、增加知識或提升個人素質。

2. 基本產品

基本產品只能將核心產品達到基本功用和實體部分，沒有附加功能，例如：汽車只是簡單基本的陽春車，洗衣機只有陽春的洗衣功能。這種基本產品只能滿足少數消費者。

3. 期望產品

大部分的消費者已不是僅滿足基本利益就足夠了，對產品有附加的期待往往超過基本產品的一些要求，例如：汽車不僅要能駕駛，最好還要有附音響；洗衣機最好能加上定時設備；雜誌要能提供優惠。

4. 擴大產品

擴大產品是指爲了要取得競爭優勢，而附加功能的產品。也就是在產品屬性上，增加能夠和競爭者做有利競爭的一些屬性。例如：汽車增加E化設備協助導航，或增加客戶服務中心提升服務品質；洗衣機是一台智慧型洗衣機，可除臭、自動給水；雜誌不僅提供知識、優惠，另附加網際網路服務等。

5. 潛在產品

是指市面上還未出現的產品，但是將來會出現的一些產品屬性，例如汽車未來安裝定位與家庭設備啟動功能；洗衣機成爲無水洗衣機；雜誌可以藉由藍芽技術透過網路上的裝置傳輸內容到自己手機。

廣告代理商必須清楚了解廣告主產品所在的層次爲何，找出應表達的層次內容才能順利和消費者溝通，唯有經由良好的溝通，才能扭轉有利的局勢。

二、消費性產品的種類

產品若依據使用者及使用目的，可區分爲消費品及工業品。消費品是指購買爲了最終消費目的以滿足個人或家庭的產品；工業品指組織爲了生產或轉賣目的，而購買的產品。消費品的種類可分爲：

1. 便利品

通常是價格比較低廉、消費者經常購買、不太願意花費太多時間去購買的，又區分爲以下三種：

(1) 日常用品：指生活上所需，一定會定期購買的，例如：面紙。
(2) 衝動品：指消費者在購買現場受到刺激而臨時起意購買的產品，例如：放在櫃檯旁的口香糖。
(3) 緊急品：指臨時緊急需要購買的商品，例如：放在收銀檯附近的雨傘。

2. 選購品

指消費者在購買時需要經過比較後才會決定購買的商品，這種商品購買次數不會太頻繁，購買前會花費一些時間、心力去蒐集資訊以利比較。如果產品很相似則會比較價格，如果產品差異極大則比較品質。例如：手機、汽車。

3. 特殊品

這種產品通常具有特色或獨立品牌，消費者願意花費較多的時間、心力去搜尋，通常價格較高，消費者購買次數非常少，可能很長時間只會購買一次，例如：高級豪宅。

4. 忽略品

指消費者沒聽過，或沒有興趣的產品，有些創新的產品未能讓消費者知道，均屬此類，像機器人等。

產品的概念層次

核心產品

定義 指所有產品對消費者都存在一個根本的利益，因此是抽象的。

例如 書籍的核心產品是消磨時間、增加知識或提升個人素質。

基本產品

1. 只能將核心產品達到基本功用和實體部分，沒有附加功能。
2. 洗衣機只有陽春的洗衣功能，這種基本產品只能滿足少數消費者。

期望產品

1. 大部分的消費者對產品有附加的期待，往往超過基本產品的一些要求。
2. 例如：洗衣機最好能加上定時設備。

擴大產品

1. 只為了要取得競爭優勢，而附加功能的產品。
2. 例如：洗衣機是一台智慧型洗衣機，可除臭、自動給水。

潛在產品

1. 指市面上還未出現的產品，但是將來會出現的一些產品屬性。
2. 例如：洗衣機成為無水洗衣機。

消費性產品的種類

便利品

日常用品　衝動品　緊急品

選購品

指消費者在購買時需要經過比較後才會決定購買的商品，例如：手機、汽車。

特殊品

這種產品通常價格較高，消費者購買次數非常少，可能很長時間只會購買一次，例如：高級豪宅。

忽略品

指消費者沒聽過，或沒有興趣的產品，有些創新的產品未能讓消費者知道，均屬此類，像機器人等。

Unit 4-2 廣告市場的定義與構成

一、廣告市場的定義

市場是廣告活動的場所，同時，廣告活動也是一種市場行爲。進行廣告市場研究的目的，同樣是爲了探索廣告活動的價值實現規律，因此，廣告市場的研究內容，勢必就包括廣告市場的組成、市場的運行規則和內容，以及廣告活動與市場環境因素的關係。同商品市場一樣，廣告市場活動也包含了以下內容：

1. 消費者的需求，這裡是特定的廣告主。
2. 廣告計畫，這裡所包含的內容包括廣告的調查、決策、設計、製作，以及廣告活動的物質形式——廣告作品。
3. 流通管道，在這裡是指媒介管道及其與廣告公司的關係。
4. 產品價格，包括兩個方面的內容，即媒介價格和廣告作品價格，前者指發布廣告時租用媒介所需的代價，而後者是指廣告的製作費用及其廣告的收費等。

二、廣告市場的構成

廣告市場具體由廣告主、廣告代理、廣告資訊、媒介、消費者、廣告費六個方面所構成，分述如下：

1. 廣告主

一般而言，廣告主可以分爲三個層次。這三個層次的廣告主進行廣告的目的，都是爲了使消費者能夠接觸到他們的商品或勞務銷售資訊。對廣告主的層次劃分爲：生產企業，如生產原材料的工農業生產者、工農業生產設備的生產者和消費產品生產者。

2. 廣告代理

廣告代理是隨著廣告事業的發展而出現的事物，具體來說，廣告代理是指專業從事廣告策劃和廣告製作活動的專業廣告公司及其他專業廣告組織。其爲廣告主提供主要服務，包括：從事商品的市場調查與研究分析工作、擬定商品的廣告宣傳計畫和企業的廣告計畫，以及公關宣傳活動等。

3. 廣告資訊

廣告資訊是廣告市場的核心內容，主要包括商品、勞務或觀念資訊等。商品和勞務是構成市場活動的物質基礎。有關商品的資訊，主要包括商品的性能、質量、用途、購買時間、地點和價格等。

4. 媒介

媒介是進行廣告活動，傳播廣告資訊的技術方法。如果對廣告活動的主客體進行區分，廣告代理是廣告資訊的加工者，媒介是廣告資訊的傳播者。媒介是傳播廣告資訊的仲介物，比如報紙、雜誌、廣播、電視等。

5. 消費者

消費者是廣告的對象，也是廣告活動中廣告資訊流通的最後一環。消費者對廣告的反應，直接影響廣告的成敗，而消費者的心理、文化素質和消費習慣與消費欲求，則直接左右市場的容量。

6. 廣告費

廣告資訊在廣告活動的各個環節進行流通，並在這種流通過程中先後被加工、強化、傳播和接收。在所有的廣告資訊加工、傳播環節中，服務都不是無償的，必須付出一定的代價。

廣告費是除廣告資訊外，構成廣告市場的另一要素，是廣告的商品性質的集中表現，也是廣告價值從創造到實現的全部過程的反映。可以這麼說，如果沒有廣告費，就構不成廣告市場。

廣告市場的定義與構成

定義

廣告市場的研究內容

1 廣告市場的組成

2 市場的運行規則和內容

廣告市場活動也包含了以下內容

消費者的需求

廣告計畫

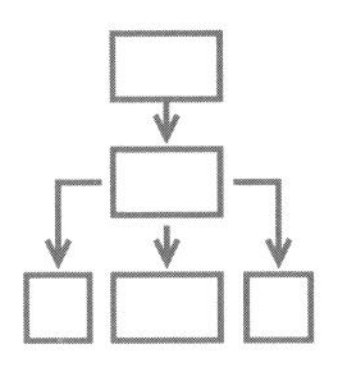

流通管道

產品價格

構成

廣告主

廣告代理

廣告資訊

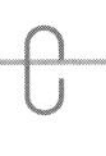

媒介

消費者

廣告費

Unit 4-3 廣告對企業經營所具的功能及其關係

一、廣告對於企業經營所具有的功能

1. 開拓市場，促進銷售。
2. 促進企業生產的發展。
3. 知道和推動企業從事新產品開發。
4. 推動企業改進經營管理，提高企業整體競爭力。
5. 改善企業公關形象，提高企業的社會地位。
6. 維護企業聲譽，保護企業合法權益。

二、廣告與企業經營的關係

廣告促進企業產品銷售的功效，主要表現在兩個方面：一是產品銷售新市場的開拓；二是透過廣告宣傳，樹立商品的品牌形象，鞏固已有市場，提高市場占有份額。這兩方面的作用，都可達到直接擴大產品銷售的目的，也可達到降低成本、增加利潤的目的。

廣告可以幫助企業開拓新的產品銷售市場。同時，企業透過計畫性的廣告宣傳，在現有的產品銷售市場上，樹立和強化所經營的產品的品牌形象，鞏固產品市場，提高市場占有份額。這對企業擴大銷售十分重要的。

廣告活動的目的，是進行直接的市場促銷，它透過三個方面來對企業的生產產生促進作用：一是透過傳播企業的生產資訊，溝通產品的流通管道，促進銷售，透過產品銷售量的增加，來推動生產；二是廣告活動可以影響企業的生產計畫；三是廣告活動可以降低企業生產成本。

1. 廣告與企業新產品開發的關係

廣告促進企業從事新產品的開發，指導企業從事新產品開發的方向，這同樣是廣告的資訊服務功能得以發揮的結果。與此同時，在進行廣告活動時，所蒐集的市場資訊還可作爲企業原生產產品時的改進，或者進行新的功能開發，提供指導性意見。尤其是在廣告活動趨向全面廣告代理、採取整體策劃技術之後，廣告代理公司的諮詢幾乎滲透到企業生產和管理的每一個層面。

2. 廣告與企業經營管理的關係

現在企業管理主要有四個方面的內容：生產管理、銷售管理、組織機構管理（或稱行政管理）和資訊管理。針對這四個方面的內容，企業經營管理人員進行各種層次和各種形式的決策、制約，並指導企業的生產與經營。廣告正是透過競爭機制，對企業在這四個層面的管理行爲產生推動和促進作用。

3. 廣告與企業公關形象的關係

所謂企業公關形象，實指在企業所處的社會環境中公眾對該企業的印象，它取決於企業的活躍程度、企業的社會地位和參與社會活動的能力。企業主要透過以下幾個方面的廣告宣傳來樹立自己的公關形象：⑴產品廣告；⑵企業形象廣告；⑶企業觀念廣告；⑷新聞廣告；⑸電視節目、廣播節目專欄贊助；⑹報紙或雜誌的專欄特約贊助；⑺贊助文藝活動、教育活動。透過這些活動，企業可以在廣大消費者的心中留下深刻印象，進而對企業的經營和產品銷售產生極大影響。

廣告對於企業經營所具有的功能

1 開拓市場，促進商品銷售。

2 促進企業生產的發展。

3 知道和推動企業從事新產品開發。

4 推動企業改進經營管理，提高企業整體競爭力。

5 改善企業公關形象，提高企業的社會地位。

6 維護企業聲譽，保護企業合法權益。

廣告與企業經營的關係

廣告與企業新產品開發的關係

❶ 促進企業從事新產品的開發。
❷ 指導企業從事新產品開發的方向。

廣告與企業經營管理的關係

產生推動和促進作用。

廣告與企業公關形象的關係

1 產品廣告

2 企業形象廣告

3 企業觀念廣告

4 新聞廣告

5 電視節目、廣播節目專欄贊助

6 報紙或雜誌的專欄特約贊助

7 贊助文藝活動、教育活動

Unit 4-4 廣告與消費者的關係

21世紀以來，世界上一些先進國家的消費者已形成對廣告的依賴性。

一、廣告幫助消費者豐富生活

廣告透過傳播資訊，爲消費者提供個人消費指導，如工作用品的選用、生活用品的採購，以及其他衣、食、住、行等方面。

企業透過廣告活動，爲廣大消費者介紹各種能夠豐富人民生活、改善生活環境和生活條件、提高生活水準所需的生活用品資訊，如名稱、規格、性能、用途等，並告訴人們，如何利用這些產品去改善自己的生活。消費者根據自己的實際情況和實際需要，選擇適合於自己生活的日用消費品和耐用消費品，進而使自己的生活條件有所改善，生活水準有所提高，爲自己的家庭生活或日常工作提供便利性。

二、廣告對消費者個人消費的刺激

廣告能夠幫助消費者對個人消費品進行選購。廣告刺激消費者的需求，包括兩個方面的內容：一是產品剛上市時刺激其初級需求；二是在市場上已有眾多產品時刺激其選擇性需求。

選擇性需求是指市場上已有眾多品牌的產品，企業透過廣告不斷地宣傳和突顯自己不同於其他品牌的同類產品的優異之處，進而刺激消費者產生「既然要買，就要買最好的」購物心理，刺激消費者產生對本產品的購買慾望，進而促成其產生「品牌購買」行爲。這是刺激消費者進行選擇性需求的方式。

三、廣告對消費者的知識傳授

由於現代廣告有很大一部分是用來宣傳新發明、新創造的產品，它必須花相當的時間去詳細講授和介紹這些新發明與新創造的原理及產品的工作機制，介紹產品的特性、用途和使用方法，進而透過廣告簡潔地把有關新發明、新創造的知識傳授給大眾。 因此，經常注意廣告的人，尤其是注意有關新產品介紹的廣告的人，可以獲得許多知識，了解許多新的發明和創造，以增加知識、擴大視野、活躍思維。

四、廣告指導消費者的消費資金進行合理投向

有一段時間，在各地常能見到許多有關有獎儲蓄和發行有獎債券與集資券的廣告，吸引了不少消費者把資金投入，從而使民間資金得以集中投放到大項目的建設上。這是廣告的另一項效能，它指導消費者對消費資金進行合理的投向，因而活躍了社會經濟。

如果利用廣告對消費者手中的消費資金——社會游資的投向進行指導，使之集中起來，投入社會生產和社會建設，對社會經濟的發展具有極爲深遠的意義。廣告可以透過對消費者進行消費導向和對游資投向進行指導，使之投資於企業股票、金融債券、建設集資或銀行存款。集中分散在廣大消費者手中的零散資金，使之變成巨額資本，投資予社會生產和社會建設，進一步促進社會經濟的穩定和繁榮。

廣告與消費者的關係

21世紀以來，世界上一些先進國家的消費者已形成對廣告的依賴性。

廣告幫助消費者豐富生活

01 廣告透過傳播資訊，為消費者提供個人消費指導。

02 企業透過廣告活動，為消費者介紹各種能夠豐富生活的資訊。

02 消費者因而使自己的生活條件有所改善。

廣告對消費者個人消費的刺激

廣告能夠幫助消費者對個人消費品進行選購。

企業透過廣告而刺激消費者進行選擇性需求的方式。

廣告對消費者的知識傳授

1. 透過廣告把有關新發明、新創造的知識傳授給大眾。
2. 增加知識、擴大視野、活躍思維。

廣告指導消費者的消費資金進行合理投向

1. 使民間資金得以集中投放到大項目的建設上。
2. 指導消費者對消費資金進行合理的投向，因而活躍了社會經濟。

Unit 4-5 廣告與經濟發展的關係

廣告是向大眾傳播經濟資訊的工具，是連接生產與消費的資訊橋梁，在促進生產、加速流通、指導消費、繁榮市場、發展經濟等方面有著重要的促進作用。廣告品質不斷提高，工商經濟中扮演著重要的角色。

一、廣告在社會經濟結構中的地位和作用

現代化的商品生產，無論從產品的生產、分配、交換和消費的哪一角度來觀察，都具有數量巨大、流通範圍廣、顧客抽象的特點。數量巨大是指產品的生產和銷售的數量巨大，產品品種繁多，花色日新月異，市場競爭激烈。

在現代商業社會中，依靠廣告，利用先進的媒介與傳播技術，加強產、供、銷之間的資訊聯繫，傳播商情，發揮非商品推銷人員的作用，並透過廣告活動的資訊反饋，對企業的生產提供市場資訊的諮詢指導，對保障社會經濟的穩定和健康的發展，已變得日益重要。

二、廣告與市場發展的關係

廣告是隨著商品經濟的發展而發展的，它是商品經濟發展的一種標誌，因此，廣告的發展程度與市場經濟的發展程度是密切相關的。

1. 自然經濟

自然經濟的特點，是生產不是爲了交換，而是爲了直接滿足自己及家庭成員、經濟單位的需要，因此在自然經濟狀況下，所有的衣、食、住、行，都是自給自足的。

廣告在這一階段的發展水準也就十分低下，只存在一些原始的廣告形式，如叫賣、招牌等，廣告的媒介技術十分原始和落後，由於大眾化媒介技術得不到發展，廣告活動出於十分零散的狀況，缺乏組織，更沒有對廣告進行管理。

2. 商品經濟

商品經濟和自然經濟恰恰相反，它是社會生產進行廣泛分工的基礎上發展起來的。由於社會進行了廣泛的分工，社會生產充分的發展，生產的規模空前龐大，產品數量巨大、品種繁多。

實驗證明，商品經濟愈是發達，廣告業也就愈發達，其組織形式也就愈完整，服務功能也愈齊全。統計顯示，世界上經濟最發達的美國，是廣告活動發展得最好、廣告費開支最多、廣告行業發展也最完善的國家之一。

三、廣告對經濟發展的促進作用

當今世界，凡是經濟發達的地區，其廣告業必然發達，對廣告也甚爲重視。究其原因，是因爲這些國家或地區已普遍意識到，廣告對經濟的發展具有促進作用，是現代社會中不可缺少的一環。

經濟的持久增長，代表著其經濟結構產生了良好的變化，說明在社會經濟活動中，生產和消費的關係被理順，產品的「生產－流通－交換－消費」流轉模式進行正常，而要做到這一點，廣告的功勞自不可沒。廣告對經濟發展的促進功能的發揮，完全是廣告在社會經濟生活中，成功地負擔起溝通生產與消費之間的資訊交流的橋梁作用的使命所致。

廣告在社會經濟結構中的地位和作用

01 加強產、供、銷之間的資訊聯繫，傳播商情。

02 發揮非商品推銷人員的作用。

03 對企業的生產提供市場資訊的諮詢指導。

04 對保障社會經濟的穩定日益重要。

廣告與市場發展的關係

自然經濟	商品經濟
 廣告的媒介技術十分原始和落後，更沒有對廣告進行管理。	 商品經濟愈是發達，廣告業也就愈發達，服務功能也愈齊全。

廣告對經濟發展的促進作用

1. 廣告對經濟的發展具有促進作用，是現代社會中不可缺少的一環。
2. 廣告在社會經濟生活中，成功地負擔起溝通生產與消費之間的資訊交流的橋梁作用。

Unit 4-6 專業廣告公司在廣告市場中的地位和作用

一、專業廣告公司在廣告市場中的地位

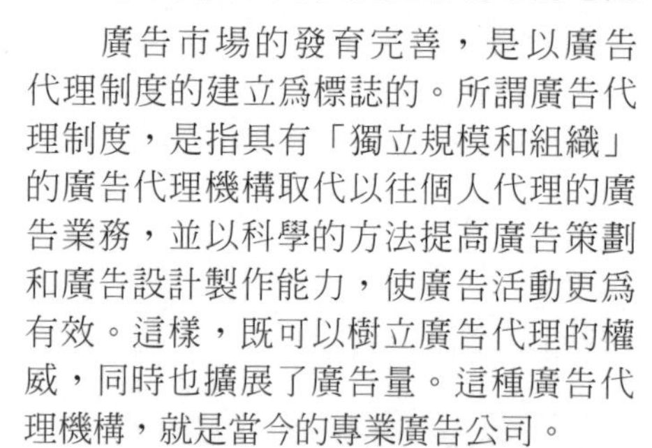

廣告市場的發育完善，是以廣告代理制度的建立爲標誌的。所謂廣告代理制度，是指具有「獨立規模和組織」的廣告代理機構取代以往個人代理的廣告業務，並以科學的方法提高廣告策劃和廣告設計製作能力，使廣告活動更爲有效。這樣，既可以樹立廣告代理的權威，同時也擴展了廣告量。這種廣告代理機構，就是當今的專業廣告公司。

專業廣告公司的職能是代理廣告主進行廣告活動，爲廣告主進行系統而全面的市場調查，並提供有關市場資訊和廣告活動的訊息諮詢服務。同時，對廣告主所提供的產品資訊加工，開展廣告策劃和設計製作，然後代理廣告主接洽媒介單位，租用媒介發布廣告資訊，並在廣告發布之後爲廣告提供市場資訊回饋。

然而，雖然就整體來說，專業廣告公司在廣告市場中具有充當聯繫廣告主和媒介之間的橋梁與仲介的地位，以及具有充當廣告主的市場資訊諮詢者和廣告資訊的加工者的地位，但對具體的一個廣告公司來說，其自身的基本素質卻對其在廣告市場競爭中的地位產生決定性作用。

二、廣告公司的廣告代理功能

廣告公司對於廣告主來說，其基本功能是：

1. 代理廣告主進行廣告策劃，幫助廣告主進行市場調查和市場預測，爲廣告主提供產品的市場目標戰略諮詢和經營策略諮詢，爲廣告主指定廣告計畫，進行媒體選擇。
2. 製作廣告，實施整體廣告策略，將創造性的構思轉換成可以幫助推銷產品或勞務的，可令消費者對廣告主及產品產生好感的文稿及設計。
3. 刊播廣告，透過對媒介的合理選擇和運用，把經過加工的廣告資訊傳遞給廣大消費者，進而刺激消費欲求，促使其產生購買行爲。
4. 進行廣告效果測定、廣告後市場調查，並回饋有關市場的銷售訊息。
5. 爲企業的產品計畫、產品設計、商品營銷、促銷活動、公關活動、廣告計畫和營銷研究，提供全面的資訊諮詢服務。

三、專業廣告公司的市場調節作用

在專業廣告市場中，專業廣告公司透過廣告計畫，對廣告市場的容量、流向、分配產生調節作用。

首先，調節廣告市場的容量。由於廣告市場處於市場的仲介位置，是溝通廣告主和媒介的橋梁，爲廣告主提供全面的代理服務，因此，廣告公司對廣告主的廣告計畫有決定作用。

其次，廣告公司在制定出廣告計畫並經廣告主審核後，就具有執行廣告計畫的權力，因而，它對廣告量在廣告市場上的分配具有相對的決定權，它們可以決定廣告量在不同媒介的分配，進而調節廣告在不同媒介的分配份額，間接地調節和影響媒介的廣告量與廣告收入。

最後，廣告公司在對廣告主所廣告的產品進行產品定位和市場定位時，能提供具有決定意義的市場諮詢意見，並在廣告中執行廣告所首肯的市場策略，因而，廣告公司可以調節廣告的資訊流向及調節消費者所接收的訊息量的大小。

專業廣告公司在廣告市場中的地位

1 廣告代理制度，使廣告活動更為有效。

2 專業廣告公司的職能是提供有關市場資訊和廣告活動的訊息諮詢服務，並在廣告發布之後為廣告提供市場資訊回饋。

廣告公司的廣告代理功能

01 代理廣告主進行廣告策劃

02 製作廣告

03 刊播廣告

04 進行廣告效果測定

05 為企業提供全面的資訊諮詢服務

專業廣告公司的市場調節作用

1 調節廣告市場的容量

2 調節廣告在不同媒介的分配份額

3 調節廣告的資訊流向

4 調節消費者所接收的訊息量的大小

Unit 4-7 企業廣告運作的基本階段

企業廣告運作的三個基本階段是廣告策劃、廣告計畫、廣告具體執行。

一、企業廣告運作的基本階段——廣告決策（策劃）

廣告決策階段是以戰略的眼光，在宏觀上確立企業廣告的基本戰略想法。具體來說，企業應明確總體戰略目標，以及實現這一戰略目標將採取的戰略手段，並以此來知道企業的整體廣告活動。科學的、創造性的決策需要做好以下幾點：

1. 正確認識廣告在企業市場營銷中的作用，實實在在地分清楚哪些是廣告所能達到的目標。
2. 廣告目標必須服從企業整體發展戰略，使之成為實現企業整體戰略目標的組成部分。
3. 利用社會對企業的效益，讓消費者產生對該品牌的信任感。
4. 實現營銷要素的優化組合，讓廣告發揮出其應有的效果，企業營銷目標才能達到。

二、企業廣告運作的基本階段——廣告計畫

所謂廣告計畫，是指企業關於未來廣告活動的規劃，是為了實現總體戰略目標和具體廣告目標而採取的廣告活動的策略與安排，是整個廣告運動綱領性的指導文件。一般應包括戰略性廣告計畫和戰術性廣告計畫兩種：

1. **戰略性廣告計畫**：是指與企業長期發展戰略相適應的企業之長期廣告活動的目標與發展戰略，如結合營銷戰略和產品生命週期，決定何時何地、以何種廣告活動在市場上推出新產品，達到多大的市場占有率，如何提高企業的產品知名度和美譽度，以及為此而進行的廣告預算分配的決策等。
2. **戰術性廣告計畫**：是指為組織某項廣告的計畫。

三、企業廣告運作的基本階段——廣告具體執行

廣告計畫執行實際上就是廣告活動的具體開始過程。企業廣告的具體執行一般需要在廣告代理制基礎上，委託廣告代理公司為其提供專門的廣告運作服務。選擇一家合適的廣告代理公司，是企業廣告部門在這個階段的重要工作。選擇廣告代理公司一般要著重考慮以下因素：

1. **相容性**：廣告公司是否有考慮自己的經營原則？該原則是否與你的公司或品牌相容？廣告公司的規模是否符合廣告主的要求？
2. **穩定性**：廣告公司的穩定性如何？尤其是它的財務紀錄、為現有客戶提供的服務範圍以及每年的營業量如何？
3. **廣告公司的構成**：廣告公司的工作人員都是些什麼人？他們在廣告業中的聲譽如何？是否能指派足夠的人員替客戶提供良好的服務？廣告公司的人員培訓工作如何？員工更新情況如何？他們是否還承擔著別的工作？
4. **能力**：廣告公司如何為其現在的客戶服務？有沒有大客戶？老客戶？
5. **經驗**：廣告公司過去是否接受過同類產品的廣告案？其工作成果如何？
6. **信譽**：廣告公司的信用是否可靠？
7. **報酬**：廣告公司要求客戶付出的酬金對你的公司和它本身是否合適？如何處理與廣告公司未來的合作關係？
8. **財務**：廣告公司的財務狀況是否良好？

企業廣告運作的三個基本階段

01 廣告決策（策劃）

1. 正確認識廣告在企業市場營銷中的作用。
2. 廣告目標必須遵循企業整體發展戰略。
3. 讓消費者會產生對該品牌的信任感。
4. 讓廣告發揮出其應有的效果。

02 廣告計畫

1. 廣告計畫，是指企業關於未來廣告活動的規劃。
2. 包括戰略性廣告計畫和戰術性廣告計畫兩種。

03 廣告具體執行

選擇廣告代理公司一般要著重考慮以下因素：

Unit 4-8
在產品生命週期的廣告表現與品牌權益

一、在產品生命週期的廣告表現

產品生命週期通常經歷四個主要階段，包括：導入期、成長期、成熟期、衰退期。

1. 導入期

所謂的導入期指新產品初次正式在市場上出現，市面上還不會有相同或類似的產品。所以在此階段目的要使消費者知道此產品，因此推廣的時間會比較長，所投入的廣告宣傳費也較多，以及大量廣告來刺激消費者的需求慾望，例如：新研發的藥品、3C商品、化妝品等，強調產品的神奇性、稀少性、功能性和高級、流行性等。

2. 成長期

產品若導入成功的話，便進入到成長期，在這個階段，銷售量快速成長，許多競爭者也陸續出現。顧客的需求轉爲次級需求爲主，也就是以品牌的需求爲主，以產品本身需求爲輔。這時廣告要突顯產品品質的差異性，例如：愛之味番茄汁，在導入期時強調番茄汁中的茄紅素對人體有益（當時在導入期只有愛之味公司生產）；但是到了成長期，則要指名愛之味公司出品，否則消費者會去購買同樣是番茄汁的其他競爭公司產品。

3. 成熟期

在成熟期的銷售量變成快速成長的現象，已出現緩慢成長或波動不穩定的現象，即已進入成熟期，有時成熟期可延續較長的時間，所以又稱爲停滯階段，在市場上，大多數的產品均在成熟階段。由於這個時期的相似產品有很多品牌競爭，可能的廣告爲：⑴持續強調品牌差異；⑵可能的話，推出公益廣告；⑶加強促銷活動；⑷加強提醒性廣告。有時爲了競爭，可能推出比較性廣告，針對相似產品的共同屬性逐一比較，使消費者明瞭進而轉向購買公司產品。

4. 衰退期

產品的銷售逐漸萎縮或大量下降，就已進入了衰退期。產品衰退的原因很多，包括技術進步出現替代品、消費者偏好改變、競爭不利等；基本上，在這個時期不宜投入資源於此產品的推廣活動，因爲有些產品服務無法快速離開下市，例如：汽車仍需售後服務及一些零件供應等，因此要將推廣活動降到最低的程度，只維持簡單的告知。

二、廣告要如何增加品牌權益？

1. 品牌權益的定義

行銷學的書以「品牌權益」來解釋品牌價值。品牌權益是無形的，指品牌爲商品服務所產生的附加價值。品牌權益不是企業所能認定的，而是應從消費者的觀點來看。有些機構把品牌權益量化，英國知名顧客公司Interbrand和美國商業周刊合作對全球進行品牌調查，2008年全球前三大品牌依序爲可口可樂、IBM和微軟。

2. 廣告要如何增加品牌權益？

好的廣告規劃可以突顯品牌的知名度，也能喚醒消費者的偏好重複購買產生忠誠度，也能經由競爭性或比較性廣告使消費者認爲產品有較好的知覺品質；好的廣告會使消費者注意及記憶，甚至有好的聯想，例如：看到代言人就想到美麗、聽到廣告歌曲就聯想到產品的好處等。

在產品生命週期的廣告表現

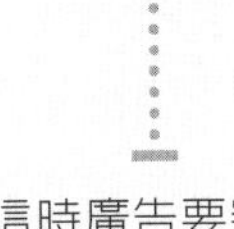
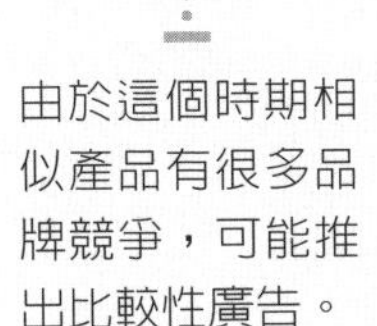

導入期：在此階段投入的廣告宣傳費比較多，及大量廣告來刺激消費者的需求慾望。

成長期：這時廣告要突顯產品品質的差異性。

成熟期：由於這個時期相似產品有很多品牌競爭，可能推出比較性廣告。

衰退期：在這個時期要將推廣活動降到最低的程度，只維持簡單的告知。

廣告要如何增加品牌權益？

品牌權益的定義

指品牌為商品服務所產生的附加價值

廣告要如何增加品牌權益？

好的廣告會使消費者注意及記憶，甚至有好的聯想

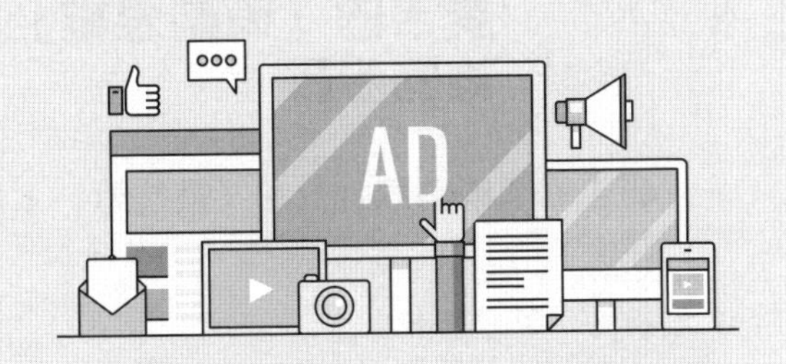

廣告創意

章節體系架構

Unit 5-1 廣告的「策劃思維」和「靈感思維」與創意思維的步驟

一、廣告的「策劃思維」和「靈性思維」

1. 廣告的「策劃思維」

策劃思維是策劃過程中，對策劃對象蒐集到的相關資料的整理、判斷、創新的思維過程。

策劃思維是知識密集型的高級思維，嚴密性和創造性以及某種意義上的靈感性是其基本的思維特質。它不同於一般的創作思維，也不同於經營管理思維，不同於經驗思維、理論思維、形象思維，而是一種以創造性思維和直覺思維爲精華的多種思維方式融爲一體的組合思維。廣博的知識，豐富的經驗，敏銳的市場觸覺，深厚的專業素養是卓越的策劃思維的基礎。

2. 廣告的「靈感思維」

靈感思維，又稱頓悟思維。它是一種突發式的思維形式，是人腦的高層次活動，表現於高峰期。靈感思維通常具有一般思維活動所不具有的特殊性，如突發性、暫態性、隨機性、跳躍性等。因此長期以來人們給靈感蒙上一層神祕的面紗，認爲靈感是「可遇不可求」、是「天賦」等，其實靈感的出現並非玄妙，雖然它表現的形式是偶然的，但實際卻是必然的，必然性是透過偶然性表現出來的。

二、創意思維的步驟

由於廣告創意是有目的性的思維活動，而且牽涉到產品在市場上的競爭，因此其創意是在有所壓力與有所期望下完成的，唯有當這則廣告出現在閱聽眾眼前時，廣告創意才算是眞正的大功告成。其間所經歷的，不外乎下列四個階段：

1. 明確問題、掌握目標

廣告是一項團隊工作，當業務人員與廣告主接洽案子後，與創意人員開會報告時，創意人員要能確切掌握廣告主的要求與目標。亦即這次的廣告目的是什麼？要跟消費者溝通哪些問題？

2. 激盪思維、去蕪存菁

確定問題、了解目標後，能立即想到新穎的點子少之又少，通常還必須有其他資料的閱覽與狀況的了解，才能在一堆資料中找出最適合有用的資料。藉由不同的方法激盪思維，讓自己慢慢地從適合的方案產生。往往思考的流暢性，有助於豐富點子的產生。此時必須要能再次確定問題、了解目標，刪除不妥的或效果較差的點子，再從其餘的點子中找出最好或最適宜的。

3. 拉距妥協、媒體呈現

點子形成後，必須得到廣告主的認同與接受，否則一切都是白搭。有時創意人迸出精彩的火花，卻因心理認爲會被打回票而不敢提給客戶，因爲有些廣告主有其主觀的觀念與期望的作法。因此很多廣告的呈現並不一定是絞盡腦汁所想出來的，並非創意人拒絕提供最好的，而是廣告主有其喜好。

4. 廣告效益、受眾反應

只有紙上談兵的階段，仍不能算創意的完成，必須透過媒體的搭配組合，將訊息傳達給消費者才算創意的落實。但是消費者的反應如何，是評估廣告創意效果的一項重要指標。消費者是否能了解廣告的訊息、對產品有所認知、能認同廣告中所言等，都是廣告創意的目的所在。

廣告的「策劃思維」和「靈感思維」

01 廣告的「策劃思維」

策劃思維是策劃過程中對策劃對象蒐集到的相關資料的整理、判斷、創新的思維過程。

02 廣告的「靈感思維」

靈感思維，又稱頓悟思維。它是一種突發式的思維形式。

創意思維的步驟

廣告創意經歷四個階段

明確問題、掌握目標

激盪思維、去蕪存菁

拉距妥協、媒體呈現

廣告效益、受眾反應

Unit 5-2 廣告的「逆向思維」、「順向思維」與「發散思維」、「聚合思維」

一、廣告的「逆向思維」、「順向思維」

1. 廣告的「逆向思維」

逆向思維也叫求異思維，它是對司空見慣的似乎已成定論的事物或觀點，反過來思考的一種思維方式。當大家都朝著一個固定的思維方向思考問題時，而你卻獨自朝相反的方向思索，這樣的思維方式就叫逆向思維。

人們習慣於沿著事物發展的正方向去思考問題並尋求解決辦法。其實，對於某些問題，尤其是一些特殊問題，敢於「反其道而思之」，讓思維朝對立面的方向發展，從問題的相反面深入地進行探索，由結論往回推，倒過來思考，從求解回到已知條件，反過去想或許會使問題簡單化。這就是樹立新思想，創立新形象。至於廣告逆向思維能找到什麼新思路？

換句話說，逆向思維就是逆著常規思路或資訊的發展趨勢，尋求創意的思維方式。在廣告創意中，逆向思維往往能從反向中，找到出奇制勝的新思路、新點子。歷史上許多經典的廣告創意都是借助於逆向思維獲得的。如寶潔公司廣告就是採用逆向思維方式，一反常態，以男性模特兒表現婦女用品的利益點，使該廣告在眾多司空見慣、平凡無奇的以女性模特兒代言婦女用品的廣告中躍出，給公眾意想不到的新奇與刺激，留下深刻的印象，收到了良好的廣告宣傳效果。

美國著名廣告創意人喬治・路易士說，大多數人都往同一個方向前進時，反而證明了新的方向才是唯一的方向。可見創意就是要向慣例挑戰。

2. 廣告的「順向思維」

順向思維，即按照庶民常規思維。在廣告創意中採用順向思維，就是按照一般常規，從小到大、從低到高、從前到後進行思考，自然順暢，使人容易接受。雖然這種方法在處理常規性事物時具有一定的積極意義，但也應避免因這種思維形成的習慣性而影響創新思維的開發。

二、廣告的「發散思維」、「聚合思維」

1. 廣告的「發散思維」

發散思維，又稱擴散思維、輻射思維、開放思維等。這是一種由一點向外聯想、發散思考的方法，即以思考對象爲中心，從多個不同角度探索思維結論。在廣告創意中，這種思維方式充分運用豐富的想像異想天開，調動沉澱在大腦中的素材，透過重新的排列組合，產生新穎的創意點子。發散思維有利於思維的廣闊性和開放性，有利於在空間的擴展和時間的延伸。

2. 廣告的「聚合思維」

聚合思維，又稱收斂思維、集中思維。與發散思維相反，這是一種由外而內、異中求同、歸納集中的思維方式，即圍繞需要解決的問題，運用多種方法和手段，在眾多的資訊中找出最優方法。在廣告創意中運用聚合思維有利於創意的深刻性、系統性和全面性，特別在選擇創意和評估創意時具有重要意義。

廣告的「逆向思維」、「順向思維」

廣告的「逆向思維」

1. 逆向思維也叫求異思維，它是對司空見慣的似乎已成定論的事物或觀點反過來思考的一種思維方式。
2. 在廣告創意中，逆向思維往往能從反向中，找到出奇制勝的新思路、新點子。

廣告的「順向思維」

1. 順向思維，即按照庶民常規思維。
2. 在廣告創意中採用順向思維，就是按照一般常規，使人容易接受。

廣告的「發散思維」、「聚合思維」

廣告的「發散思維」

1. 發散思維，又稱擴散思維、輻射思維、開放思維等。這是一種由一點向外聯想、發散思考的方法。
2. 在廣告創意中，有利於思維的廣闊性和開放性。

廣告的「聚合思維」

1. 聚合思維，又稱收斂思維、集中思維。即在眾多的資訊中找出最優方法。
2. 在廣告創意中有利於創意的深刻性、系統性和全面性。

Unit 5-3 廣告的「縱向思維」、「橫向思維」、「形象思維」與「頭腦風暴法」、「檢核表法」

一、廣告的「縱向思維」、「橫向思維」、「形象思維」

1. 縱向思維

又稱垂直思維。即按照事物產生、發展的既定方向，借助現有的知識、經驗直式思考。這是一種選擇性的，具有單向性、歷時性的特點。在廣告創意中運用這種思維方式，能全面地看待問題，有利於思維的深刻和系統，但如果在某一個環節出現問題，將會使整個思維過程中斷。

2. 橫向思維

又稱水平思維。即透過改變原有常規、傳統觀念，透過分析比較，從多個方向找出新的思維原點，用全新的思維去思考。這是一種激發性、跳躍性、探索最不可能途徑的思維方式。橫向思維具有多空間、多角度和多方向的特點。在廣告創意中運用這種思維方式，可以引發靈感，產生新的構思，獲得意想不到的創意效果。創造性思維是進行有效創意的基礎。

3. 形象思維

形象思維，又稱直覺思維。它是人們在對形象資訊進行感受、儲存的基礎上，結合主觀的認識和情感進行識別，並用一定的形式、手段和工具，創造和描述形象的思維形式。形象思維是一種多途徑、多回路的思維，其全部過程就是「形」的不斷累積、篩選、組合和變幻的過程；也是「象」的拆解及其形成具體的結果。它以直覺為基礎，透過想像、幻覺，從一種事物引發聯想產生創意。如西班牙的一則反種族歧視的電視公益廣告，用一雙手在黑白兩色鋼琴鍵上彈奏悅耳動聽的曲子，表達「黑與白也能夠和睦相處」的廣告主題。形象思維是廣告業界最為常見的一種思維方式，它可使廣告創意人員擺脫習慣性思維方式的困擾，而產生奇思妙想。

二、廣告的「頭腦風暴法」與「檢核表法」

1. 頭腦風暴法

又稱腦力激盪法或智力激勵法，其英文為Brainstorming。此法是由美國BBDO廣告公司的奧斯本於1938年首創的，現已被廣告界廣泛採用。它是借助於會議的形式，要求與會者在會議中進入一種興奮狀態，共同思考、相互啟發和激盪，閃電式、突擊式、獨創性地提出解決問題的思考，進而引發創意的操作方法。頭腦風暴法的操作過程，包括三個環節：確定議題—腦力激盪—篩選評估。雖然頭腦風暴法對提高創意的數量和品質具有促進作用，但也有其侷限性。例如：對於那些喜歡沉思而又頗具創造力的人來說，採用頭腦風暴法可能難以發揮優勢，與會者因時間限制爭相發言可能會影響靈感迸發。鑒於此，又逐漸發展出默寫式頭腦風暴法、卡片式頭腦風暴法等方法。這些改進型的方法是用卡片代替發育的腦力激盪法，此法雖然缺少了激烈的相互激盪的氛圍，但卻彌補了傳統方法的不足之處。

2. 檢核表法

為了有效地把握創意的目標和方向，益於創造性思考，奧斯本於1964年又提出了檢核表法，即用一張清單對需要解決的問題一條一條地進行核對，從不同的角度誘發出多種創造性設想。由於檢核表法包含了多種創造技法，且簡便易行，因此具有極強的通用性，被稱為「創造技法之母」。

廣告的「縱向思維」、「橫向思維」、「形象思維」

縱向思維

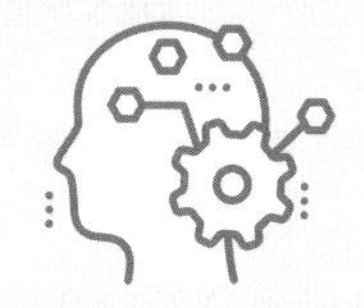

❶ 又稱垂直思維，是一種選擇性的、具有單向性、歷時性的特點。
❷ 在廣告創意中，有利於思維的深刻和系統。

橫向思維

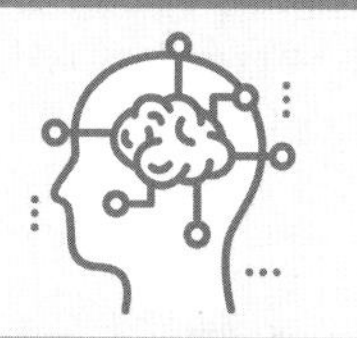

❶ 又稱水平思維。
❷ 是一種激發性、跳躍性、探索最不可能途徑的思維方式。

形象思維

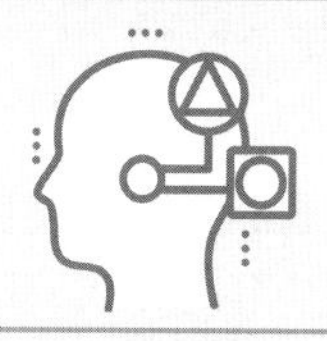

❶ 又稱直覺思維，是創造和描述形象的思維形式。
❷ 它可使廣告創意人員擺脫習慣性思維方式的困擾，而產生奇思妙想。

廣告的「頭腦風暴法」與「檢核表法」

頭腦風暴法

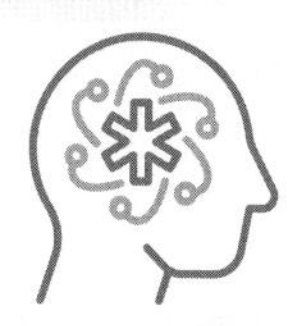

❶ 又稱腦力激盪法或智力激勵法，其英文為Brainstorming。
❷ 操作過程：確定議題、腦力激盪、篩選評估。
❸ 逐漸發展出默寫式頭腦風暴法、卡片式頭腦風暴法等方法。

檢核表法

❶ 奧斯本於1964年所提出。
❷ 用一張清單對需要解決的問題一條一條地進行核對。
❸ 從不同的角度誘發出多種創造性設想。
❹ 目的：有效地把握創意的目標和方向，益於創造性思考。
❻ 結果：被稱為「創造技法之母」。

Unit 5-4 廣告聯想法與組合法、創意的共鳴因子與創意廣告的條件

一、廣告聯想法與組合法

1. 廣告聯想法

聯想就是借助想像，把相似的、相連的、相關的或在某一點有相似之處的事物加以連結，以產生新構想。日本創造學家高橋浩說：聯想是打開沉睡在頭腦深處記憶的最簡便和最適宜的鑰匙。透過聯想，可以發現物體的象徵意義，可以找到抽象概念的具象體現，進而使資訊具有更強的刺激性和衝擊力。

2. 廣告組合法

組合法又稱遊戲法或萬花筒法。是將原來的舊元素進行巧妙的組合，重新組合或配置，以獲得整體效應的創意方法。

二、創意的五個共鳴因子

廣告創意與文學、藝術的創作不同，最大的差異在於文學、藝術可以依作者自由發揮，但是廣告創意則是有條件的「自由創意」。創意必須要有「創」而「意」，要有意義、要能出奇、又要能相關，因此廣告創意必須掌握公司行銷目標及策略，針對消費者提出共鳴因子。依據廣告界名人張百清之研究指出，創意的共鳴因子至少包括：⑴創益；⑵創異；⑶創議；⑷創藝；⑸創憶。

1. **創益：**廣告必須使消費者充分了解產品，以及滿足需求的利益，如口味、容量、功能等。
2. **創異：**除了使消費者了解產品的利益外，廣告創意更應區別和其他競爭者之優勢差異所在，也就是指出「獨特點」。
3. **創議：**廣告的目的之一，是要使消費者在心中產生堅定的力量，即廣告訊息要使消費者找到更多理由，去提高產品的購買量及購買次數。
4. **創藝：**廣告要引起消費者注意並且感興趣，賞心悅目的藝術表現是少不了的。例如：《中國時報》舉辦之金像獎，其中「伸出援手」就是黑白的對比看出大手、小手的關係。
5. **創憶：**好點子必須能讓消費者留下深刻印象、記憶。像Ford汽車曾將Escape汽車掛在南京東路大樓牆上，廣告詞「路是人走出來的」令人印象深刻。

三、創意廣告的條件

1. 在Jewler和Drewniany的《廣告創意策略》著作中，提到一個廣告「需要包含一個可以說服人們採取行動的說服性訊息。」然而為了具備創意性，他們更建議一個廣告「必須與他們的觀眾建立相關的連結，並且以無可預知的方法來表現一個銷售點子。」
2. 根據DDB Needham，一個廣告是具相關性（relevant）、獨創性（original）和衝擊性（impact）的訴求，我們把這三個英文字取其字首合稱為ROI。這三點特性有助於說明廣告裡什麼東西會使點子具有創意。
   ⑴ 相關性：廣告必須在適當的時機試著傳遞正確的訊息給需要的人，這就是DDB Needham所指的相關性。
   ⑵ 獨創性：當訊息是傳奇的、新鮮的、不可預期和不普遍的時候，廣告點子會被認為具有創意，而這就是DDB Needham所指的獨創性。
   ⑶ 衝擊性：為了使廣告有效果，創意概念必須具有衝擊性。許多廣告是從觀眾腦中流過而已，而有衝擊性的點子有助於人們看清自己或是以新的角度去看產品，並在腦中停留許久或思考玩味著。

廣告聯想法與組合法

廣告聯想法

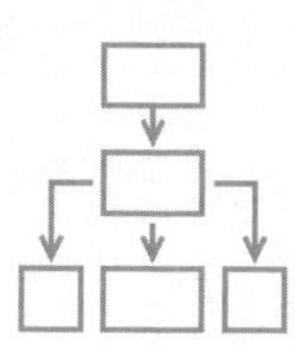

即借助想像，把相似的、相連的、相關的或在某一點有相似之處的事物加以連結，以產生新構想。

廣告組合法

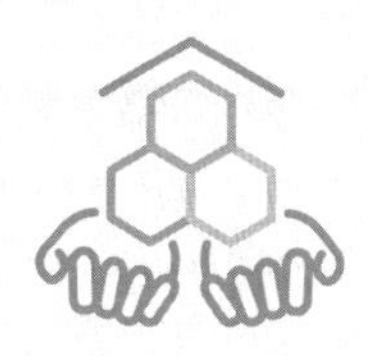

即將原來的舊元素進行巧妙的組合、重新組合或配置，以獲得整體效應的創意方法。

創意的五個共鳴因子

創益

廣告必須使消費者充分了解產品

創異

廣告應區別和其他競爭者之優勢差異所在

創議

廣告訊息要使消費者提高產品的購買量及購買次數

創藝

廣告要引起消費者注意並且感興趣

創憶

好點子必須能讓消費者留下深刻印象

創意廣告的條件

1. 一個廣告「需要包含一個可以說服人們採取行動的說服性訊息。」
2. 一個廣告是具相關性（relevant）、獨創性（original）和衝擊性（impact）的訴求。

Unit 5-5 廣告創意與廣告資訊訴求方式

一、廣告創意表現中的聯想創意方法

聯想是想像的一種表現形式，可以將廣告的內容，轉化成生動的藝術形象。我們通常看到的廣告畫面和文字在廣告作品中是靜止的。即使是電視廣告也只不過是跳躍的形體。比如我們在廣告中看到向日葵，就會聯想到太陽，看到東芝空調，就會想到冷氣十足，這就是聯想的作用。例如：「貝尼頓彩色聯合國」讓全球的消費者穿出「四海一家」的感覺，可以使人們想到同情心與愛心。

聯想一般分爲四種：接近聯想、相似聯想、對比聯想、關係聯想。

1. 接近聯想

係指甲、乙兩事物在空間或時間上的接近。在日常生活中，人們經常把兩者聯想在一起，形成一種固有的條件反射，於是，只要出現甲，就會想到乙，反之亦然。

2. 相似聯想

係指由一件事想到在性質上與它相似的另一事物。相似聯想又叫類比聯想。如以商品的品質來說，人們看到化妝品，就會聯想到滋潤的皮膚、青春、美麗；看到席夢思床，就會聯想到彈性、鬆軟、舒適。儘管化妝品與青春、美麗，席夢思床與彈性、鬆軟在性質上是不同的，但人們根據經驗和知識會對上述商品產生一系列近似聯想。

3. 對比聯想

係指由某一種物的感受引起而聯想到與它具有相反特點的事物。它是對不同物件對立關係的概括，如想到白天，就會想到黑夜，由慢想到快，由香想到臭，這都是對比聯想。

4. 關係聯想

關係指想到某一事物必然想到與它有關的某種事物。

總之，把握這些聯想形式，有助於廣告創意向深度和廣度發展。一般而言，聯想對於創意的作用，可以概括爲三點：第一，使藝術表現特質材料轉化爲生動鮮明的藝術形象。第二，使藝術形象被人理解和接受，透過有趣的成語、雙關語、對比和幽默的方式，激發消費者產生聯想。第三，在創意中可使用「弦外音」、「言外意」讓人領悟於心。在廣告創意中，著力創造耐人尋味的聯想意境，是獲得成功的主要方法。

二、廣告資訊的訴求方式

廣告資訊另一種訴求的方式爲：正面、反面或正反面兼具的訴求方式。

1. 正面訴求

是指廣告訊息以企業的承諾爲基礎，直接或間接指名產品的利益及優點。例如：政府要推行喝酒不開車的運動，廣告中呈現「開車不喝酒，喝酒不開車」的愉快心情及平安回家的好處。

2. 反面訴求

則是呈現出不遵守廣告訊息要求，可能會帶來的災害、損失情形，藉此警惕消費者遵守廣告的訴求，例如：刊登出喝酒肇事的場景，使消費者以爲借鏡。

3. 正反面兼具的訴求

可以：⑴先正後反，先指出喝酒不開車的好處，再出現如果不遵守則會有反面的害處。而⑵先反後正，則是先指出反面情形，經導正後產生好的結果。

廣告創意表現中的聯想創意方法

聯想廣告創意法

1. 聯想是想像的一種表現形式，可以將廣告的內容，轉化成生動的藝術形象。

2. 聯想一般分為四種
   - A 接近聯想
   - B 相似聯想
   - C 對比聯想
   - D 關係聯想

聯想對於創意的作用

01 使藝術表現特質材料轉化為生動鮮明的藝術形象。

02 使藝術形象被人理解和接受。

02 在創意中可使用「弦外音」、「言外意」讓人領悟於心。

廣告資訊的訴求方式

01 正面訴求

02 反面訴求

03 正反面兼具的訴求
1. 先正後反
2. 先反後正

Unit 5-6 廣告的抽象創意思維與廣告的形象創意思維

一、廣告的抽象創意思維

1. 廣告「抽象創意思維」的定義

「抽象思維」指邏輯推理進行科學的分析與綜合，合理的歸納與演繹，例如：運用邏輯思維，分析比較產品優勢。

2. 抽象創意思維獲取創意的源泉

(1) 廣告創意來自廣告產品的包裝：產品帶有與包裝有關的元素，如產品的外形或色彩，甚至人們拿在手中或使用起來的感覺等，都可以成爲廣告創意的來源。這方面最經典的廣告案例依然是絕對伏特加（Absolut Vodka）。

(2) 廣告創意來自廣告產品的製作方式：產品的製作方式或製作程序是生產廠商司空見慣的事情，但是對於消費者來說，很多工藝流程是陌生的。如果廣告創意人員善於捕捉或挖掘產品背後的故事，並且指出這些故事對於消費者的利益所在，創意就很可能打動廣告的受眾，使他們對產品產生信賴。

(3) 廣告創意來自產品的歷史：產品的歷史屬於這一創意範疇。產品的悠久歷史、傳說資源等，都可以作爲產品廣告創意的來源。

(4) 廣告創意來自廣告的刊出媒體：創意不僅可以來自於產品本身，利用發布媒介的特性同樣可以製作出獨到而別緻的廣告。

二、廣告的形象創意思維

1. 廣告「形象創意思維」的定義

形象創意思維，是以具體、直觀的形象爲元素，進行創造性表現的思維方式。因爲所有廣告作品最終都需要向受眾傳遞一個產品概念。而概念包括商品特性理念、社會消費觀念、人類理想境界等，都是抽象意義的，爲了便於消費者理解，就需要將其轉化爲具體的直觀的形象加以展示，傳達意義。所以在廣告創意過程中，大部分思考模式都必須運用形象思維進行操作。

2. 廣告中可以借用的形象資源

(1) 表象：所謂表象，是指人在其直覺的基礎上形成的感性形象。這種感性形象可以依在人腦中是否產生新的形象，分爲兩種形式：記憶表象與想像表象。廣告中對產品的直接展示屬於記憶表象，而對人們已經累積過的直覺材料進行加工改造，創造出的新的形象就是想像表象。

(2) 聯想：聯想是由於事物之間在表象或性質上有相似或相關的聯繫，由一事物想到另一事物的心理過程，其實質是一種簡單、基本的想像活動。聯繫的基本類型有對比聯想和因果聯想。

① 對比聯想：對比聯想是由不同事物間完全對立或存在的某種特異而引起的聯想，由大想到小、由黑想到白，是完全對立的對比聯想。

② 因果聯想：因果聯想是由於兩事物間存在因果關係而引起的聯想，這種聯想往往是雙向的，既可以由因及果，也可以由果及因。

(3) 想像：想像是人腦思維在改造記憶表象的基礎上，創建未曾直接感知過的新情境的心理過程。想像的本質是對新形象的創造，具有極大的間接性和概括性。

抽象創意思維獲取創意的源泉

1 廣告創意來自廣告產品的包裝。

2 廣告創意來自廣告產品的製作方式。

3 廣告創意來自產品的歷史。

4 廣告創意來自廣告的刊出媒體。

廣告的形象創意思維

01 廣告「形象創意思維」的定義

形象創意思維，是以具體、直觀的形象為元素進行創造性表現的思維方式。

02 廣告中可以借用的形象資源

表象 指人在其直覺的基礎上形成的感性形象。

聯想 指一種簡單、基本的想像活動。

1. 對比聯想：由大想到小，由黑想到白。
2. 因果聯想：由因及果，也可以由果及因。

想像 指對新形象的創造，具有極大的間接性和概括性。

Unit 5-7 廣告創意及其遵循原則

一、廣告創意的定義

所謂廣告創意就是廣告人員對廣告活動所進行的創造性思維活動，具體說就是爲實現廣告目標，廣告人員根據市場調查結果、商品特性和公眾心理，對廣告的主題、內容和表現形式所作出的創造性意念和藝術構想。廣告創意的基本原則主要可以分爲四大類，分別是相關性原則、創造性原則、衝擊力原則和策略性原則。每個原則都相互聯繫並相互制約著，只有透過這四個原則共同作用才能發揮廣告創意的魅力，達到促進銷售的目的。

二、廣告創意的遵循原則

1. **相關性原則**：是廣告創意的基礎原則，相關性就像是銀河系裡的太陽，它的存在是創意原則存在的基礎，其他的創意原則就像是銀河系裡的不同星球，它們必須圍繞著相關性，也就是所比喻的太陽，才能得以成立和生存。
2. **創造性原則**：創造性是指人們應用新穎的方式解決問題，並能產生新的、有社會價值的產品的心理過程。創造性是廣告創意的根本原則，是「獨」、「新」、「異」的體現，也是專業領域內衡量廣告水準高低的重要標準。
3. **衝擊力原則**：美國著名廣告人李克勞（Lee Clow）曾經說過：「一個好的創意，往往是充滿冒險性的，令人心驚膽戰的。當一個創意毫無冒險性，毫不令人震驚時，它就算不上一個好創意。」廣告的衝擊力與廣告的創造性有著很親密的血緣關係，二者是共生存在的。衝擊力在廣告創意上透過創造性的方式，以廣告的概念、視覺形象或表現風格等要素給受眾造成心理的震撼，進而吸引受眾的注意，強化受眾對其廣告的印象和記憶。
4. **策略性原則**：現代廣告已不是單純的創意工作，而是以廣告傳播學、廣告行銷學、廣告心理學，以及社會學等諸多學科爲基礎的綜合性學科。所以，廣告的策略性在現代廣告中有不可忽視的作用。
5. **實效性原則**：廣告創意要盡可能讓廣告與消費者「心有靈犀」，透過溝通、勸說取得實實在在的效益，實現預定的廣告目標。實效性是廣告創作的第一要素，即使一則廣告很有藝術性，但不能夠達成開拓市場、銷售產品等預定的目標，這樣的創意也不能說是很成功。
6. **震撼性原則**：廣告創意要深入受眾的心靈深處，利用廣告作品中的元素造成強烈的視知覺衝擊，給受眾留下深刻印象，包括富含哲理的廣告語、廣告圖片、鏡頭技巧、音樂音響等。
7. **藝術性原則**：廣告是人與人溝通、交流的活動，藝術是人性、人心、人情的巧妙顯現，眞正具有藝術性的廣告，才能產生獨特的魅力，才能與消費者進行有效溝通。創意是以藝術創造爲內容的廣告活動，是以塑造廣告藝術形象爲其主要特徵。出色的廣告作品有賴於透過藝術構思和賦予美感與新意的表現形式的結合，在傳遞商業資訊的同時，引起消費者的關注和興趣，並說明記憶中的商品資訊。
8. **合理性原則**：廣告創作活動充滿了不同事物之間，現實與虛幻、眞理與荒誕、幽默與諷刺、具體與抽象之間的碰撞、交融、轉化、結合，並且需要發揮策劃人的想像力，用最大膽、最異想天開的方法去創造廣告精品。

人有左、右腦，每個部分負責的功能都不相同。左腦主理性，使人有邏輯、有條理和逐字思考；然而右腦主感性、藝術，主要在處理影像、情緒、直覺和交錯複雜的點子。左、右腦利用程度的強弱，會主導廣告文案及圖像的設計。

廣告創意的定義

指廣告人員對廣告活動所進行的創造性思維活動。

廣告創意的遵循原則

相關性原則

1. 是廣告創意的基礎原則。
2. 創意原則就像是銀河系裡的不同星球，必須圍繞太陽，才得以成立和生存。

創造性原則

1. 指人們應用新穎的方式解決問題，並能產生新的、有社會價值的產品的心理過程。
2. 創造性是廣告創意的根本原則，是「獨」、「新」、「異」的體現。

衝擊力原則

1. 一個好的創意，往往是充滿冒險性的，令人心驚膽戰的。
2. 衝擊力在廣告創意上強化受眾對其廣告的印象和記憶。

策略性原則

1. 現代廣告是以廣告傳播學、廣告行銷學、廣告心理學，以及社會學等諸多學科為基礎的綜合性學科。
2. 廣告的策略性在現代廣告中有不可忽視的作用。

實效性原則

1. 廣告創意要盡可能讓廣告與消費者「心有靈犀」。
2. 實效性是廣告創作的第一要素，要能夠達成開拓市場、銷售產品等預定的目標。

震撼性原則

1. 廣告創意要深入受眾的心靈深處。
2. 包括富含哲理的廣告語、廣告圖片、鏡頭技巧、音樂音響等。

藝術性原則

1. 真正具有藝術性的廣告，才能產生獨特的魅力，才能與消費者進行有效溝通。
2. 創意是以藝術創造為內容的廣告活動。
3. 出色的廣告作品有賴於透過藝術構思和賦予美感和新意的表現形式的結合。

合理性原則

1. 廣告創作活動充滿異想天開的方法，去創造廣告精品。
2. 人的左、右腦利用程度的強弱，會主導廣告文案及圖像的設計。

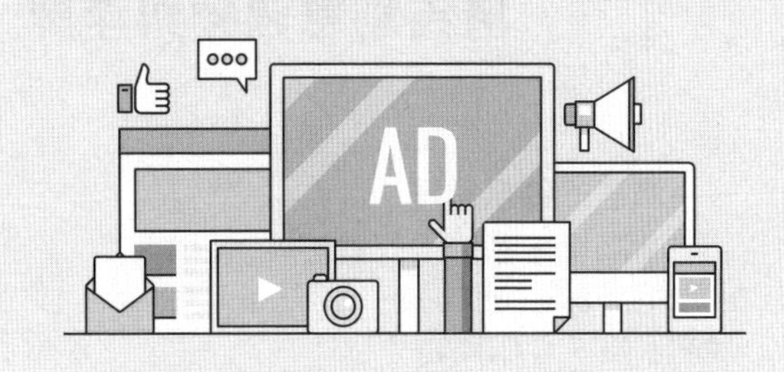

廣告創意表現

章節體系架構

Unit 6-1 廣告創意過程與李奧・貝納的創意策略

一、廣告的創意過程

詹姆斯・韋伯・揚教授在其《產生創意的方法》一書中，把創意的思考過程劃分爲以下五個階段：

1. 準備期

創意人員研究所蒐集的資料，並根據經驗，啟發新創意，將資料分爲一般資料和特殊資料。一般資料包括與所面對問題相關的全部資料，以及平時累積的一般知識；所謂特殊資料，是指專爲某一廣告活動而蒐集的有關資料。

2. 孵化期

把所蒐集的資料加以咀嚼、消化，借助意識與潛意識使思路自由發展，並使思維方向的結果自由組合。這樣做的目的是爲了突破人腦中既存的條條框框限制，爲創意的「獨創性」提供保證，而通常創意的產生也都是在偶然的機會中被突然發現的。

3. 啟示期

大多數心理學家認爲，印象是產生啟示的源泉，所以本階段是在意識發展與結合中，思路不斷發展重組，進而產生各種創意。

4. 驗證期

創意人員把所產生的創意不斷予以調整、修正，使其更加完美，更好地服務於廣告主題。

5. 形成期

創意人員會聽取來自不同方面的意見，以文字或圖形將創意具體化、形象化，並最終完成創意作品。

需要注意的是，創意思考的各個階段沒有必然的界線，有時會重疊甚至前後順序顛倒，但依前期累積和反覆雕琢都是創意產生的必經過程。

二、李奧・貝納的創意策略

李奧・貝納的創意給人深刻的印象，他透過熱情、激情和經驗，創造的廣告文案具有「內在戲劇性效果」。他認爲，成功廣告的創意祕訣在於發掘產品本身內在的固有刺激，他自己把這種刺激稱爲：內在的戲劇性。李奧・貝納認爲，廣告創意最重要的任務是把產品本身內在的固有刺激發覺出來並加以利用。這種創意方法的關鍵之處是要發現企業生產這種產品的原因，以及消費者要購買這種產品的原因。

然而，李奧・貝納提醒大家要避免下列三種背離創意的作法：

第一，用許多不證自明的事實作成一篇無趣味的自吹自擂的文章。這種人可能會寫出這樣的廣告文案——「如果你想要最好的豌豆，你就要青豆巨人。青豆巨人經過精心種植與罐裝，保證你最後對味道滿意。因爲它們是同類產品中最好的，所以這些大而嫩的豌豆在美國最暢銷。今天就在你買東西的食品雜貨店中買一些吧！」

第二，用明顯的誇大之詞構成了誇張的狂想曲。李奧・貝納指出，有這樣傾向的創意人員可能會醉心於這樣的文案——「在蔬菜王國中的大顆綠寶石。你從來不會知道一顆豌豆能夠像這樣的似露的甜蜜，像六月清晨那麼新鮮並洋溢著豐富的豌豆的芬芳。把它端到燭光照射的餐桌上，如果你丈夫把你的手握得更緊一點也不足爲奇。」

第三，炫耀才華，舞文弄墨。這類創意人可能會這樣寫下去——「這種豌豆計畫永遠終止蔬菜戰爭。青豆巨人，它不過與玉米粒那麼大，剝豌豆的人能夠剝下。青豆巨人有一個保證豌豆永存於世的計畫——豌豆在大地，善意滿人間。」

廣告的創意過程

準備期

創意人員研究所蒐集的資料啟發新創意，並將資料分為一般資料和特殊資料。

孵化期

把所蒐集的資料加以咀嚼、消化，思維方向的結果自由組合。

啟示期

本階段是在意識發展與結合中，思路不斷發展重組。

驗證期

創意人員把所產生的創意不斷予以調整、修正，使其更加完美，更配合廣告主題。

形成期

創意人員會聽取來自不同方面的意見，並最終完成創意作品。

李奧・貝納的創意策略

1. **創造的廣告文案具有「內在戲劇性效果」。**

2. **廣告創意最重要的任務是把產品本身內在固有的刺激發掘出來並加以利用。**

3. **避免三種背離創意的作法**

   (1) 用許多不證自明的事實作成一篇無趣的自吹自擂的文章。
   (2) 用明顯的誇大之詞構成了誇張的狂想曲。
   (3) 炫耀才華，舞文弄墨。

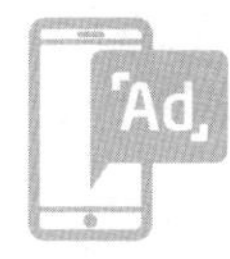

Unit 6-2 廣告創意、不當創意的廣告與有效的廣告

一、廣告創意

廣告創意指廣告活動中，資訊傳遞方式的整體構思，是組合消費者需求、產品利益點、支援點、文本表達、媒介整合方式等進行勸服的創造性思維方式，以達到傳遞資訊獲得目標對象的認同與回應的目的，包括廣告訴求與廣告執行兩個要素。

1. **廣告訴求**：是指廣告資訊所傳遞的要求，即廣告的觀點、主張與看法，是廣告透過媒介向目標受眾訴說，以求達到期望反應的一種觀點、主張。
2. **廣告執行**：就是透過各種表現手法，將廣告訴求有效地表達出來，是廣告訴求所賴以表現出來的方式。廣告執行具體包括廣告文案（文字部分）、配圖、載體，或者影視故事情節、畫面配音、代言人形象、廣告發布的時間地點、媒體、促銷與公關配合等，因此，廣告執行常常也被稱爲廣告表現。

二、不當創意的廣告

1. **不知所云**：宜避免訊息內容和產品目的相背道而馳或完全無關。
2. **過多訴求**：通常產品有許多優點，但是應避免在一個廣告中有過多的訴求，以免消費者弄不清楚，導致無法產生注意、興趣或記憶。
3. **驚世駭俗**：爲了要引起消費者的注意，刻意找來血淋淋或恐怖的令消費者作嘔的畫面，只會引起反感而對產品無太大助益。
4. **模仿**：創意最忌模仿他人，如引用「夏」的同音字。當競爭者用「下」表示價格調降，而此時廣告創意人也引用「下」即是模仿。
5. **比擬不當**：利用消費者不認同的符號、實物來比擬公司產品特性，只會使消費者也不認同公司的產品。例如：國內「和成牌」衛浴設備曾以水蜜桃比擬人的屁股，用水沖洗水蜜桃的畫面是消費者對水蜜桃產生另一種負面聯想，這種作法不恰當。
6. **陳腔濫調**：例如：過時的用語、不合社會文化的文案，或是過於普遍、許多廣告都採用過的、已知的詞語都不具創新。

三、有效的廣告

什麼樣的廣告才能稱得上是有效的廣告？根據DDB廣告公司的ROI創意哲學，一個有效的廣告必須具備「有關聯的」、「原創的」、「具有衝擊力的」等三個要件（Moriarrty et al., 2009）。

1. **有關聯的**：是指廣告所傳播的訊息必須對目標閱聽眾具有意義，換言之，廣告訊息必須能夠讓目標閱聽眾感覺到產品或企業與他是有關係的。
2. **原創的**：是指廣告所傳播的訊息必須是新奇的、新鮮的、非預期的、不尋常的，而不是老掉牙的表現手法，或陳腔濫調的訴求方式，這種缺乏新穎的廣告很難引人注目。如果所使用的廣告素材或表現方式別出心裁，且在別的廣告中沒有看過，那麼，不只不會淪入抄襲的窠臼或批評，也容易因出人意表而吸引目標閱聽眾的注意及興趣。
3. **具有衝擊力的**：意指廣告創意的想法必須能讓目標閱聽眾印象深刻，通常只有突破創意的窠臼，且廣告訊息與目標閱聽眾切身相關，才能獲得注意，並將廣告訊息深植於目標閱聽眾的記憶之中。

廣告創意

廣告創意指廣告活動中，資訊傳遞方式的整體構思，包括：

廣告訴求（appeal）	廣告執行（performance/shows）
是指廣告資訊所傳遞的要求。	是廣告訴求所賴以表現出來的方式。

不當創意的廣告

不知所云	過多訴求
宜避免訊息內容和產品目的相背道而馳或完全無關。	宜避免消費者弄不清楚，導致無法產生注意、興趣或記憶。

驚世駭俗	模仿
宜避免引起反感而對產品無太大助益。	創意最忌模仿他人，如引用某些字的同音字。

比擬不當	陳腔濫調
此舉常使消費者不認同該公司的產品。	許多廣告都採用過的、已知的詞語都不具創新。

有效的廣告

根據DDB廣告公司的ROI創意哲學，一個有效的廣告必須具備「有關聯的」（relevant）、「原創的」（original）、「具有衝擊力的」（impact）等三個要件（Moriarrty et al., 2009）：

❶ **有關聯的（relevant）**：指廣告訊息必須能夠讓目標閱聽眾感覺到產品或企業與他是有關係的。

❷ **原創的（original）**：指廣告所傳播的訊息必須是新奇的、新鮮的、非預期的、不尋常的。

❸ **具有衝擊力的（impact）**：指廣告創意的想法必須能讓目標閱聽眾印象深刻。

Unit 6-3 創意策略、創意表現與廣告創意人應具備的條件

一、創意策略與創意表現

一般而言，廣告創意工作可以區別爲創意策略（creative strategy）和創意表現兩個部分。創意策略又稱爲訊息策略（message strategy），主要在於決定廣告中「要說些什麼」（what to say）。而創意表現，也有人稱之爲創意執行（creative execution），主要在於決定廣告「要怎麼說」（how to say）（Moriarrty et al., 2009）。

Arens等廣告學者進一步指出，創意策略與創意執行之間的差異之處在於：「創意策略」負責描述廣告訊息應該採取的訴求方向：而「創意執行」則負責把概念轉換爲具體的廣告內容，寫出文案、實際產出圖，並賦予廣告訊息生命（Arens et al., 2009）。

「創意策略」的發展，必須根據業務部門所提供的，從廣告策略摘要、整理而來的創意簡報，然後再以此爲基礎而形成創意策略，以決定廣告中「要說些什麼」，進而透過創意過程（creative process），用一種獨特、難忘的方式賦予創意策略生命，把創意策略轉化爲創意概念（creative concept）。

如果創意人員自己發展的創意策略迥異於廣告策略當中的訊息策略，這時候就必須回過頭來與業務人員及業務企劃人員進行溝通，重新確認廣告中究竟該「要說些什麼」，以維持廣告策略中的訊息策略與創意策略的一致性，進而維持廣告策略與廣告創意的一致性。

二、廣告創意人應具備的條件

創意人員具備的條件包括個人特質、視覺化的能力、開放的胸襟及概念化的能力，分別說明如下：

1. 個人特質

雖然每個人都有解決問題的能力，但是具有創意的人仍有某些典型的特點。研究指出創意人有獨立、武斷、自滿、固執，以及會自我訓練等特質，而且對於模稜兩可的事物有很大的容忍度，他們也有強烈的自我意識而勇於冒險；對於群體的規範及意見，他們並不會特別在意，與生俱來有懷疑態度及強烈的好奇。

2. 視覺化的能力

在大部分的廣告企劃時，視覺想像能力與寫作技巧都非常重要。好的文案企劃是利用文字來作畫的，他們試著將事物描寫爲看起來像什麼，聽起來像什麼，聞起來像什麼，吃起來像什麼；他們也利用文字來傳達這些感官意象。例如：「MSN Messenger指紋篇」乃利用文字作畫，表達人們利用手指來操作電腦使用MSN與人溝通。

3. 開放的胸襟

擁有開放的胸襟，代表能夠接納新的人、事、物。由一個人對新事物開放胸襟的程度，來作爲判斷一個人創意能力的指標。北德州大學的一位教授Sheri Broyles研究發現，廣告創意總監比起一般人來得開放。

4. 概念化的能力

概念化的能力指將具體現象予以抽象化的能力，與邏輯思辯能力有絕對關係。概念化強的人，想像力也比較豐富。例如：著名的NIKE商業廣告：喬丹和一隻大鳥玩一怪異遊戲，讓籃球跳到天花板、建築物、告示板等地點，這就充滿了概念化極高的表現。

創意策略與創意表現

定 義

1. 創意策略（creative strategy）又稱為訊息策略（message strategy），主要在於決定廣告中「要說些什麼」（what to say）。
2. 創意表現，也有人稱之為創意執行（creative execution），主要在於決定廣告「要怎麼說」（how to say）（Moriarrty et al., 2009）。

區 別

1. 創意策略：負責描述廣告訊息應該採取的訴求方向。
2. 創意執行：負責把概念轉換為具體的廣告內容，寫出文案、實際產出圖，並賦予廣告訊息生命。

發 展

創意策略的發展，決定廣告中「要說些什麼」，進而透過創意過程（creative process），把創意策略轉化為創意概念（creative concept）。

廣告創意人應具備的條件

個人特質

創意人有獨立、武斷、自滿、固執，以及會自我訓練等特質。

視覺化的能力

在大部分的廣告企劃時，視覺想像能力與寫作技巧都非常重要。

開放的胸襟

擁有開放的胸襟，代表能夠接納新的人、事、物。

概念化的能力

指將具體現象予以抽象化的能力，與邏輯思辯能力有絕對關係。

Unit 6-4 由上而下的創意過程與由下而上的創意過程

把創意策略轉化爲創意概念的過程，就是所謂的創意過程（creative process）。

關於創意產生的過程，不同學者有不同看法，不同廣告公司也有不同的偏好。大體上，美系的廣告公司偏好由上而下的創意過程，嚴禁遵守先策略、後創意的流程；歐系的廣告公司偏好由下而上的創意過程，先致力於找出可以不同於競爭者的地方，再來調整策略與創意的一致性。底下，將針對這兩種不同的創意過程分別進行說明。

一、由上而下的創意過程四階段模式

Roger von Oech（1986）曾提出一個四階段創意模式，許多大公司廣爲使用；模式中，他使用四個不同的角色來描述過程的四個階段（Arens et al., 2009）：

1. **探險家**：廣告創意作業之初，創意人必須像探險家一樣，留意找尋新的、不尋常的資訊。
2. **藝術家**：接著，創意人員要扮演藝術家的角色，開始試驗或去玩一玩各種不同的創意取向，尋找具原創性的想法。
3. **法官**：之後，創意人必須像法官一樣，公正評估每一個創意實驗的結果，決定最可行的方案。
4. **戰士**：最後，創意人要像戰士一樣，勇敢面對創意殺手，努力克服各種責難、挑戰與障礙，讓創意概念得以實現。

這個模式對於創意過程的描述極爲傳神，從找尋素材、進行重組、客觀評估、一直到努力說服等四個階段，分別以探險家、藝術家、法官、戰士來進行比喻。

二、由下而上的創意過程

在由下而上的創意過程裡，最具代表性的是「顛覆」（disruption）。顛覆主張是由法國BDDP廣告公司所提出，是一種突破並推翻市場定則的策略性思考技術。經由顛覆主張，可以說明產品產生新的前景（定位）或賦予既有前景（定位）新意義，其主要步驟如下：

1. **比對傳統**：顛覆的第一個步驟是首先要找出傳統，所謂「傳統」，是一些絕少被挑戰的假設（比如：市場策略）、一些常識（比如：先入爲主的見解或觀念），或是時下的遊戲規則（比如：廣告製作技巧或表現手法）等。簡單來說，就是要先找出競爭對手都怎麼在想、怎麼在做，以及大家都已經習以爲常、視之爲當然的事情。
2. **進行顛覆**：針對前一步驟的「傳統」，進行反向思考；也就是說，嘗試著問自己：「我可不可以不要跟著這樣做？那我可以怎樣做？」這個新作法並非無中生有，而是要嘗試著從歷史中找尋一個新的成功模式，其手法有三：
   (1) 翻新：讓人們對它重燃興趣。
   (2) 複雜化：讓人們看到以前從未注意到的特質。
   (3) 改造：讓人們用不同的眼光來看它。
3. **預設前景**：爲品牌找一個持久的定位，如果廣告露出之後受到消費者的認同與歡迎，則可以考慮把消費者看過廣告之後對品牌所產生的認知當成定位，持久加以經營，像萬寶路香菸一樣。很遺憾的是，海尼根的新廣告推出之後，雖曾一度引起消費者的討論，但卻後繼無力，無法獲得普遍的認同，因此一直無法進入預設前景的階段。

由上而下的創意過程：四階段模式

把創意策略轉化為創意概念的過程，就是所謂的創意過程（creative process）。

Roger von Oech（1986）使用四個不同的角色，來描述過程的四個階段（Arens et al., 2009）：

探險家

藝術家

法官

戰士

由下而上的創意過程：顛覆

定義

最具代表性的是「顛覆」（disruption），是一種突破並推翻市場定則的策略性思考技術。

主要步驟

1. **比對傳統**：先要找出傳統，亦即大家都已經習以為常、視之為當然的事情。
2. **進行顛覆**：針對「傳統」，進行反向思考：包括：（A）翻新、（B）複雜化、（C）改造。
3. **預設前景**：為品牌找一個持久的定位。

Unit 6-5 平面廣告文案寫作邏輯與設計的程序

一、廣告文案文字的重要性

雖然平面廣告重視視覺化的程度愈來愈高，但文字部分還是占有一定的重要性，尤其是在下列幾種狀況下，文字的運用更顯得格外重要：

1. 所要傳達的訊息極為複雜的狀況下，需要文字的幫助才能說明清楚。
2. 幫高涉入產品做廣告的狀況下，由於消費者面對高涉入產品時，有尋求更詳細的參考訊息的動機，所以就有提供詳細文字說明的必要性。
3. 訊息需要界定與解釋的狀況下，可使用文字來進行詳細的界定與解釋。
4. 訊息要傳達的是抽象概念時，由於圖像很難表達抽象概念，這時就可以藉助文字的幫忙。

二、平面廣告文案的寫作邏輯

如果能依循平面廣告的寫作邏輯來進行文案撰寫，不僅寫來層次分明，也能充分發揮文案的說服能力。一般而言，撰寫文案的主要邏輯包括：

1. 寫出標題。
2. 內文的第一段要承接標題，再次強調或重複標題的重點。
3. 內文的第二段要拿出證據，支持標題所給予的承諾。
4. 內文的第三段要深入細節，告知以公司的聲譽或其他使用者的使用經驗等。
5. 結尾，提供消費者付諸行動的理由（如限時優惠、限量發行）及方法（如訂貨方式、門市位置）等。

三、平面廣告設計的程序

基本上，平面廣告設計的過程，不僅是一個創作的過程，也是一個獲得認可的（approval）過程。在創作的過程中，創意人員會先進行構思，然後再依序把迷你稿、初稿、色稿、完稿創作出來，而且每一個階段都必須獲得上司或客戶的認可，才能進入下一階段。

1. **構思**：根據創意概念來構思該使用什麼圖像，作為平面廣告稿的主畫面？廣告版面該納入哪些廣告元素？
2. **迷你稿**：迷你稿約6公分，寬約為4公分，是以鉛筆或針筆畫出的圖稿，細節並不會畫的很仔細，主要用以把各種廣告版面的構圖想法用一種最節省時間的方式表達出來，用以進行內部溝通。
3. **初稿**：通常會從迷你稿挑選出兩、三張較能表達創意概念的創作進一步作初稿，比較講究的初稿會畫出實際尺寸大小，至少也會以A4大小的紙張來等比例製作，然後在版面上以鉛筆或針筆，精緻地畫出主視覺、標示出標題、內文、商標、企業或商品名稱，以及地址等的位置及大小。其中，內文不會眞的把所有文字寫入，通常以直線或折線表示，資淺的設計人員通常就是以初稿作為藍圖來製作色稿。
4. **色稿**：目前都以電腦繪圖來製作色稿，製作時必須實際把作為主視覺的圖像繪製出來或把參考圖像拍照、掃描進電腦、配上標題，編排進內文，與實際刊登出來的廣告稿相差無幾，擬眞程度極高，用以向客戶提案，以爭取客戶的認可。
5. **完稿**：以色稿為基礎，該拍照的就拍照，該租片的就租片，把廣告稿實際透過電腦編輯軟體編排出來，準備製作成完稿給媒體進行刊登。目前刊登廣告幾乎都採用電子稿，已沒什麼人用手工完稿了。

廣告文案文字的重要性

1. 所要傳達的訊息極為複雜的狀況下。
2. 消費者面對高涉入產品時的狀況下。
3. 訊息需要界定與解釋的狀況下。
4. 訊息要傳達的是抽象概念的狀況下。

廣告文案文字的重要性

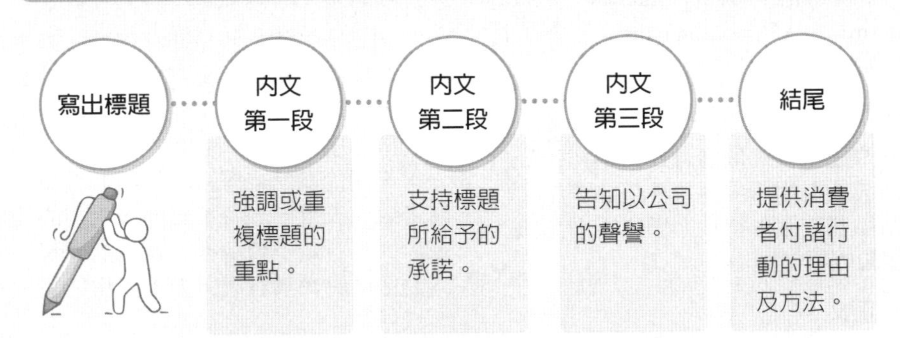

平面廣告設計的程序

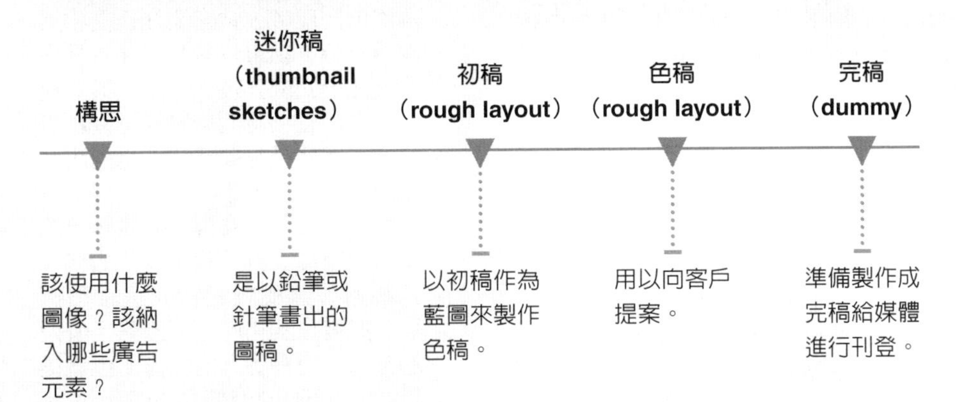

Unit 6-6 廣告文案的構成要素及其相應功能

一、廣告文案的結構

一篇完整的廣告文案是由標題、正文、口號、隨文四部分構成的，這四部分構成要素分別傳達不同資訊，發揮不同作用。一個有意思的現象是，如果我們再加上一個副標題的元素，那麼這五個部分恰好會對應到廣告中的AIDCA功能模式。

所謂AIDCA功能模式是指廣告對受眾產生效果的五階段原理，分別對應注意（attention）、趣味（interest）、慾望（desire）、確信（conviction）、購買行動（action）。

二、標題

標題是每一個廣告作品爲傳達最重要或最能引起訴求對象興趣的資訊，而在最顯著位置以特別字體或特別語氣突出表現的語句。

三、正文

正文是廣告作品中承接標題、對廣告資訊進行展開說明、對訴求對象進行深入說服的語言或文字內容，是訴求的主體部分。出色的正文對於建立消費者的信任，對他們產生購買慾望產生關鍵性的作用。正文還能展現企業形象、構築產品銷售氛圍。

廣告的訴求目的不同，廣告主和產品不同，廣告的具體內容也會千變萬化。但要寫入正文的內容，不會脫離以下三個層次：

1. 訴求重點是廣告的核心內容

在企業形象廣告中，訴求重點常常是企業的優勢或業績；在品牌形象廣告中，訴求重點集中於品牌特性；在產品廣告中，訴求重點集中於產品或服務的特性和對消費者的利益承諾；在促銷廣告中，訴求重點是更具體的優惠、贈品等資訊。

2. 訴求重點的支持點或深入解釋

正文必須提供更多、更全面的資訊，使訴求重點更容易理解、更令人信服。如果廣告的目的不在於傳達具體的資訊而是在於情感溝通，情感性的內容也需要深入展開，以增加感染力。

3. 行動號召

如果廣告的目的是直接促銷，而不是建立品牌形象，正文還需要明確地號召購買、使用、參與，並說明獲得商品或服務的方法與利益。

不同的產品或服務，不同的企業在廣告中的表現形式各不相同，正文的表現形式也會是多種多樣。適當的表現形式能使廣告更具有說服力。常用的表現形式有：

(1) 客觀陳述式：不借助任何人物之口，直接以客觀口吻展開訴求。這是最常用的方法。從形式上看，似乎沒有創意，其實不然，創意再與眾不同的廣告，當它要在正文中展開訴求時，都會以訴求對象看得懂的外在形式來表現。只要文案撰稿人在寫作正文時能夠準確把握創意概念，即使是客觀陳述，也能讓創意的力量充分發揮。

(2) 主觀表白式：以廣告主的口吻展開訴求，直接表白「我們」將如何或正如何。這種方式在表述企業觀點、態度以及在產品或服務上所做的努力方面有更大的自由。但前提是必須有好的創意概念。

廣告文案的結構

一篇完整的廣告文案是由標題、副標題、正文、口號、隨文構成的，這五個部分恰好對應廣告中的AIDCA功能模式。

序號	結構要素	功能與效果	代碼
1	標題	引起注意	A
2	副標題	保持興趣	I
3	正文	挑起慾望	D
4	口號	建立信心	C
5	隨文	促使行動	A

所謂AIDCA指注意（attention）、趣味（interest）、慾望（desire）、確信（conviction）、購買行動（action）。

標題

標題是每一個廣告作品為傳達最重要或最能引起訴求對象興趣的資訊。

正文

正文是廣告作品中訴求的主體部分。

正文的內容，不會脫離以下三個層次：

1. 訴求重點是廣告的核心內容。
2. 訴求重點的支持點或深入解釋。
3. 行動號召，常用的表現形式有：
   (1) 客觀陳述式。
   (2) 主觀表白式。

Unit 6-7 平面廣告的版式類型

正如構圖是一切繪畫作品的重要問題一樣，廣告版面設計的首要問題就是採取何種構圖形式。它決定了片面的結構形態，不同的構圖有不同的訴求效果。以下列舉一些常見的廣告版面編排設計時的構圖形式。

一、標準式

這是常見的簡單而規則的廣告版面編排類型，該廣告一般按照從上到下的順序排列圖片、標題、說明文字、標誌圖形。它首先利用圖片和標題吸引你的注意，然後引導你閱讀說明文和標誌圖形，自上而下符合人們認識的心理順序和思維導圖的邏輯順序，產生良好的閱讀效果。

二、定位式

這是非常常見的廣告版面設計類型。文字和圖片各自定位，並形成有力的對比。或左或右、或上或下，常用於圖文並茂的版式設計。定位式分爲上置式、下置式、左置式、中置式和右置式等幾種，定位式非常符合人們的視線流動順序。

三、斜置型

這種編排類型在構圖時，採用全部構成要素向右邊或左邊作適當傾斜的方式，使視線上下流動，畫面產生動感。

四、中軸式

這是一種對稱的構成形態，標題、圖片、說明文與標題、圖形放在軸心線或圖形的兩邊，具有良好的平衡感。根據視覺流程的規律，在設計時要把訴求重點放在左上方或右下方。

五、棋盤式

這種編排類型在安排版面時，將版面全部或部分地分割成若干等量的方塊形態，各分割的部分互相區別，作棋盤式設計。這種編排只用於介紹一系列產品或使用該產品後不同人們的反應等。在作這種設計時，要注意不同區域的動感和韻律感，在色彩、圖形大小上進行調整與區別。

六、文字式

在這種編排中，文字是片面的主體，圖片僅僅是點綴。設計時，一定要加強廣告方案本身的感染力，同時字體要便於閱讀，符合人們的閱讀習慣，並使圖形產生錦上添花、畫龍點睛的作用。

七、圖片式

用一張圖片占據整個版面，圖片可以是廣告人物形象，也可以是廣告創意所需要的特定場景，在圖片適當的位置直接加入標題、說明文或標誌圖形。在進行這種編排設計時，一定要注意選擇與製作表現廣告創意的高品質圖片，這對完美的視覺效果有決定性作用。

八、字體式

在編排時，對商品的品名或標誌圖形進行放大處理，使其成爲版面上主要的視覺要素。作此變化可以增加版面的情趣，突破廣告主題，使人印象深刻，在設計中力求簡潔巧妙。

九、自由式

構成要素在版面上作不規則的排放，沒有明確的規律，生動自在、靈活多變，形成隨意輕鬆的視覺效果。設計時要注意統一氣氛，進行色彩或圖形的相似處理，避免雜亂無章，任意堆砌。同時又要主體突出，符合視覺流程規律，這樣方能取得最佳訴求效果。

十、水平式

這是一種安靜而平定的編排形式，水平置於版面中。同樣是瓶子，豎放與橫放會產生不同的視覺效果。

平面廣告的版式類型

標準式

該廣告一般按照從上到下的順序排列圖片、標題、說明文字、標誌圖形。

定位式

文字和圖片各自定位，並形成有力的對比。定位式分為上置式、下置式、左置式、中置式和右置式等幾種。

斜置型

在構圖時採用向右邊或左邊作適當傾斜的方式，使視線上下流動，畫面產生動感。

中軸式

將標題、圖片、說明文與標題圖形放在軸心線或圖形的兩邊，具有良好的平衡感。

棋盤式

將版面全部或部分地分割成若干等量的方塊形態，各分割的部分互相區別，作棋盤式設計。

文字式

在這種編排中，文字是片面的主體，圖片僅僅是點綴。

圖片式

用一張圖片占據整個版面，在圖片適當的位置直接加入標題、說明文或標誌圖形。

字體式

在編排時，對商品的品名或標誌圖形進行放大處理，使其成為版面上主要的視覺要素。

自由式

在版面上作不規則的排放，沒有明確的規律，生動自在、靈活多變，形成隨意輕鬆的視覺效果。

水平式

這是一種安靜而平定的編排形式，水平置於版面中。

Unit 6-8 廣告創意定義與原則

一、廣告創意

廣告創意是廣告人對廣告創作對象所進行的創造性的思維活動，是透過想象、組合和創造，對廣告主題、內容和表現形式所進行的觀念性的新穎性文化構思，創造新的意念或系統，使廣告對象的潛在現實屬性昇華爲社會公眾所能感受到的具象。

事實上，廣告創意可以從狹義和廣義上來區分：

1. 狹義的廣告創意

往往就等同於廣告訴求，有很多人把廣告創意與廣告訴求混合使用。例如：某位廣告學者指出：「廣告訴求策略即廣告創意部分策略。」狹義的廣告創意是一種觀點、技巧、新的表達方式，這些表達方式主要有理性訴求、非理性的情感訴求等。

2. 廣義的廣告創意

體現在整個廣告活動中，無處不在，不是具體的某一個環節，卻又是廣告活動的靈魂。廣義上的理解，廣告創意從接受廣告委託開始，一直滲透在調查、策劃、創作與執行、製作與發布的各個環節中；既是廣告作品中說服的資訊重點，也影響甚至領導著相關的產品改進、媒體創意、促銷創意、公關創意等。

二、廣告創意原則

廣告是一種宣傳的手段，也是一種讓大眾了解到企業的方式。廣告創意的主要用途是讓人注意到廣告的存在，並且留下深刻的印象。但是廣告創意也必須注意以下原則：

1. 衝擊性原則

在令人眼花繚亂的報紙廣告中，要想迅速吸引人們的視線，在廣告創意時就必須把提升視覺張力放在首位。照片是廣告中常用的視覺內容。據統計，在美國、歐洲、日本等經濟發達國家，平面視覺廣告中，95%是採用攝影手法。

2. 新奇性原則

新奇是廣告作品引人注目的奧祕所在，也是一條不可忽視的廣告創意規律。有了新奇，才能使廣告作品波瀾起伏，奇峰突起，引人入勝；有了新奇，才能使廣告主題得到深化、昇華；有了新奇，才能使廣告創意遠離自然主義向更高的境界飛翔。

3. 蘊涵性原則

吸引人們的是形式，打動人心的是內容。獨特醒目的形式必須蘊涵耐人思索的深邃內容，才擁有吸引人一看再看的魅力。這就要求廣告創意不能停留在表層，而要使「本質」透過「表象」顯現出來，這樣才能有效地挖掘讀者內心深處的渴望。好的廣告創意是將熟悉的事物進行巧妙組合，而達到新奇的傳播效果。

4. 滲透性原則

人最美好的感覺就是感動。感動人心者，莫過於情。出色的廣告創意，往往把「以情動人」作爲追求的目標。

5. 簡單性原則

牛頓說：「自然界喜歡簡單。」一些揭示自然界普遍規律的表達方式，都是異乎尋常的簡單。近年來國際上流行的創意風格，愈來愈簡單、明快。

總之，一個帶有沖擊性、包蘊深邃內容、能夠感動人心、新奇而又簡單的廣告創意，常常寓情於景、情景交融，才能喚起廣告作品的詩意，取得超乎尋常的傳播效果（資料來源：華人百科：廣告創意）。

廣告創意

定義

狹義

等同於廣告訴求，狹義的廣告創意是一種觀點、技巧、新的表達方式。

廣義

是廣告活動的靈魂；既是廣告作品中說服的資訊重點，也影響產品改進、媒體創意、促銷創意、公關創意等。

廣告創意原則

衝擊性原則

把提升視覺張力放在首位。

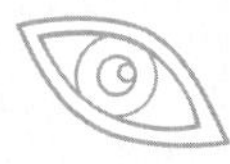

新奇性原則

是廣告作品引人注目的奧祕所在，也是一條不可忽視的廣告創意規律。

蘊涵性原則

將熟悉的事物進行巧妙組合而達到新奇的傳播效果。

滲透性原則

把「以情動人」作為追求的目標。

簡單性原則

近年來，國際上流行的創意風格愈來愈簡單、明快。

Unit 6-9 USP理論、品牌形象理論、ROI理論

一、USP理論

USP即獨特的銷售主張（Unique Selling Proposition），此獨特的銷售主張或「獨特的賣點」是20世紀50年代初美國人羅瑟・里夫斯（Rosser Reeves）提出的影響深遠的廣告創意理論。當時，里夫斯任美國達彼思（Ted Bates）廣告公司的董事長。里夫斯是較早提出「廣告必須引發消費者的認同」這一觀點的廣告人之一。他認為，在激烈的市場競爭中，消費者正面臨著各種銷售資訊的包圍，廣告人必須發掘出有效的傳播途徑，並告知人們其所提供獨特的價值，讓消費者充分了解是廣告的價值所在。

USP理論基本要點是向消費者或客戶表達一個主張，必須讓其明白，購買自己的產品可以獲得什麼具體的利益；所強調的主張必須是競爭對手作不到的或無法提供的，必須說出其獨特之處，強調人無我有的唯一性；所強調的主張必須是強有力的，必須集中在某一個點上，以達到打動、吸引別人購買產品的目的（資料來源：MBA智庫百科）。

二、品牌形象理論

1. 理論基礎

品牌形象論是20世紀60年代中期由大衛・奧格威提出的廣告策略理論。奧格威是現代廣告業的大師級傳奇人物，被譽為「現代廣告的教皇」和「品牌形象之父」，他於1948年創立了奧美（Ogilvy & Masher）廣告公司。由他提出的品牌形象理論是廣告策劃與創意理論中的一個重要流派，在其指引之下，廣告業湧現出大量優秀、成功的作品。

2. 品牌形象論的基本要點

(1) 品牌塑造形象是廣告最主要的目標。
(2) 任何一個廣告都是品牌長期投資中的一部分。
(3) 品牌形象比產品功能更重要。隨著生產技術的發展，同類產品的差異性減少，功能同質性愈來愈高，消費者選擇品牌時所能運用的理性依據就會減少，此時描繪品牌的形象比強調產品的功能特徵重要得多。
(4) 廣告更重要的是運用形象來滿足消費者心理需求。

三、RIO理論

20世紀60年代末，廣告大師威廉・伯恩巴克（William Bernbach）提出著名的ROI創意理論。伯恩巴克是DDB（Doyle Dane Bernbach）廣告公司的創始人之一。

1960年，他領導下的DDB公司憑藉為德國大眾「甲殼蟲」車的創意廣告「Think small」，拉開了始於20世紀60年代創意革命的序幕。伯恩巴克曾在《廣告時代》世紀末的評選中，被推選為廣告業最有影響力人物的第一位。他所提出的ROI理論，即相關性（relevance）、原創力（originality）和衝擊力（impact），被廣告界視為實用性的廣告創意指南。其基本要點是：

1. 相關性

相關性強調的是廣告、商品和消費者之間的相互關係。伯恩巴克認為在開始工作之初，要澈底地了解其要廣告的商品。

2. 原創力

原創力就是要求突破庸常思維，與眾不同。

3. 衝擊力

衝擊力就是要讓廣告產生強大的滲透功能，使廣告進入消費者心靈深處。伯恩巴克說在創意表現上光是求新求變、與眾不同並不夠。

USP理論

1. USP即獨特的銷售主張（Unique Selling Proposition），表示獨特的銷售主張或「獨特的賣點」。

2. 是20世紀50年代初美國人羅瑟・里夫斯（Rosser Reeves）提出的影響深遠的廣告創意理論。

3. 理論基本要點：⑴必須讓消費者明白，購買自己的產品可以獲得什麼具體的利益；⑵強調自己的產品是競爭對手作不到的或無法提供的。

品牌形象理論

理論基礎

❶ 品牌形象論是20世紀60年代中期由大衛・奧格威提出的廣告策略理論。

❷ 大衛・奧格威（David Ogilvy）是現代廣告業的大師級傳奇人物，被譽為「現代廣告的教皇」和「品牌形象之父」，他於1948年創立了奧美（Ogilvy & Masher）廣告公司。

❸ 品牌形象論的基本要點

⑴ 品牌塑造形象是廣告最主要的目標。

⑵ 任何一個廣告都是品牌長期投資中的一部分。

⑶ 品牌形象比產品功能更重要。

⑷ 廣告更重要的是運用形象來滿足消費者心理需求。

ROI理論

1. 威廉・伯恩巴克（William Bernbach）提出著名的ROI創意理論，是DDB（Doyle Dane Bernbach）廣告公司的創始人之一。

2. 他所提出的ROI理論，即相關性（relevance）、原創力（originality）和衝擊力（impact），被廣告界視為實用性的廣告創意指南。其基本要點是：

相關性 強調的是廣告、商品和消費者之間的相互關係。

原創力 要求突破庸常思維，與眾不同。

衝擊力 讓廣告滲透進入消費者的心靈深處。

Unit 6-10 創造產品與消費者之間的關聯性方法

創意策略可以幫助創意團隊把創意概念賣給業務部門，也可以幫助業務把創意賣給客戶。在其中，最常用於創造產品與消費者之間的關聯性的方法，包括了USP定位，以及階梯推演（laddering）等，以下分別加以說明。

一、USP（獨特的銷售主張）

USP最早是由達彼思廣告公司（Ted Bates &Company）在1940年代初期所提出由下而上的創意過程，1961年，時任總裁的Rosser Reeves在《廣告中的眞實》（Reality in Advertising）一書中重新加以詮釋，奠定了基本的運作模式；之後不斷有學者、專家加以重新詮釋，奠立了基本的運作模式；一直到現在，它仍是創造廣告關聯性的一種有效且被經常使用的方法，其所強調的是產品或服務，何以不同於競爭者或比競爭者更好，保力達蠻牛的廣告就是典型的例子。

二、定位

「定位」這個概念最早是由Ries與Trout於1981年合著的《定位》（Rositioning: The Battle for Your Mind ）一書正式提出的，他們認爲，「定位」是消費者腦海中的階梯。每一座不同的階梯，代表著一種不同的產品；每一級階梯，標示著一個品牌定位，占據最高一級階梯的品牌，在消費者心中的印象往往牢不可破。如果是以定位爲基礎，我們可以發現，打動人心、占據市場的捷徑，就是努力攀爬到定位階梯的第一階，讓消費者只要接觸到特定線索或刺激，就會第一個想到你。

「定位」所強調的是「產品在顧客心中的認知是什麼？」而不是「產品本身眞正是什麼？」。因爲定位是取決於消費者的主觀認知，故在進行定位操作時，切記：所有理論上的依據與論述，都不如人們自己能證實的簡單觀察來得有效。換言之，在整個定位溝通的設計上，一定要轉換成消費者可以理解（甚至驗證）的消費者語言，才比較容易將定位訊息植入消費者的腦海裡。舉例來說，你如何向你的目標閱聽眾證明地球不是平的？最簡單有效的方法是告訴目標閱聽眾，海上的水手最先看到的是對面來船的桅桿，然後才是帆，最後才是船身。

三、階梯推演

商品具有屬性（或特點），消費者擁有價值觀（或需求），但乍看之下，常常看不出兩者之間有什麼關聯。「階梯推演」試圖在商品屬性與消費者價值觀之間，進一步推演出主、客觀利益點兩個階梯，以建立起商品與消費者之間的關聯性。進行時通常是透過一對一的深度訪談技巧，以了解消費後該如何把商品屬性一步一步轉譯爲自己的價值觀。例如：選擇關鍵差異建立階梯：1. 一樣產品最多列出十至十二個差異點；2. 針對這些差異點，深入追問；3. 將階梯不斷向上推，直到對方無法回答爲止。最後將分析訪談結果，劃出階層價值地圖——藉以轉譯成消費者的價值觀。

創意策略可以幫助創意團隊把創意概念賣給業務部門，也可以幫助業務把創意賣給客戶。

USP（獨特的銷售主張）

1. USP最早是由達彼思廣告公司在1940年代初期提出。
2. 至今仍是創造廣告關聯性的一種有效且被經常使用的方法。
3. 強調一個產品或服務不同於競爭者或比競爭者更好的理由，保力達蠻牛的廣告就是典型的例子。

定位

1. 最早是由Ries與Trout於1981年合著的《定位》（Rositioning: The Battle for Your Mind ）一書正式提出的。
2. 他們認為，「定位」是消費者腦海中的階梯。每一座不同的階梯，代表著一種不同的產品；每一級階梯，標示著一個品牌定位。
3. 強調「產品在顧客心中的認知是什麼？」而不是「產品本身真正是什麼？」。

階梯推演

1. 在商品屬性與消費者價值觀之間，推演出主、客觀利益點兩個階梯。
2. 透過一對一的深度訪談技巧，以了解消費者自己的價值觀。
3. 將階梯不斷向上推，直到對方無法回答為止。
4. 最後將分析訪談結果，劃出消費者的價值觀。

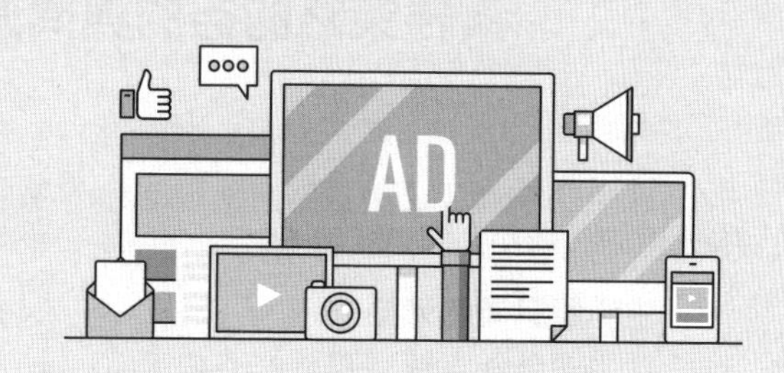

廣告策劃

章節體系架構

Unit 7-1 廣告策略的目的與問題解決

廣告策略依其目的可分爲下列十種，其可以解決問題說明如下：

一、生活資訊廣告策略

這主要是針對理智購買的消費者而採用的廣告策略。這種廣告策略，透過類似新聞報導的手法，讓消費者馬上能夠獲得有益於生活的資訊。

二、塑造企業形象的廣告策略

一般來說，這種廣告策略適合於老廠、名廠的傳統優質名牌產品。這種廣告策略主要是強調企業規模的大小及其歷史性，誘使消費者依賴其產品服務形式，也有的是針對其產品在該行業同類產品中的領先地位，以在消費者心目中樹立領導者地位，而採取的一種廣告策略。

三、象徵廣告策略

這種廣告策略主要是爲了強調心理效應而制定的。企業或商品透過借用一種東西、符號或人物來代表商品，以此種形式塑造企業的形象，給予人們情感上的感染，喚起人們對產品質地、特點、效益的聯想。同時，由於把企業和產品的形象高度概括和集中在某一象徵上，能夠有益於記憶，擴大影響。

四、承諾式廣告策略

這是企業爲使其產品贏得使用者的信賴，而在廣告中作出某種承諾式保證的廣告策略。需要指出的是，承諾式廣告的應用，在老產品與新產品上的感受力度和信任程度是有所不同的。承諾式廣告策略的眞諦是：所作出的承諾，必須確實能夠達到。否則，就變成欺騙廣告了。

五、推薦式廣告策略

這種廣告策略又可稱爲證言形式廣告策略。對於某種商品，專家權威的肯定、科研部門的鑒定、歷史資料的印證、科學原理的論證，都是一種很有力的證言，可以產生「威信效應」，進而導致信任。在許多場合，人們產生購買動機，是因爲接受了有威信的宣傳。

六、比較性廣告策略

這是一種針對競爭對手而採用的廣告策略，即是將兩種商品同時並列，加以比較，歐美一些國家的廣告較多運用此策略。「不怕不識貨，就怕貨比貨」比較，可以體現產品的特異性能，是加強信任的有效方法。

七、打擊僞冒廣告策略

這是針對僞冒者而採取的廣告策略。鑒於市場上不斷出現僞冒品，爲避免魚目混珠，維護企業名牌產品的信譽，就需在廣告中提醒消費者注意其名牌產品的商標以避免上當。

八、人性化廣告策略

這是把人類心理上千變萬化的感受加以提煉和概括，結合商品的性能、用途，以喜怒哀樂的感情在廣告中表現出來。

九、猜謎式廣告策略

即不直接說明是什麼商品，而是將商品漸次地表現出來，讓消費者好奇而加以猜測，然後一語道破。這種策略適宜於尙未發售的商品。

十、如實廣告策略

這是一種貌似否定商品，實際強化商品形象，爭取信任的廣告策略。如實廣告就是針對消費者不了解商品的情況，如實地告訴消費者應當了解的情況。

廣告策略的目的與問題解決

生活資訊廣告策略

1. 針對理智購買的消費者而採用的廣告策略。
2. 讓消費者馬上能夠獲得有益於生活的資訊。

塑造企業形象的廣告策略

1. 適合於老廠、名廠的傳統優質名牌產品。
2. 在消費者心目中樹立領導者地位。

象徵廣告策略

1. 為了強調心理效應而制定的。
2. 喚起人們對產品質地、特點、效益的聯想。

承諾式廣告策略

1. 為使其產品贏得使用者的信賴。
2. 所作出的承諾，必須確實能夠達到。

推薦式廣告策略

1. 又稱證言形式廣告，對於某種商品產生「威信效應」。
2. 讓人們產生購買動機。

比較性廣告策略

1. 將兩種商品同時並列比較。
2. 可以體現產品的特異性能。

打擊偽冒廣告策略

1. 針對偽冒者而採取的廣告策略。
2. 提醒消費者注意其名牌產品的商標以避免上當。

人性化廣告策略

1. 把人類心理感受加以提煉和概括。
2. 將商品的性能、用途，以感情方式表現出來。

猜謎式廣告策略

1. 不直接說明是什麼商品，讓消費者好奇而加以猜測。
2. 適宜於尚未發售的商品。

如實廣告策略

1. 實際強化商品形象，爭取信任。
2. 針對消費者不了解商品的情況，如實告知。

Unit 7-2 廣告策劃性質及功能與廣告策略案例

一、廣告策劃的定義、性質與功能

1. 廣告策劃的定義

廣告策劃是以科學客觀的市場調查爲基礎，以富於創造性和效益性的定位策略、訴求策略、媒體策略、媒介策略爲核心內容，以具有可操作性的廣告策劃文本爲直接結果，以廣告運動（活動）的效果調查爲終結，追求廣告運動（活動）進程的合理化和廣告效果的最大化。

2. 廣告策劃的性質

在營銷中的4P，即產品（product）、價格（price）、通路（place）、促銷（promotion）中，廣告策劃是促銷（promotion）的一部分。

3. 廣告策劃的功能

(1) 廣告策劃是行銷策劃的一部分。
(2) 廣告策劃是整個廣告活動的核心。
(3) 廣告策劃是一種預期實現的效益。
(4) 廣告策劃是一種創新行銷。

二、廣告策略案例

廣告完成後，要了解這種策略是否可以達到廣告目標，對於廣告媒體的採用策略是否成功，是值得被研究的。以下二個廣告案例是有關選角策略成功，以及因應不景氣廣告策略。

1. 案例一：選角策略成功

一個廣告的內容是否會出現動物或人物，這就是選角策略，即思考是否出現或是出現何種角色。例如：維力炸醬麵的選角策略以張君雅小妹妹爲主角，福特汽車廣告決定在廣告中出現一隻聰明的看家狗，以及狗的主人。汽車廣告先決定選用胖哥和小沈爲主角，之後續拍的廣告人物逐漸增加等。

2. 案例二：選角策略成功因應不景氣廣告策略

在全球性經濟不景氣的寒流中，廠商打廣告到底有沒有效果？

(1) 逆向操作：在日本，廣告除了用在商品促銷上，也被企業界廣爲利用在徵募人才、建立企業形象等方面。廣告發生的質變，使日本企業在面臨不景氣時仍大掏腰包作廣告。這種不進反退的作法，其理論根據不外乎是競爭對手大幅刪減廣告預算時，增加在業界的廣告量，可突顯更大的廣告效益，在消費者心中留下更深遠的印象。

(2) 公益廣告：除此之外，強化企業形象，以公益廣告占領消費者的心，也是聰明的作法。在一片緊縮預算聲中，若能以公益廣告一枝獨秀，不但消費者在廣告雜音減少的情形下，加深印象，更令消費者認爲：這家公司體制好，別家都快倒了，他們還有錢做公益廣告。一舉兩得的高招值得採用。

(3) 直接行銷：針對特定對象直接行銷也是不景氣時期的行銷策略。寄發DM、電話行銷、人員直銷等方式紛紛出籠，不少廠商甚至和信用卡發卡公司合作，針對持卡的特定對象進行直銷。

最黑暗的時代也是最光明的時代，不景氣同時也是大展鴻圖的最好時機。企業主應有的體認是，只要廣告策略運用正確，此刻所投下的每一分廣告費，都是奠定日後景氣回升的制勝基礎。

廣告策劃的定義、性質與功能

定義

以科學客觀的市場調查為基礎，追求廣告運動（活動）進程的合理化和廣告效果的最大化。

性質

是促銷（promotion）的一部分。

功能

01 是行銷策劃的一部分。

02 是整個廣告活動的核心。

03 是一種預期實現的效益。

04 是一種創新行銷。

廣告策劃案例

01 案例一：選角策略成功

一個廣告的內容是否會出現動物或人物，這就是選角策略，即思考是否出現或是出現何種角色。

02 案例二：選角策略成功因應不景氣廣告策略

逆向操作

當競爭對手大幅刪減廣告預算時，增加在業界的廣告量，可突顯更大的廣告效益。

公益廣告

強化企業形象，以公益廣告占領消費者的心。

直接行銷

不景氣時期，寄發DM、電話行銷、人員直銷等方式，進行直銷。

Unit 7-3 廣告策略內涵、步驟、要素與廣告戰略計畫原則

一、廣告策略內涵、步驟、要素與廣告戰略計畫原則

廣告策略內涵，包括目的、策略、預算等。茲分述如下：

1. **目的**：廣告目的是設定戰略的基礎，目的不同，戰略各異。
2. **策略**：廣告策略是由基本策略、表現策略、媒體策略所構成。基本策略即商品行銷策略，一旦掌握市場行銷的焦點，然後要考慮傳播策略，即針對廣告的對象，用何種構想作表現策略，用思考廣告策略有一定之過程，唯有在一定的思考過程中，方能看出策略的方向。
3. **步驟**：即設定策略的步驟，包括：⑴掌握廣告的市場環境。⑵設定廣告目的、目標。⑶條件之整理與檢討。⑷廣告戰略之想法：置身於市場中之各種條件要充分活用，著眼於競爭對手的最低抵抗界線；重點攻擊。
4. **要素**：廣告策略的基本架構，是為何、對誰、將何種事物、在何時、在何處、用什麼方式來進行的問題，因此廣告策略的五大要素，包括目標、構想、時機、地區、媒體等。
   ⑴目標（target）：設定目標，才能考慮用什麼構想來達成目標，所以目標設定是廣告戰略的基礎。
   ⑵構想（concept）：針對廣告目標，用什麼廣告內容，這是廣告構想問題。但廣告傳達的內容，並非只明列和購買者相吻合的商品的所有特性，而是在與競爭對手商品比較後找出最有利之處，摘其要者，作爲廣告構想的中心課題。
   ⑶時機（timing）：針對商品需要期，集中廣告；對非需要期，可向消費者建議新的生活方式。例如：開發冬季的冰淇淋、生啤酒的市場等。所以說，廣告時機不一定與需要時期一致。
   ⑷地區（area）：廣告地區要考慮需要大小，集中廣告於需要大的地區，這是一般的作法。其次，要考慮自家品牌，要根據自家品牌的銷售實績，來作重點地區的決定，而並非完全根據商品需要的大小。第三點，以培植未來市場的觀點，對自家品牌弱勢的地區，作重點考慮。
   ⑸媒體（media）：針對廣告目的，設定媒體目標。首先要考慮媒體對目標的適應性如何，各媒體都有正負兩面，爲了選擇適合目標的媒體，必須了解媒體特性及品質，以及成本的問題。其次要考慮所要選擇的媒體對廣告對象如何，然後從表現戰略加以衡量究竟應選擇何種媒體發揮最大效果。最後要在廣告預算約束下，謀求適當的媒體及廣播數量。

二、廣告戰術（advertising tactics）

若了解戰略與戰術之相互關係後，可以再對廣告戰術進一步探討。一般而言，在商品行銷上，所謂戰術，是推動行銷活動流程之一部分。對行銷活動而言，廣告活動（campaign）、試驗活動（test campaign）相當於戰術，但運用廣告戰術時，比軍事意義之戰術，其範圍更爲廣泛。軍事方面實施戰略時，包括兵戰術和用兵術。所謂兵戰術，最能充分活動的就是補給，供給所需之適當數量，於適當的場所，在適當的時間，供給適當的材料，包括資金與人力。

廣告策略內涵、步驟、要素與廣告戰略計畫原則

目的

廣告目的是設定戰略的基礎，目的不同，戰略各異。

策略

廣告策略是由基本策略、表現策略、媒體策略所構成。

步驟

1. 掌握廣告的市場環境。
2. 設定廣告目的、目標。
3. 條件之整理與檢討。
4. 廣告戰略之想法。

要素

1. 目標（target）

廣告戰略的基礎。

2. 構想（concept）

廣告構想的中心課題。

3. 時機（timing）

不一定與需要時期一致。

4. 地區（area）

集中廣告於需要大的地區。其次，作重點地區的決定。第三點，未來市場以自家品牌弱勢的地區作考慮。

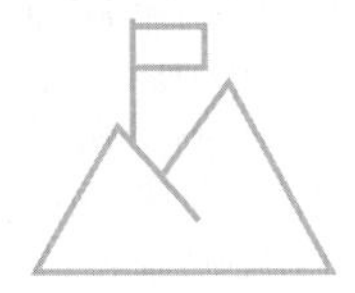

5. 媒體（media）

針對廣告目的，設定媒體目標。

A. 要了解媒體特性及品質，以及成本的問題。
B. 要考慮應選擇何種媒體發揮最大效果。
C. 要在廣告預算約束下，謀求適當的媒體及廣播數量。

廣告戰術（advertising tactics）

1. 對行銷活動而言，廣告活動（campaign）、試驗活動（test campaign）相當於戰術。
2. 運用廣告戰術時，最能充分活動的就是補給資金與人力資源。

Unit 7-4 現代《廣告專案策劃書》的撰寫

一般而言，策劃廣告作品、宣傳活動涉及的工作環節主要有以下十項：

一、展開廣告市場調查

正確評價企業自身的經營發展狀態，了解公眾對企業的態度、意見和要求，及時蒐集公眾的資訊，這是策劃廣告宣傳活動的基礎，直接影響著廣告策劃的科學性與針對性。

二、廣告目標決策

現代廣告宣傳不是零星的叫賣與推銷，須有計畫性和整合性，因此就必須引入目標程式，控制管理機制。

三、制定廣告定位策略

所謂廣告定位就是在廣告宣傳活動中，企業透過突顯商品符合消費公眾需要的個性特點，確定商品的基本品位及其在競爭中的方位，促使公眾樹立選購該商品的穩固印象。

四、擬定廣告媒介策略

現代廣告影響公眾的基本途徑是媒介，媒介策略得當與否，直接影響著廣告宣傳活動的成敗。因此，根據公眾媒介生活習慣、企業的市場目標、廣告定位結論和各種媒介的性能特點、優勢和劣勢等，選擇好宣傳媒介。

五、確定廣告訴求策略

廣告訴求問題主要表現爲如何說服公眾的問題。說服公眾包括兩個方面的涵義：公眾正確理解並完全接受資訊。爲了使公眾在非面對面的情況下正確理解並完全接受廣告宣傳的資訊，應該高度重視訴求策略的制定。

六、創造廣告宣傳意境

創造廣告宣傳意境主要表現爲構思活動，亦即創意。在構思過程中，主要任務是形成廣告宣傳的設想方案，包括確立宣傳「概念」，形成宣傳標語、圍繞宣傳概念編制廣告表現情節或圖案等內容。

七、創作廣告宣傳文案

廣告意境方案確定下來後，就可以著手宣傳文案的創作了。廣告文案創作，就是創作表現廣告意境的宣傳標題、口號、標語、正文等。創作出的宣傳詞不僅要吸引公眾，而且要富有行銷號召力，能贏得公眾信任，並展現出美妙的意境色彩。

八、決定廣告表現策略

確定廣告的表現形式，就是將廣告意境的各個組成要素組合成宣傳作品，其實質是廣告意境方案的物化、廣告宣傳理念的形象化，往往表現爲廣告設計，製作出富有特定風格的廣告作品。

九、確定廣告預算方案

預算活動經費是提高廣告宣傳活動經濟效益和工作水準的重要保證。按照廣告宣傳目標和活動方案所需的費用分成若干項目，列出經費清單，準確地預算單項活動和全年活動的成本，有利於企業統籌安排、事後核對和考查效績。

十、撰寫《廣告專案策劃書》

撰寫《廣告專案策劃書》，實際上就是把廣告調查分析結論、廣告目標決策、定位策略、媒介策略、訴求策略、創意成果、宣傳文案、表現策略、預算方案諸方面的內容，以文書的形式表現出來，爲展開廣告宣傳活動提供工作指南。

現代《廣告專案策劃書》的撰寫

展開廣告市場調查

1. 正確評價企業自身的經營發展狀態。
2. 了解公眾對企業的態度、意見和要求。
3. 及時蒐集公眾的資訊。

廣告目標決策

1. 須有計畫性和整合性。
2. 必須引入目標程式控制管理機制。

制定廣告定位策略

1. 確定商品的基本品位及其在競爭中的方位。
2. 促使公眾樹立選購該商品的穩固印象。

擬定廣告媒介策略

1. 要根據公眾媒介生活習慣、企業的市場目標。
2. 要根據廣告定位結論和各種媒介的性能特點、優勢和劣勢。

確定廣告訴求策略

1. 讓公眾正確理解並完全接受資訊。
2. 應該高度重視訴求策略的制定。

創造廣告宣傳意境

1. 形成廣告宣傳的設想方案。
2. 形成宣傳標語、廣告表現情節或圖案等內容。

創作廣告宣傳文案

1. 創作表現廣告意境的宣傳標題、口號、標語、正文等。
2. 不僅要吸引公眾，而且要富有行銷號召力。

決定廣告表現策略

1. 將廣告意境的各個組成要素組合成宣傳作品。
2. 製作出富有特定風格的廣告作品。

確定廣告預算方案

1. 列出經費清單和全年活動的成本。
2. 供作事後核對和考查效績。

撰寫《廣告專案策劃書》

1. 把廣告調查與分析結論，以文書的形式表現出來。
2. 為廣告宣傳活動提供工作指南。

Unit 7-5 企業品牌的經營策略

一、企業品牌的定義

什麼是企業品牌？企業品牌是指以企業名稱爲其品牌名稱。企業品牌傳達的是企業的經營理念、企業文化、企業價值觀念及對消費者的態度等，能有效突破地域之間的壁壘，進行跨地區的經營活動。並且爲各個差異性很大的子公司之間，提供了一個統一的形象、統一的承諾，使不同的產品之間形成關聯，統合了產品品牌的資源。

二、企業品牌的經營策略

企業品牌的經營策略主要有五種，分別是個別品牌策略、一元化品牌策略、大品牌小品牌策略、多品牌策略和多元化品牌策略。分述如下：

1. 個別品牌策略

個別品牌策略就是企業透過一系列似乎毫不相關的產品商標來進行經營。

在這種策略中，企業對自己所經營的產品組合中的每一個產品專案都使用一個不同的品牌名稱，或者要求自己的子公司設置獨家使用的公司名稱與標記，以分散企業行銷的總體風險，防止子公司或其中任何一個產品專案出了問題後牽連到整個企業，影響其他產品專案的市場地位與銷售。這種策略由於品牌之間沒有相關性，因此混亂的可能性比較小，有利於公眾識別其中的品牌。

2. 一元化品牌策略

這種策略又被稱爲家族品牌策略，其策劃要點就是企業所有的子公司、產品都採用同一個商標名稱。

這種品牌策略中，由於企業對產品組合中全部的產品專案均採用同一個品牌名稱或標記，具有結構單一、識別性強的特點，而且有利於強化員工對企業的忠誠度，增強企業的凝聚力。企業爲一個品牌做廣告宣傳促銷就是對企業所有產品專案進行了促銷，所以企業總體的促銷宣傳費用比較具有規模經濟效應，相對的單位產品促銷成本比較低，有利於新開發出的產品進入市場。

3. 大品牌小品牌策略

也稱主副品牌策略，其實質就是企業名稱和商品個別品牌名稱同時運用的策略。在實際操作上，就是把企業的名稱冠於某各個子公司、商品名稱之前，而企業的各個子公司、商品又都擁有自己的獨立名稱。

4. 多品牌策略

多品牌策略就是指企業對一個相同的產品項目，在市場上使用兩個或多個以上的品牌進行營銷。

多品牌策略能夠爲本企業的產品在經營商那裡爭取到相對一個品牌多一些的「商品展示面積」，使得偏愛該品牌的公眾始終都能夠在企業的產品之間進行轉換購買，進而增加銷售量。

5. 多元化品牌策略

多元化品牌策略就是以企業的核心機構或者是主要產品的品牌作爲整個企業的名稱，並以它爲基礎，不斷發展出其他獨立的機構、品牌。

多元化策略的核心問題就是以企業的優秀產品爲龍頭，推出系列化的產品組合，以最大限度地獲取市場利潤。這種策略既有利於新上市的產品，能夠借助企業已有的良好形象進入市場，又可以強化各企業的靈活性和可塑性。

企業品牌的定義

指以企業名稱為其品牌名稱。

經營策略

個別品牌策略

定義 企業透過一系列似乎毫不相關的產品商標來進行經營。

特色 由於品牌之間沒有相關性，因此混亂的可能性比較小，有利於公眾識別其中的品牌。

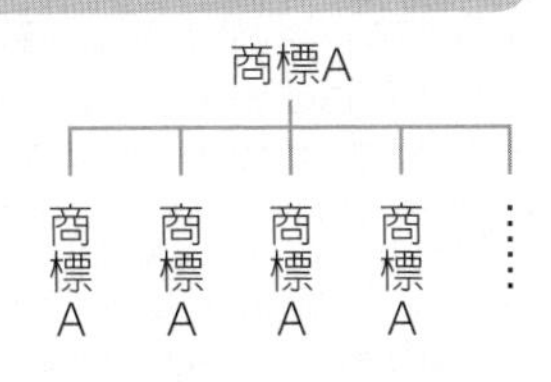

一元化品牌策略

定義 又稱為家族品牌策略，其策劃要點就是企業所有的子公司、產品都採用同一個商標名稱。

特色 具有結構單一、識別性強的特點。其次，相對的單位產品促銷成本比較低

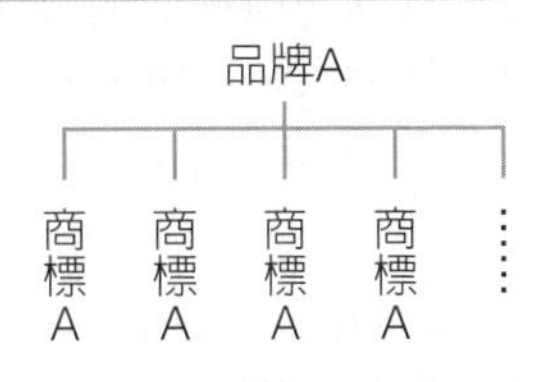

大品牌小品牌策略

定義 也稱主副品牌策略，其實質就是企業名稱和商品個別品牌名稱同時運用的策略。

特色 各個子公司、商品都擁有自己的獨立名稱。

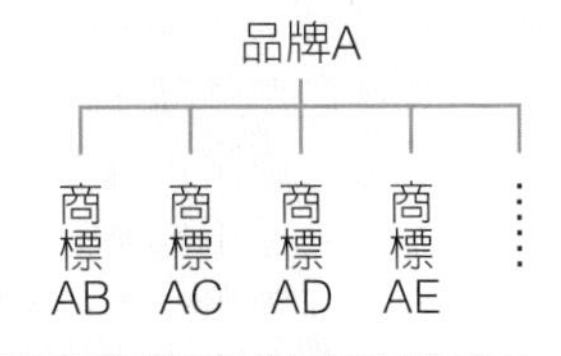

多品牌策略

定義 指企業對一個相同的產品項目，在市場上使用兩個或多個以上的品牌進行營銷。

特色 能夠為本企業的產品增加銷售量。

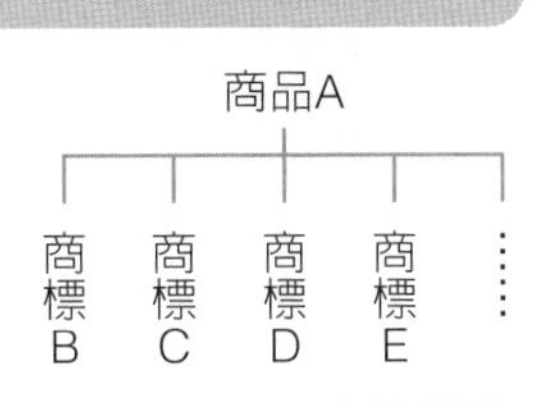

多元化品牌策略

定義 以企業的核心機構為基礎，不斷發展出其他獨立的機構、品牌。

特色 有利於新上市的產品，能夠借助企業已有的良好形象進入市場。

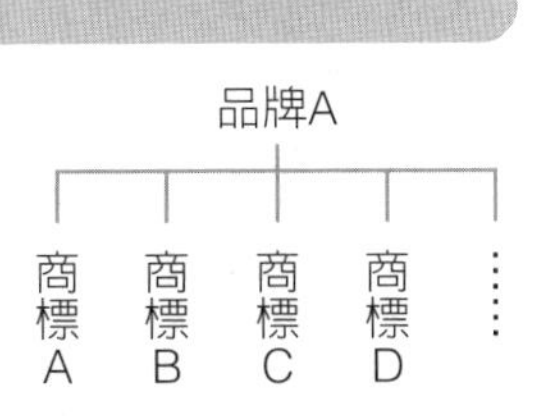

Unit 7-6 廣告提案與政府廣告的策劃與技巧

一、廣告提案

廣告提案（presentation）是廣告人員將廣告策劃中的重點內容，運用口頭說明的方式，以相關的視覺媒體爲輔助手法，與廣告主進行交流的一種形式。

廣告策劃結果用書面方式表達的一種靜態形式，在實際的廣告經營過程中，僅僅完成廣告策劃書，有時還不能夠完全達到廣告主的願望和要求，廣告主往往還要透過召開廣告專門會議的方式，更爲直觀地獲取到廣告人員對本案廣告活動的戰略和策略構想，這就需要透過廣告提案的方式，以實現充分的理解和溝通。

二、有關政府廣告的策劃技巧

1. 幾乎廣告作爲一種特殊的廣告宣傳形式，在策劃設計和製作上有其特殊要求：
   (1) 注意內容的清晰感：一般來說，政府機關頒發的各種法規內容都比較豐富，顯得比較冗長。在宣傳策劃中，應該注意內容的精選，重點宣傳與社會大眾直接相關的程序化、操作化內容，給公眾清晰感，觀看後便能知曉具體要求。
   (2) 注意圖案的寫實化：政府廣告的宣傳內容比較理性化，公眾不易接受。爲了增加影響力，應該在準確理解的基礎上，借助圖形等感性化方式和寫實手法，形象化地表達宣傳的內容。
   (3) 講究形式上的莊嚴感：一般的企業廣告比較強調生動活潑的色彩，而政府廣告的表現形式應該注重莊嚴感，從內容組合到色彩、字體、視線設計、編排，都要強調規範化，以有效地強化其權威性特點，增加社會影響力。
2. 公益廣告是一種特殊的廣告形態，在策劃方面應該注意以下要求：
   (1) 講究品位性：在公益廣告策劃中，要講究宣傳意境的藝術化和表現內容的情節，以藝術品位強化廣告「品牌的影響力」達到啟發思維、推廣觀念的目的。
   (2) 講究主題化：公益廣告的策劃，在內容選擇方面應該注意統一性，選擇某一個社會熱點問題作爲主題，在一定時期內要求各有關單位圍繞該主題進行創作，創造出宣傳上的規模效應，以強化公益廣告的影響。
   (3) 注意寫實化：在公益廣告中，宣傳的內容是抽象的、理性化的，這不利於公眾接受。因此，在策劃中，應該重視寫實化手法的運用，選擇眞實、典型的人物形象、生活背景和情節，營造實體化的氣氛，強化廣告宣傳作品的感性成分，提高廣告作品的感染力。
   (4) 注意熱點化：在公益廣告宣傳中，可採用的宣傳素材比較多，凡是人類社會問題都應該進行宣傳。但是，在具體策劃中，應該選擇社會熱點問題作爲宣傳主題，這有利於引起公眾的注意，提高廣告宣傳的教育效用。
   (5) 注意藝術化：公益廣告的宣傳內容，具有較強的教育意義，屬於社會規範方面的範疇，顯得比較枯燥乏味。因此，在策劃過程中，要講究藝術色彩，以藝術化的文案、畫面和音樂音響，提高廣告宣傳作品的實際影響力。

廣告提案

廣告提案（presentation）是廣告人員運用口頭說明、廣告策劃書方式，甚至透過召開廣告專門會議的方式，進行溝通。

有關政府廣告的策劃技巧

在策劃設計和製作上的特殊要求

注意內容的清晰感

注意圖案的寫實化

講究形式上的莊嚴感

公益廣告策劃方面的要求

01 講究品位性

02 講究主題化

03 注意寫實化

04 注意熱點化

05 注意藝術化

Unit 7-7 廣告企劃資訊研究與策略性研究的種類

一、廣告企劃需要的資訊與研究

一般而言，廣告企劃過程中，共有五種資訊與研究會被使用到：

1. 市場資訊

行銷研究，指的是爲了行銷規劃，所從事的所有研究。根據這些研究，所蒐集到的市場資訊，就可以用來發展一套有效的行銷計畫及其後要做的廣告計畫。市場研究，則是行銷研究的一部分，它是用來蒐集特定市場與競爭品牌的相關訊息。

2. 消費者洞察研究

人口統計資料與心理描繪資料，就經常被用來描繪目標閱聽眾。另外有一種消費者洞見研究，則是用來發掘消費者對某一產品的心理感受與使用動機。

3. 媒體研究

媒體企劃始於媒體研究，媒體研究指的是蒐集所有媒體的相關資訊，並利用它來規劃獨特的媒體企劃。

4. 訊息發展研究

開始發展廣告時，他們會使用各種正式與非正式的訊息發展研究。正式研究，也會被用在訊息發展上，以評估不同創意概念的相對威力，稱爲概念測試。其他客戶與企劃人員，則會提供一些次級資料供作參考。

5. 評估研究

當廣告作品完成後，爲確保其在刊登後會產生預期的效果，也可使用前測事先檢測其有效性。另外一個評估研究，則是在廣告刊播之中與之後實施，通稱爲廣告效果測試。若是在廣告刊播中實施，目的是在追蹤廣告所引起的消費者反應。

二、策略性研究的種類

1. 次級研究

次級研究指已經由他人蒐集與公布了。市場上早已存在許多可用的次級資訊，包括：⑴政府機構：定期發布統計資訊，可實際幫助廣告與行銷活動的規劃，尤其以人口統計資料，對目標消費者與市場區隔的規劃幫助最大。⑵公協會：定期發布官方報告，對廣告企劃也有實際的幫助。⑶次級研究供應商：幫各企業主蒐集所需的次級研究資料。⑷網路次級資料：可信度高的客觀資料，很適合用來當作市場情境分析之用。

2. 初級研究

一種蒐集一手資料的研究，係針對原始的資訊來源所進行的首次資訊蒐集，企業可以自行從事出擊研究，也可以僱用專業研究公司代勞。

3. 量化研究

運用統計分析與數量化的資料，以了解消費者如何思考與行爲。爲了提出有效的預測，這類的研究必須遵循嚴謹的科學步驟。量化研究具有兩項特質：大樣本數、隨機抽樣。基本上檢視消費者反應的大量資料，在市場決策上相當有幫助。

4. 質化分析

較屬於探索性研究，並使用深入探索的技巧，以獲取洞見，並爲未來進一步的量化研究指出問題與假設。由於質化研究通常是以小樣本進行研究，因此廣告主無法據此將研究發現或結論，直接投射到較大的母體上，而是用來更加了解市場，以提出可以用量化研究加以驗證的假設。

5. 實驗法

指的是利用實驗室法則，在控制其他可能的變因後，將參與測試的受測者隨機分爲兩組，並以不同實驗物，分別對兩組施測，並比較其差異反應的一種研究法。

廣告企劃需要的資訊與研究

市場資訊

它是用來蒐集特定市場與競爭品牌的相關訊息。

消費者洞察研究

常使用人口統計資料與心理描繪資料，用來描繪目標閱聽眾。

媒體研究

指蒐集所有媒體的相關資訊，並利用它來規劃獨特的媒體企劃。

訊息發展研究

主要評估不同創意概念的相對威力，又稱概念測試。

市場資訊

當廣告作品完成後，為確保其在刊登後，會產生預期的效果，稱為廣告效果測試。

策略性研究的種類

次級研究

指市場上早已存在許多可用的次級資訊，包括：

1. 政府機構：定期發布統計資訊。
2. 公協會：定期發布官方報告。
3. 次級研究供應商：幫各企業主蒐集所需的次級研究資料。
4. 網路次級資料：很適合用來當作市場情境分析之用。

初級研究

一種蒐集一手資料的研究。

量化研究

運用統計分析與數量化的資料，以了解消費者如何思考與行為。它具有兩項特質：大樣本數、隨機抽樣。

質化分析

較屬於探索性研究，為未來進一步的量化研究指出問題與假設。

實驗法

指利用實驗室法則，分別對兩組施測，並比較其差異反應的一種研究法。

Unit 7-8 廣告研究方法與消費者研究的種類

一、廣告研究方法

研究被用來：1. 發展對行銷情境的分析；2. 獲取消費者資訊與洞見以便制定鎖定目標市場的決策；3. 找出有關可用的資訊以便將媒體與目標閱聽眾相搭配；以及4. 發展訊息策略與評估效果。

調查研究用於大量的量化研究，以掌握有關消費者態度與行為的反應；深度訪談會深入探索消費者對於其態度與行為背後的理由與動機所做的解釋；焦點團體一個由主持人掌控下所進行的集體訪談；觀察法進行的場景可能是賣場或消費者家中，研究人員每天形影不離地跟著消費者過生活；日誌法是消費者行為的紀錄（尤其是其媒體使用習慣）；其他還有一些相當具創意的質化研究方法，則可能被用來挖掘消費者思考與行動的模式。

常用的廣告研究方法有以下二種：

1. 背景研究

指的是針對企業所處的市場環境，所做的通盤了解，又稱之為情境分析。包括：⑴品牌經驗。⑵競爭者分析。⑶廣告審閱。⑷內容分析：將廣告的標語、訴求，以及廣告形象和競爭者的策略與戰術加以列表分析。⑸符號學分析：藉由將廣告訊息裡的象徵與符號加以解構，以發掘廣告的社會文化意義，並試圖找出其與消費者動機有何關聯。⑹顧客接觸與談話。

2. 消費者研究

此階段可以同時藉由量化和質化研究方法，去確定目標消費者、發展市場區隔與品牌定位：⑴調查研究法，是一種量化的研究法。⑵深度訪談法，是一種質化研究方法，以一對一的方式訪談，並由研究者提出開放性問題，由受訪者自由回答。⑶焦點團體訪談法，目的在促使與會人士以聊天的方式進行討論，讓研究人員可以觀察參與者的互動與對話。⑷觀察研究法，在自然環境下，深入研究消費者的生活行為。⑸民族誌研究法，研究者通常要與所研究的對象一起過一樣的生活，並將生活提升到科學的境界。⑹日誌法。⑺其他：①填空、②目的導向遊戲、③說故事、④居家事務的描述、⑤看圖說故事、⑥照片分類、⑦隱喻。

二、消費者研究

廣告策略的研擬，只要記住「傾聽是了解顧客的第一步」，也就是說，了解目標消費者是所有廣告活動的開端。消費者研究，通常是由企業主的行銷部門，或委託公司外的專業研究機構負責處理，有下列幾種研究：

1. 市場研究

主要在於蒐集有關產品、產品類別，以及其他足以影響廣告策略發展的行銷相關資訊。

2. 消費者研究

用於找出產品的使用者，研究其性質，這些資訊最後用來決定廣告所應鎖定的目標閱聽眾。

3. 廣告研究

專注於廣告有關的所有研究，包括：訊息發展、媒體企劃研究、事後評估研究，以及競爭者廣告的相關資訊。

4. 策略性研究

所發現的重要資訊，將會成為策略規劃決策的依據。

廣告研究方法

1. 發展對行銷情境的分析
2. 制定鎖定目標市場的決策
3. 將媒體與目標閱聽眾相搭配
4. 發展訊息策略與評估效果

常用的廣告研究方法

背景研究

針對企業所處的市場環境所做的通盤了解，又稱為情境分析。包括：

1. 品牌經驗
2. 競爭者分析
3. 廣告審閱
4. 內容分析
5. 符號學分析
6. 顧客接觸與談話

消費者研究

同時藉由量化和質化研究方法，去確定目標消費者、發展市場區隔與品牌定位。

❶調查研究法：一種量化的研究法。
❷深度訪談法：一種質化研究方法。
❸焦點團體訪談法：可觀察參與者的互動與對話。
❹觀察研究法：在自然情境下研究消費者的生活行為。
❺民族誌研究法：研究者通常要與所研究的對象一起過一樣的生活，並將生活提升到科學的境界。
❻日誌法。
❼其他：①填空、②目的導向遊戲、③說故事、④居家事務的描述、⑤看圖說故事、⑥照片分類、⑦隱喻。

消費者研究

通常是由企業主的行銷部門，或委託公司外的專業研究機構負責處理。

01 市場研究
主要在於蒐集有關產品、產品類別的行銷相關資訊。

02 消費者研究
用於找出產品的使用者，以決定廣告所應鎖定的目標閱聽眾。

03 廣告研究
包括訊息發展、媒體企劃研究、事後評估研究。

04 策略性研究
所發現的重要資訊，將會成為策略規劃決策的依據。

Unit 7-9 企業策略的規劃程序與廣告行銷規劃的步驟

一、企業策略的規劃程序

什麼是「策略」？策略一詞源自希臘文：「將領之藝術」（the art of the general），是選擇達成特定目標之途徑，並協調各項資源的分配，目的在贏得全面的戰爭。策略必須指導戰術；透過戰術實踐策略。

企業策略的規劃程序如下：1.企業使命、2.外部環境分析／內部環境分析、3.目標構想、4.策略構想、5.戰術構想、6.執行、7.回饋和控制。

二、行銷規劃的步驟

所謂的「行銷」（marketing），根據美國行銷協會（american marketing association，簡稱AMA）2017年所透過的定義，行銷是透過創造、溝通與傳送價值之交換，以使顧客、夥伴和社會都能受益的一種活動、組織功能與程序。

從上得知，所謂行銷策略是指企業以顧客需要爲出發點，根據經驗獲得顧客需求量及購買力的資訊、商業界的期望值，有計畫地組織各項經營活動，透過相互協調一致的產品策略、價格策略、管道策略和促銷策略，爲顧客提供滿意的商品和服務而實現企業目標的過程。顧名思義，「行銷策略」是指行銷的策略面。完整的行銷策略，能協助企業站在更宏觀的角度全面思考，包括：企業的本質、產品的優勢、市場的競爭程度、可使用的宣傳管道等。

行銷策略規劃包括以下步驟：

1. 選擇行銷目標

行銷規劃的流程，第一個步驟是選擇行銷目標。行銷的目標有可能是：市場占有率的百分比、銷售單位、儲存量或獲利。

2. 選擇行銷機會

有了目標的方針，一位行銷者就必須確認並評估機會所在。舉例來說：數以百計製藥和研究單位的市場機會，就是尋找癌症的治療方式。

3. 選擇目標市場

企業找到行銷機會之後，應決定公司的資源要滿足哪一種市場，即所謂的目標市場。市場經由區隔找到共同具有一個或一個以上相同特徵的消費者集合，然後提出各種行銷策略來滿足這個目標市場。例如：元祖推出日式喜餅，就是在滿足對日本文化偏好的適婚女性。

4. 發展行銷策略

行銷規劃中，重要的關鍵就是策略的擬定，它將有助於在市場上獲得競爭優勢並且達成既定目標。爲了要發展明確的行銷計畫與戰術，行銷策略中的每個元素都必須要討論到，包括4P、4C或4V的元素。

5. 執行

良好的執行必須掌握對的人、時、地、物等，執行行銷規劃的結果通常要做很多的具體決策。

6. 評估

每一種行銷規劃都必須藉由評估來掌握規劃的結果，藉由比較實際情形和預定情形的差異，找到改正之處。例如：如果我們的餐具行銷者增進了百分之三的銷售量，而非目標的百分之五，此時就必須界定出失敗的原因。

例如：廣告策略如採企業識別策略時，廣告中考慮是否要宣揚企業理念？這時候應將企業的標誌建立一個統一的辨識系統。像某公司在台灣的品牌廣告結束前加上「P&G」的識別品牌，以強化企業品牌形象。

企業策略的規劃程序

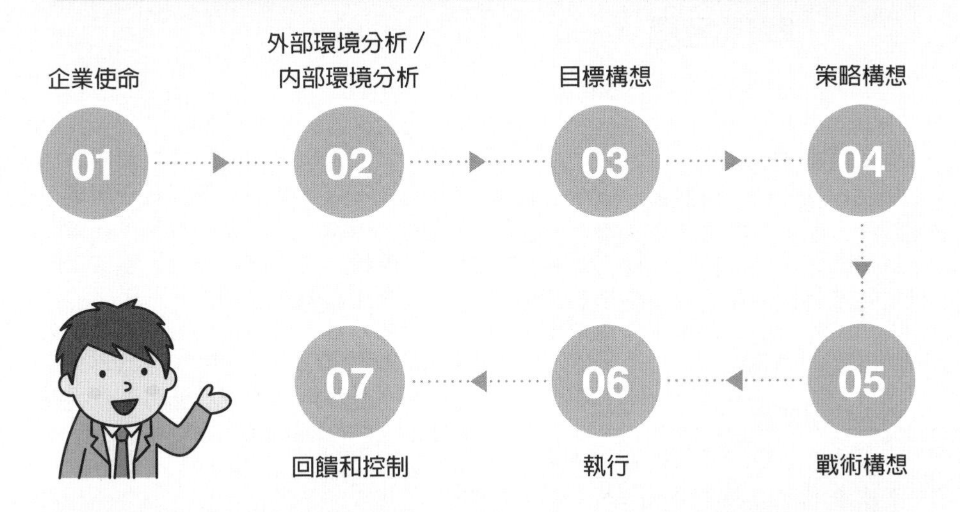

行銷規劃的步驟

行銷

透過創造、溝通與傳送價值之交換，以使顧客、夥伴和社會都能受益的一種活動、組織功能與程序。

行銷策略

指行銷的策略面，包括：企業的本質、產品的優勢、市場的競爭程度、可使用的宣傳管道等。

行銷策略規劃的步驟

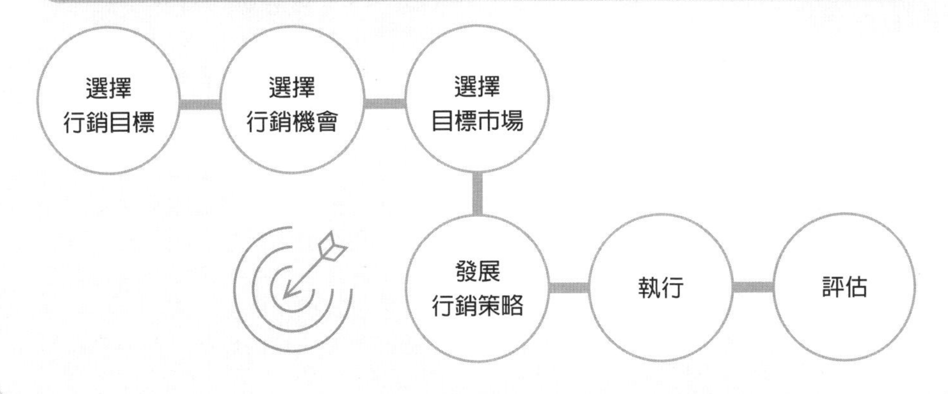

Unit 7-10 解釋名詞（一）

一、廣告策劃

策劃作爲一種社會意識，產生於戰爭和政治，但它向廣告活動的滲透，歷經了很長時間。廣告策劃與廣告活動並不是同時產生的，而是商品經濟高速發展的必然結果。廣告策劃分爲單項廣告策劃和整體廣告策劃。

二、廣告市場調查

除蒐集行銷環境、消費者、產品、企業和競爭對手，以及企業與競爭對手在廣告宣傳方面的資訊外，應掌握相關的資料，對相關資料進行研究分析，以便爲有效的廣告策劃提供可靠依據。

該階段透過對調查資料的整理歸納、分析和總結，描述現狀、揭示趨勢，爲下一步確立廣告目標、制定廣告訴求和表現策略奠定基礎。

三、廣告目標

廣告目標是由企業的行銷目標決定的，實現廣告目標就是爲了達成行銷目標。確立廣告目標時，應把廣告目標與傳播效果掛鉤，可以利用大量不同的行銷傳播工具和各種媒介，進而更加有效地實現預定的廣告傳播目標。

四、廣告定位

「定位」英文爲Positioning。定位論是於20世紀70年代由艾．里斯和傑克．特勞特提出的。他們認爲「定位並不是要對產品做些什麼，也就是把產品定位在未來潛在顧客的心中。」主張在廣告策略中運用一種新的溝通方法，以創造更有效的傳播效果。

所謂廣告定位就是在廣告宣傳活動中，企業透過突顯商品以符合消費者需要的特點，確定商品的基本品位及其在競爭中的方位，促使消費者樹立選購該商品的穩固印象。大而全、放諸四海而皆準的廣告宣傳作品，是沒有任何實際意義的。根據企業的產品特點，在廣告作品中製造出符合商品品位形象要求的意境，是廣告策劃的重點。

一般而言，廣告定位有兩種基本策略，即目標市場定位策略、產品資訊定位策略。這些策略的靈活運用，是提高廣告傳播效果的基本保障。

五、市場目標定位

目標市場定位策略就是依據市場細分原則，找出符合產品特性的基本顧客類型，確定自己的目標受眾。目標受眾是廣告資訊的傳播對象。明確廣告宣傳的目標受眾，是廣告策劃的重要內容。任何企業都不可能滿足消費者的全部需要，不可能壟斷整個市場，因此，就需要確定與企業相適應的目標市場。

六、產品資訊定位

產品資訊定位實質上就是明確廣告宣傳中，需要突顯宣傳的商品資訊、品牌資訊和促銷活動資訊。因爲企業產品可能具有多種優勢和特性，包括產品的原料、設計、品質、產地、性能、品種、規格、工藝水準、文化情調、價格、信譽度等，這些方面的內容不可能也沒有必要，在資訊容量有限的一個廣告作品中做詳盡的宣傳，它往往導致宣傳主題的弱化和宣傳效果的降低。這就需要運用產品資訊定位策略，找出符合目標受眾需求，且與其他同類產品相比較而言比較突出的個性資訊，來展開廣告宣傳。可以說，廣告產品能否符合受眾需求是廣告成功與否的關鍵，而產品資訊定位策略則包括實體定位策略和觀念定位策略。

廣告策劃

1. 它是商品經濟高速發展的必然結果。
2. 分為單項廣告策劃和整體廣告策劃。

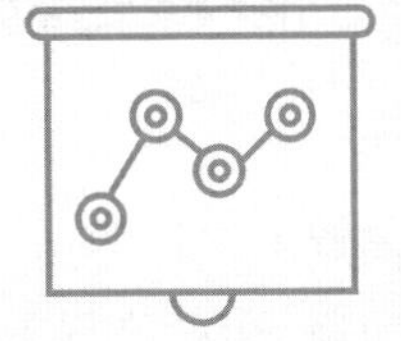

廣告市場調查

內　容	目　的
行銷環境、消費者、產品、企業和競爭對手在廣告宣傳方面的資訊。	為下一步確立廣告目標、制定廣告訴求和表現策略奠定基礎。

廣告定位

定　義	內　容
指在廣告宣傳活動中，企業透過在競爭中的方位，促使受眾樹立選購該商品的穩固印象。	包括目標市場定位策略、產品資訊定位策略。

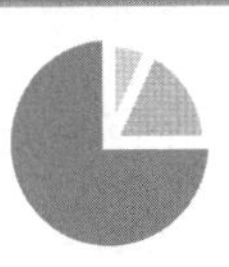

市場目標定位

定　義	目　的
依據市場細分原則，找出符合產品特性的基本顧客類型，確定自己的目標受眾。	確定與企業相適應的目標市場。

產品資訊定位

定　義	內　容
明確廣告宣傳中需要突顯宣傳的商品資訊、品牌資訊和促銷活動資訊。	包括實體定位策略和觀念定位策略。

Unit 7-11 解釋名詞（二）

一、廣告策略

廣告策略是指廣告策劃者在廣告訊息傳播過程中，爲實現廣告戰略目標所採取的對策和應用的方法、手段。

二、廣告攻擊策略

廣告企劃人員評估產品所在的生命週期階段，採取適當的廣告策略，例如：在成熟期，廣告可以採用比較性廣告，此廣告比較有攻擊性，把競爭者不佳的特點突顯出來。

三、廣告防禦策略

在成長期時，採取競爭性廣告就是一種防禦性策略，或是預防攻擊者攻擊自己的產品，優先告訴消費者，公司產品在這個特點上的表現。

四、廣告訴求策略

從本質上講，廣告是一種以說服爲目的的資訊傳播活動，廣告訴求策略也就是廣告的說服策略。廣告能否針對目標消費者進行訴求，廣告訴求能否達到預期的效果，決定著廣告運作的成敗。因此，廣告訴求策略也是廣告策劃的核心策略。訴求問題主要表現爲如何說服受眾的問題。說服受眾包括兩個方面的涵義：受眾正確理解並完全接受資訊。在廣告宣傳中，受眾對於廣告宣傳的資訊內容，在反應上存在以下幾種可能性：一是正確理解並接受了廣告作品所傳達的資訊；二是理解了資訊，但是沒有受資訊的有效影響；三是歪曲性地理解資訊；四是完全沒有注意到廣告的宣傳內容。顯然，後面三種狀況就意味著廣告宣傳的失敗，沒有有效地說服受眾。爲了使受眾在非面對面的情況下正確理解並完全接受廣告宣傳的資訊，廣告人員應該高度重視訴求策略的制定。

五、廣告媒介策略

廣告媒介策略，也稱媒介計畫，是指在廣告活動過程中，對發布廣告的媒介、發布的內容、發布的時機和具體的時間所做出的計畫安排。現代廣告影響受眾的基本途徑是媒介，媒介策略科學與否，直接影響著廣告宣傳活動的成敗。因此，只有根據受眾接觸媒介的習慣、企業的市場目標、廣告定位結論和各種媒介的特性等，選擇和組合好宣傳媒介，確定出廣告媒介策略，才能以有限的廣告費用，獲得比較理想的傳播效益。

六、廣告表現策略

廣告表現是按照廣告的整體策略，爲廣告資訊尋找具有說服力、清楚的表達方式，以及確實傳達內容主題的過程。按照廣告運作的特性，廣告表現可以分爲廣告表現策略的決策和廣告表現實施兩個階段。

七、《廣告策劃書》

《廣告策劃書》是廣告策劃方案的物質載體，指在廣告公司內部作業環節中，將廣告策劃的內容，以統一的格式用文字表述出來的一種文件。撰寫《廣告策劃書》，需要企業廣告部門與廣告公司的通力合作，更需要策劃人員的匠心獨運，做到科學、合理、清晰、具有可操作性，爲展開廣告宣傳活動提供行動指南。由於它是用以指導廣告創意活動的指引性策略，常被稱爲創意簡報（creative brief）。

廣告策略（advertising strategies）

指廣告策劃者在廣告訊息傳播過程中，為實現廣告戰略目標所採取的對策和應用的方法、手段。

廣告攻擊策略

指廣告企劃人員評估產品所在的生命週期階段，採取適當的廣告策略。

廣告防禦策略

在成長期時，採取競爭性廣告就是一種防禦性策略。

廣告訴求策略

亦即廣告的說服策略，也是廣告策劃的核心策略。受眾對於廣告宣傳的資訊內容，有以下四種可能性：

1. 正確理解並接受了廣告作品所傳達的資訊。
2. 理解了資訊，但是沒有受資訊的有效影響。
3. 歪曲性地理解資訊。
4. 完全沒有注意到廣告的宣傳內容。

廣告媒介策略

定義	又稱媒介計畫，是指在廣告活動過程中，對發布廣告的媒介所做出的計畫安排。
特色	以有限的廣告費用，獲得比較理想的傳播效益。

廣告表現策略

定義	指為廣告發布廣告作品內容主題的過程。
內容	分為廣告表現策略的決策和廣告表現實施兩個過程。

《廣告策劃書》

定義	指將廣告策劃的內容，以統一的格式用文字所表述出來的一種文件，故又被稱為創意簡報（creative brief）。
目的	具有可操作性，為展開廣告宣傳活動提供行動指南。

Unit 7-12 企業廣告計畫與商務廣告

一、企業廣告

1. 企業廣告的定義

企業廣告是指以廣告主（企業）的名義，並由其支付一定費用，透過大眾傳播媒體向受眾傳遞商品（勞務）和購買者所能得到的利益的訊息，以期達到促進企業商品（勞務）銷售目的的訊息傳播活動。可簡述爲「廣告即有償的、有目的的訊息傳播活動」。

2. 企業廣告預算

廣告預算是企業廣告計畫對廣告活動費用的匡算，是企業展開廣告活動所需經費的計畫和控制。它規定了在廣告計畫期內從事廣告活動所需的經費總額、使用範圍和使用方法。廣告預算按照廣告宣傳目標和活動方案所需的費用分成若干專案，列出經費清單，準確地預算出單項活動和全年活動的成本，有利於企業統籌安排、事後核對和考查效績。準確編制廣告預算是提高廣告宣傳活動經濟效益和工作水準的重要保證。

廣告預算由預測、規劃、計算、協調等環節組成，大致經過廣告預測調查、確定廣告費的預算規模、廣告預算的分配、制定廣告費用的控制與評價標準、完成廣告預算書並得到認可等程序。

3. 企業廣告提案

廣告提案（presentation）是廣告人員將廣告策劃中的重點內容，運用口頭說明的方式，以相關的視覺媒體爲輔助手法，與廣告主進行交流的一種形式。

廣告策劃結果是用書面方式表達的一種靜態形式，在實際的廣告經營過程中，僅僅完成廣告策劃書，有時還不能夠完全達到廣告主的願望和要求，廣告主往往還要透過召開廣告專門會議的方式，更爲直觀地獲取到廣告人員對本廣告活動的戰略和策略構想，這就需要透過廣告提案的方式，以實現完整良好的理解和溝通。

二、商務廣告

商務廣告直接涉及企業和受眾雙方的利益，爲了提高其商務效用，在策略中要講究藝術性和技巧性。

第一，講究促銷謀略和宣傳謀略的策劃，以最大限度地吸引受眾的注意與好奇，並及時、重複購買企業所宣傳的商品。

第二，開發商品文化，講究文化包裝策略、文化融合策略的運用，提高商務型廣告的文化品位，利用受眾的文化心理機制，培養出受眾對某類商品的好感。

第三，營造銷售氣氛，在銷售場所附近懸掛大量戶外廣告，特別是「POP廣告」，強化受眾的購買慾望。

第四，講究互利互惠。在廣告策劃中，應該設計出互利互惠性的促銷方案，利用利益機制的槓桿作用，吸引消費者。

第五，開展關係行銷，以建立顧客資料庫、顧客俱樂部爲手法，以顧客會員制爲紐帶，完善商家與顧客之間的關係，強化受眾對商品的忠誠度。

第六，運用感性設計手法，根據受眾的消費心理設計、製作出精美的廣告宣傳作品，充分展示商品的美好形象和功能特色，利用受眾的聯想機制和幻覺機制，影響受眾的消費心理。

企業廣告

01 企業廣告的定義

被簡述為「廣告即有償的、有目的的訊息傳播活動」。

02 企業廣告預算

是企業展開廣告活動所需經費的計畫和控制，由預測、規劃、計算、協調等環節組成。

03 企業廣告提案

廣告提案（presentation）是廣告人員將廣告策劃中的重點內容，與廣告主進行交流的一種形式。

商務廣告

1

講究促銷謀略和宣傳謀略的策劃。

2

開發商品文化，講究文化包裝策略。

3

營造銷售氣氛，強化受眾的購買慾望。

4

講究互利互惠，吸引消費者。

5

開展關係行銷，強化受眾對商品的忠誠度。

6

運用感性設計手法，影響受眾的消費心理。

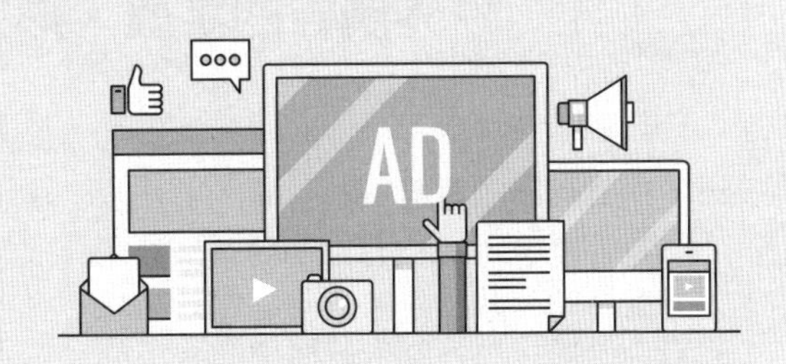

媒體廣告的類型與比較

章節體系架構

Unit 8-1 戶外廣告的定義、形式與優勢

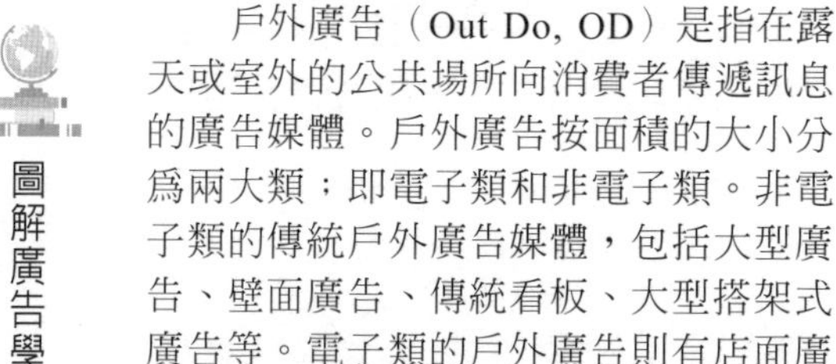

一、戶外廣告的定義

戶外廣告（Out Do, OD）是指在露天或室外的公共場所向消費者傳遞訊息的廣告媒體。戶外廣告按面積的大小分爲兩大類；即電子類和非電子類。非電子類的傳統戶外廣告媒體，包括大型廣告、壁面廣告、傳統看板、大型搭架式廣告等。電子類的戶外廣告則有店面廣告招牌、電視牆、LED看板、Q版（quick board），以及霓虹燈廣告等。

二、戶外廣告的形式

1. **路牌廣告**：路牌廣告的特點是設立在鬧市地段，地段愈好，行人也就愈多，因而廣告所產生的效應也愈強。因此路牌的特定環境是馬路，其對象是在動態中的行人，所以路牌畫面多以圖文的形式出現，畫面醒目，文字精煉，使人一看就懂，具有印象捕捉快的視覺效應。
2. **霓虹燈廣告**：霓虹燈的媒體特點是利用新科技、新手法、新材料，在表現形式上以光、色彩、動態等特點來吸引觀眾的注意，進而提高訊息的接受率。霓虹燈廣告一般都設置在城市的至高點、大樓屋頂和商店門面等醒目的位置上。它不僅白天產生路牌廣告、招牌廣告的作用，夜間更以其鮮豔奪目的色彩，點綴城市夜景的作用。
3. **公共交通類廣告**：公共交通類廣告，如車、船廣告是戶外廣告中用得比較多的一種媒體，公共交通車輛往返於市中心的主要街道，在車輛兩側或車頭、車尾上做廣告，覆蓋面廣，廣告效應尤其強烈。
4. **燈箱廣告**：燈箱廣告、燈柱廣告、塔柱廣告、街頭立鐘廣告和候車亭廣告的媒體特徵，都是利用燈光把燈片、貼紙、柔性材料照亮，形成單面、雙面、三面或四面的燈光廣告。
5. **戶外移動LED傳媒車**：此一媒體形式突破戶外傳統高速公路廣告、定點戶外LED電視牆的限制，能夠行動宣傳，指定目標對象。此媒體主要由LED螢幕、電腦控制系統、移行動底盤、電視接收系統組合而成。
6. **其他戶外廣告**：其他戶外廣告如充氣實物廣告、旗幟廣告、飛行船廣告、地面廣告等。

戶外廣告是一個很大的概念，不同的戶外媒體，有不同的表現風格和特點，應該創造性地加以利用，整合各種媒體的優勢。

三、戶外廣告的優勢

1. **成本低**：比起昂貴的電視廣告、雜誌廣告等其他媒體，戶外廣告可謂物超所值。
2. **視覺衝擊力**：一塊設立在黃金地段的巨型廣告牌，或處處碰面的候車亭，是任何想建立持久品牌形象的公司的必爭之物。很多知名的戶外廣告牌，或許因爲它的持久和突出，成了這個地區遠近馳名的標誌，人們或許對這街道樓宇都視而不見，而唯獨這些林立的巨型廣告牌卻是令人久久難以忘懷。
3. **全時段**：許多戶外媒體是持久、全天候發布的。它們每天24小時、每週7天地佇立在那兒，傳播時間最充分。隨著人們的戶外活動日益增加，接受更多的是戶外廣告的宣傳影響，戶外廣告的曝光率也大大增加。

戶外廣告的定義與分類

定 義

戶外廣告（Out Do, OD）是指在露天或室外的公共場所向消費者傳遞訊息的廣告媒體。

分 類

1. **電子類的戶外廣告**：店面廣告招牌、電視牆、LED看版、Q版（quick board），以及霓虹燈廣告等。

2. **非電子類**：傳統戶外廣告媒體，包括大型廣告、壁面廣告、傳統看板、大型搭架式廣告等。

戶外廣告的形式

1. 路牌廣告

路牌廣告的特點是設立在鬧市地段。

2. 霓虹燈廣告

霓虹燈的媒體特點是利用新科技、新手法、新材料。

3. 公共交通類廣告

公共交通類廣告，如車、船廣告。

4. 燈箱廣告

燈箱廣告媒體特徵都是利用燈光。

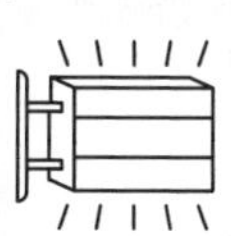

5. 戶外行動LED傳媒車

此一媒體形式能夠移動宣傳，指定受眾。

6. 其他戶外廣告

如充氣實物廣告、旗幟廣告等。

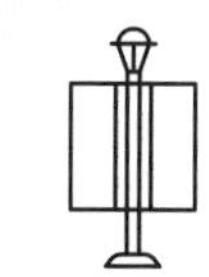

戶外廣告的優勢

成本低

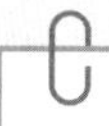

視覺衝擊力

全時段

Unit 8-2 交通工具廣告與郵寄廣告

一、交通工具廣告

1. 交通工具廣告的定義

交通工具廣告指利用交通工具，如汽車、火車、飛機、輪船、公車等交通工具及旅客候車、候機、候船等地點進行廣告宣傳，旅客量大面廣，宣傳效果也很好，交通廣告由於是交通工業的副產品，因此，費用比較低廉。

2. 交通廣告的特點

與戶外廣告類似，包括：⑴交通工具外部媒介：如公車和地鐵的車身。⑵交通工具內部媒介：如車載電視、內部車體、電子顯示牌、拉手、椅背等。⑶交通工具站點媒介：如候車亭、車站牆體、燈箱、電視牆、座椅等。⑷交通工具車票媒介：如火車票、公車票、地鐵車票、飛機票等。⑸交通路線媒介：如高速公路旁的大型路牌、鐵路沿線的牆體，以及台北捷運乘客等候區面對隧道所掛的廣告等。

二、郵寄廣告的定義

郵寄廣告（direct mail advertising, DM）指以特定的組織（人物）爲訴求對象，把推銷信、明信片、傳單、產品目錄等透過郵寄的途徑傳遞出去，如學校常收到各種訂書單。

三、郵寄廣告的形式

1. 按內容和形式分

⑴ 優惠券：當展開促銷活動時，爲吸引廣大消費者參加而附有優惠條件和措施的優惠券。

⑵ 樣品目錄：零售企業可將經營的各類商品的樣品、照片、商標、內容詳盡地進行介紹。

⑶ 單張海報：企業精心設計和印製的宣傳企業形象、商品、勞務等內容的單張海報。

2. 按傳遞方式分

⑴ 報刊夾頁：與報社、雜誌編輯或當地郵局合作，將企業廣告作爲報刊的夾頁隨報刊投遞到讀者手中。這種方式現在已爲不少企業所應用。

⑵ 根據顧客名錄信件寄送：多適用於大宗商品買賣。如從廠商到零售商，或從批發商到零售商。

⑶ 僱傭人員派送：企業僱用人員，按要求直接向潛在的目標顧客本人或其住宅、單位派送DM廣告。

3. 郵寄廣告的優點

⑴ DM不同於其他傳統廣告媒體，它可以有針對性地選擇目標對象，有的放矢，減少浪費。

⑵ DM是對事先選定的對象直接實施廣告，廣告接受者容易產生其他傳統媒體無法比擬的優越感，使其更自主關注產品。

⑶ 一對一地直接發送，可以減少訊息傳遞過程中的客觀揮發，使廣告效果達到最大化。

⑷ 不會引起同類產品的直接競爭，有利於中小型企業避開與大企業的正面交鋒，潛心發展壯大企業。

⑸ 可以自主選擇廣告時間、區域，靈活性大，更加適應善變的市場。

⑹ 可以盡情讚譽商品，讓消費者全方位了解產品。

⑺ 內容自由，形式不拘，有利於第一時間抓住消費者的注意力。

⑻ 訊息反饋及時、直接，有利於買賣雙方雙向溝通。

⑼ 廣告主可以根據市場的變化，隨行就市，對廣告活動進行調控。

⑽ 擺脫中間商的控制，買賣雙方皆大歡喜。

⑾ DM廣告效果客觀可測，廣告主可根據這個效果重新調配廣告費和調整廣告計畫。

交通工具廣告

定 義

交通工具廣告（transit advertising）指利用交通工具，如汽車、火車、飛機、輪船、公車等地點進行廣告宣傳。

交通廣告的特點

- 01 交通工具外部媒介
- 02 交通工具內部媒介
- 03 交通工具站點媒介
- 04 交通工具車票媒介
- 05 交通路線媒介

郵寄廣告的定義

郵寄廣告（direct mail advertising, DM）指以特定人物或組織為對象，把宣傳物品郵寄出去。

郵寄廣告的形式

按內容和形式分

- 優惠券
- 樣品目錄
- 單張海報

按傳遞方式分

❶ 報刊夾頁
❷ 根據顧客名錄信件寄送
❸ 僱傭人員派送

郵寄廣告的優點

1. 減少浪費
2. 使接受者更自主關注產品
3. 使廣告效果達到最大化
4. 有利於壯大企業
5. 靈活性大
6. 可以盡情讚譽商品
7. 內容自由
8. 訊息反饋及時
9. 廣告主可對廣告活動進行調控
10. 擺脫中間商的控制
11. DM廣告效果客觀可測

Unit 8-3 POP店頭廣告的定義、種類與功能

一、POP店頭廣告的定義

所謂店頭廣告（point of purchase advertising, POP），又稱爲購買時點廣告、店面廣告售賣場所廣告（in-store advertising），泛指商店賣場空間內、外的各種廣告陳列物，其目的是希望消費者在賣場內決定購買的關鍵時刻，做最後一次的提醒工作，鼓勵消費者即時購買。POP店頭廣告的概念有廣義的和狹義的兩種：廣義的POP店頭廣告的概念，指凡是在商業空間、購買場所、零售商店的周圍、內部，以及在商品陳設的地方所設置的廣告物，都屬於POP店頭廣告。例如：商店的牌匾、店面的裝潢和櫥窗，店外懸掛的充氣廣告、條幅，商店內部的裝飾、陳設、招貼廣告、服務指示，店內發放的廣告刊物，進行的廣告表演，以及廣播、錄像電子廣告牌廣告等。狹義的POP店頭廣告概念，僅指在購買場所和零售店內部設置的展銷專櫃，以及在商品周圍懸掛、擺放與陳設的可以促進商品銷售的廣告媒體。

二、POP店頭廣告的種類

POP店頭廣告的種類很多，各有其目的和特色，以下是常見的種類：

1. **店面招牌POP廣告**：綜觀商店或賣場的招牌、看板、旗幟（banner），以及櫥窗設計等。
2. **懸掛式POP廣告**：利用線、繩索或鐵絲，由天花板垂吊或由四周牆壁懸掛，如吊燈、小海報、小布條（pennant）、樣品包裝、氣球等任何賣場內外之懸掛物。
3. **豎立式POP廣告**：常見的有攝影器材店門前的美女模型、速食店門外的立體人物模型等，若大小尺寸適當，則可產生逼眞的效果。
4. **展示陳列式POP廣告**：根據其展示物（display）及展示方式，又可分爲：⑴收銀台展示物（counter display）：將商品或展示物直接放在收銀台附近，爭取消費者結帳時的注意力。⑵試用品展示架（tester display）：讓消費者當場試吃體驗。⑶貨價張貼說明卡（shelf display）：貼附在貨價前或邊緣，具有即時傳遞產品訊息功能。⑷端架空間展示（gondona display）：端架空間只店內陳列貨架兩末端的陳列空間，由於其接近主要動線，此位置比較吸引消費者的目光。
5. **其他POP廣告**：其他POP廣告物還包括插畫式壁面POP、樓面或特賣指示牌、電腦字幕、電動展示台、特賣花車（wagon）、購物車（grocery cart）廣告、地板貼紙廣告、互動式資訊站（kiosk）、包裝展示物（prepack display）、傳單（flyer），甚至利用人身模特兒的活動POP等。

三、POP廣告特性

有效的POP廣告，能激發顧客的隨機購買（或稱衝動購買），也能有效地促使計畫性購買的顧客果斷決策，實現即時即地的購買。POP廣告對消費者、零售商、廠商都有重要的促銷作用。POP廣告是在一般廣告形式的基礎上所發展的一種新型的商業廣告形式。與一般的廣告相比，其特點主要表現在廣告展示和陳列的方式、地點和時間等方面。

POP店頭廣告的定義

店頭廣告（point of purchase advertising, POP），又稱為購買時點廣告、店面廣告售賣場所廣告（in-store advertising），泛指商店賣場空間內、外的各種廣告陳列物。

廣義：指凡是在商業空間、購買場所、零售商店的周圍、內部，以及在商品陳設的地方所設置的廣告物。

狹義：僅指在購買場所和零售店內部設置的展銷專櫃，以及在商品周圍懸掛、擺放與陳設的可以促進商品銷售的廣告媒體。

POP店頭廣告的種類

1. 店面招牌POP廣告
2. 懸掛式POP廣告
3. 豎立式POP廣告
4. 展示陳列式POP廣告

   根據其展示物（display）及展示方式又可分為：⑴收銀台展示物（counter display）⑵試用品展示架（tester display）⑶貨價張貼說明卡（shelf display）⑷端架空間展示（gondona display）。

5. 其他POP廣告

   如購物車（grocery cart）廣告等。

POP廣告特性

能激發顧客的隨機購買

能有效地實現即時即地的購買

Unit 8-4 平面與電子媒介廣告的類型與特點

一、平面廣告媒介的類型與特點

1. 報紙廣告媒介

第一張近代報紙出現於17世紀初的德國，主要是由於1445年，德國人古登堡發明了金屬活字印刷術。

報紙的種類非常多，按照發行時間的不同，可以分為日報、午報、晚報、週報等；按照發行地域的不同，可以分為地方性報紙、全國性報紙及世界性報紙；按照資訊內容的不同，可以分為綜合類報紙、經濟類報紙、文化娛樂類報紙，以及按產業分類的報紙；按照發行對象年齡的不同，可以分為少年報、青年報、老年報等；按照讀者社會階層的不同，可以分為藍領報紙、白領報紙、文化知識層報紙等；按照報紙性質的不同，可分為政黨報紙和非政黨報紙等。

報紙是歷史最悠久的傳統資訊載體，它承載的是靜態的文字和圖片資訊。報紙發展到一定階段，就開始扮演廣告媒體的角色。1625年，《英國信史報》刊登了一則圖書出版的廣告，被人們認為是最早的報紙廣告。

2. 雜誌廣告媒介

雜誌又稱期刊，是一種有固定刊名，以固定或相對固定的時間週期連續編號且成冊出版的平面印刷讀物。「雜誌」一詞的英文為「Magazine」，源於阿拉伯文的「Makhaan」，意思是「倉庫」或「軍用品供應庫」。關於「Magazine」的中文翻譯，最早為「統記傳」，意思是無所不記，廣為流傳。

二、電子廣告媒介的類型與特點

1. 廣播廣告媒介的類型與特點

廣播產生於20世紀初，電視產生於20世紀中期。電視未興起之前，廣播經歷過一段輝煌的發展。20世紀80年代初，人們獲取新聞的主要管道依次是廣播、報紙和電視。到了20世紀90年代，電視才興盛起來，人們獲取新聞的主要管道也變為電視、報紙和廣播。從中我們也可以看出，廣播正在經歷和面臨著嚴峻的挑戰。主要是年輕聽眾不斷地在流失當中。

2. 電視廣告媒介的類型與特點

人們常說的「耳聽為虛，眼見為實」以及「百聞不如一見」等，都說明了視覺的重要性。科學研究證明，在接收資訊和處理資訊方面，人類的視覺中樞比聽覺中樞快500倍；在資訊保留方面，視覺中樞比聽覺中樞的資訊保留率要高3倍，形象記憶明顯高於抽象記憶。人腦的四分之三是為視覺服務的，人們從10歲開始，視覺就成為其探索和理解世界的主要感官。科學研究還證明，人類的資訊有1%是來自味覺，5%來自嗅覺和觸覺，11%來自聽覺，83%來自視覺。因此，隨著人類傳播歷史進程的不斷邁進，訴諸視覺的媒介——電視出現了。雖然網路新興媒體興起，但是電視媒體仍然是一般民眾主要接受資訊來源。電視普及率高，每人每日的平均收視時間為2.55小時。但是其播出成本高，尤其黃金時段的廣告費價格高，對中小企業來說，無法負擔。此外，新的錄影技術則可讓觀眾在收看節目時，可將節目快轉跳過廣告部分。

平面廣告媒介的類型與特點

報紙廣告媒介

歷史

1. 第一張近代報紙出現於17世紀初的德國。
2. 1625年，《英國信史報》刊登了一則圖書出版的廣告，被人們認為是最早的報紙廣告。

種類

1. **按發行時間分**：日報、午報、晚報、週報等。
2. **按發行地域分**：地方性報紙、全國性報紙及世界性報紙。
3. **按資訊內容分**：綜合類報紙、經濟類報紙、文化娛樂類報紙。
4. **按年齡的不同分**：少年報、青年報、老年報等。
5. **按讀者社會階層分**：藍領報紙、白領報紙、文化知識層報紙等。
6. **按報紙性質分**：政黨報紙和非政黨報紙等。

雜誌廣告媒介

1. **英文**：「Magazine」，源於阿拉伯文的「Makhaan」，意思是「倉庫」或「軍用品供應庫」。
2. **中文**：關於「Magazine」的中文翻譯「雜誌」，最早為「統記傳」，意思是無所不記，廣為流傳。
3. **現況**：又稱期刊，是一種有固定刊名，且成冊出版的平面印刷讀物。

電子廣告媒介的類型與特點

廣播廣告媒介的類型與特點

1. **產生**：廣播產生於20世紀初。
2. **發展**：20世紀80年代初，人們獲取新聞的主要管道。
3. **競爭**：到了20世紀90年代，電視才興盛起來，
4. **挑戰**：年輕聽眾不斷地在流失當中。

電視廣告媒介的類型與特點

1. 人們常說「百聞不如一見」。
2. 人類的視覺中樞比聽覺中樞快500倍。
3. 在資訊保留方面，視覺中樞比聽覺要高3倍。
4. 人腦的四分之三是為視覺服務的。
5. 人類的資訊有83%來自視覺。
6. 電視媒體仍然是一般民眾主要接受資訊來源。
7. 電視普及率高，每人每日的平均收視時間為2.55小時。

Unit 8-5 廣播電視媒體廣告

一、廣播媒體廣告

電台廣播，又稱無線電廣播（radio broadcasting）、聲音廣播或收音機廣播，是以無線電波單向傳遞聲音資訊的方式，一般是以高頻廣播，透過大氣電波發送廣播頻率後，聽眾透過收音機來接收。其基本設施為廣播電台，簡稱為「電台」。

1. 廣播媒體廣告類型依播出情形分

(1) 廣播電台類型：①全國電台、②區域電台。
(2) 廣播電台屬性：①類型電台：音樂／新聞／綜合；②功能性電台：交通／政令。
(3) 廣告類型：①節目廣告、②時段廣告、③插播廣告

2. 廣播廣告的優點

(1) 不受教育程度限制。
(2) 涵蓋地區廣，不受時間、地點限制。
(3) 製作費用較低且易控制。
(4) 廣告費用較低。
(5) 只有聲音，想像空間無限。
(6) 可鎖定區域與聽眾群。

3. 廣播廣告的缺點

(1) 收聽有習慣性。
(2) 收聽人口有限。
(3) 訊息受限於秒數。
(4) 屬於附屬媒體：邊聽邊做其他事，記憶度較低。
(5) 只有聲音，創意變化受限。
(6) 隨著大眾運輸與行動媒體普及，重要性漸漸式微。

二、電視媒體廣告

電視廣播，又稱無線電視廣播（television broadcasting），使用無線電訊號作為傳播載體進行訊息交流、訊息傳播。此外，製作電視播出內容的設施，亦稱為電視台。電視被世人公認為是20世紀的重要發明之一，至今仍是十分普遍的訊息傳播工具。

1. 電視媒體廣告類型依播出情形分

(1) 節目廣告：由廣告主提供節目，負擔該節目之製作費用及媒體費用。如以前的「五燈獎」（田邊製藥）。
(2) 插播廣告：不限廣告主，可分節目間廣告及節目內廣告。
(3) 置入廣告：2012年底開放置入行銷與冠名贊助（中天《SS小燕之夜》更名為《Kanebo小燕之夜》，敲響了台灣綜藝節目冠名的第一鐘聲）。

2. 電視媒體廣告的優點

(1) 涵蓋範圍廣：電視普及率高，每人每日的平均收視時間為2.55小時。
(2) 最早說服的媒體：將廣告產品的包裝、特色和使用方式，精準地呈現在觀眾眼前。
(3) 接觸率廣：能將訊息快速且有效地傳達給社會各階層。
(4) 相對低成本：雖然廣告製作費與廣告時段費用是較昂貴的，但由於電視收視觀眾人數眾多，因此，每千人成本相對是較低的。
(5) 衝擊性：結合聲音效果與動作畫面，創造視覺衝擊。

3. 電視媒體廣告的缺點

(1) 較難安排最適合的時段播放。
(2) 不同類型廣告穿插其間，降低廣告記憶度。
(3) 製作成本高：廣告製作成本高。
(4) 播出成本高：黃金時段的廣告費價格高，對中小企業來說無法負擔。
(5) 擁擠的播出環境：同一廣告時段還有其他廣告播出，而這些訊息都希望能被觀眾注意到，觀眾有時會將訊息混淆或覺得廣告惱人。
(6) 轉台或快轉：觀眾是要看電視節目，因此，在廣告播出時可能會用遙控器轉台；新的錄影技術則可讓觀眾在收看節目時，可將節目快轉跳過廣告部分。

廣播媒體廣告

廣播媒體（radio broadcasting）廣告類型依播出情形分

廣播電台類型

1. 全國電台
2. 區域電台

廣播電台屬性

1. 類型電台：音樂／新聞／綜合
2. 功能性電台：交通／政令

廣告類型

1. 節目廣告
2. 時段廣告
3. 插播廣告

廣播廣告的優、缺點

優點

1. 不受教育程度限制。
2. 涵蓋地區廣，不受時間、地點限制。
3. 製作費用較低且易控制。
4. 廣告費用較低。
5. 只有聲音，想像空間無限。
6. 可鎖定區域與聽眾群。

缺點

1. 收聽有習慣性。
2. 收聽人口有限。
3. 訊息受限於秒數。
4. 邊聽邊做其他事，記憶度較低。
5. 只有聲音，創意變化受限。
6. 隨著大眾運輸與行動媒體普及，重要性漸漸式微。

電視媒體廣告的優缺點

優　點

1. 涵蓋範圍廣
2. 最早說服的媒體
3. 接觸率廣
4. 相對低成本
5. 有衝擊性

缺　點

1. 較難安排最適合的時段播放
2. 降低廣告記憶度
3. 製作成本高
4. 播出成本高
5. 擁擠的播出環境
6. 轉台或快轉

Unit 8-6 行動廣告的定義與類型

一、行動廣告的定義

行動廣告是屬於行動商務中，「行動資訊服務」的一種。由於手機具備「即時」、「互動」的特性，隨著電信技術的發展，手機可以運用的傳播形式藉由生動多元的方式強調品牌形象，說明廣告客戶達成行銷目的。

二、行動廣告的類型

在手機廣告類型上，資策會依據廣告的顯現形式和應用層面，將手機廣告分為以下種類：

1. **文字簡訊型廣告（short message services, SMS）**：以文字呈現的廣告形式，是目前最常用的表現形式，也會是未來幾年手機廣告呈現的大宗。SMS利用簡訊將想要傳達的訊息轉化為文字內容，以吸引消費者的注意。消費者可以使用行動電話來接收訊息，較電子郵件更加方便與快速。
2. **行動定位服務（location-based service, LBS）**：也稱為「適地性簡訊廣播服務」。企業主可以劃定區域、制定時段，只要手機用戶在制定時段內進入該區域，就會立即收到企業主的行動簡訊。運用範圍如尋人、城市導覽或餐廳旅館的預約、廣告訊息的發送等，應用專案非常多元。
3. **多媒體影音／圖像型廣告多媒體簡訊（multimedia message service, MMS）**：以圖像（如banner／icon等）、動畫、語音等方式出現的廣告。而安插廣告的時機點則包括：廣告歌曲變成來電答鈴、廣告主畫面變成手機桌面供消費者下載、Flash廣告出現在手機所登錄的網站上，在手機遊戲中置入廣告的模式，抑或伴隨手機電視節目出現的廣告等。
4. **關鍵字搜尋廣告**：伴隨著手機搜尋結果所出現的關鍵字，這是Google和Yahoo！等知名的搜尋引擎大廠所主推的廣告形式。
5. **行動條碼（Quick Response Code; QR Code）**：這是在日本運用已相當廣泛的國際二維條碼標準。只要利用照相手機內建的讀碼軟體，對準電腦、報紙、平面雜誌、產品包裝或海報上的QR Code一拍，就可以立即把資訊內容轉化為文字，或是連結到企業主的網址進行內容下載。
   目前可以使用手機直接繳交停車費、帳單、訂電影票、看新聞、買東西、下載各種數位內容等。像農委會所推廣的生產履歷機制，消費者只要拍下生鮮產品的QR碼標誌，經過解碼後，就可以看到生鮮產品的生產資訊了。
6. **雙向互動廣告**：以上的廣告形式多為Push模式，即由廠商主動發布廣告訊息給訊息接收者。然而在強調消費者自主的時代裡，Pull模式的廣告也變得愈來愈重要，由於手機具備一對一與即時的特性，廠商可以藉由掌握使用者基本資料及追蹤其使用行為，分析出使用者的個人偏好和習性，問題是，消費者未必願意受到廣告的騷擾，此外，這也會牽涉到企業在用戶不知情或未經同意的情況下，盜用私人資料或侵犯隱私權的問題。因此，Pull模式的精神就在於必須使用者事前同意收到廣告和選擇什麼樣的廣告，才會收到廠商發送的特定廣告。

廣播媒體廣告

定　義

1. 屬於行動商務中「行動資訊服務」的一種。
2. 具備「即時」、「互動」的特性，藉由生動多元的方式強調品牌形象。

類　型

01 文字簡訊型廣告（short message services, SMS）

目前最常用的表現形式。

02 行動定位服務（location-based service, LBS）

又稱為「適地性簡訊廣播服務」。

03 多媒體影音／圖像型廣告多媒體簡訊（multimedia message service, MMS）

以圖像（如banner／icon等）、動畫、語音等方式出現的廣告。

04 關鍵字搜尋廣告

世界知名的搜尋引擎大廠所主推的廣告形式。

05 行動條碼（Quick Response Code; QR Code）

日本運用相當廣泛的國際二維條碼標準。

06 雙向互動廣告

Pull模式的廣告也變得愈來愈重要。

Unit 8-7 行動通訊媒體廣告與數位廣告媒介特色

一、行動通訊媒體的廣告特性

所謂行動通訊媒體是指行動電話、數位電視、衛星導航、掌上型電腦（PDA）等各種擁有行動通訊技術的行動媒體。行動通訊媒體的重要性與日俱增，已經成爲廣告傳播不可忽視的媒體考量，也讓廣告傳播的媒體運用更加多元。因爲行動裝置是屬於個人的物品，運用的原則在於掌握消費者特性，精準傳播以提升廣告效益。其主要特性包括：

1. 個人化服務

行動通訊媒體是相當個人化的物品，意味著廣告訊息有機會更精確地與消費者進行溝通。因此爲了增加消費者選擇並接收廣告資訊的機會，廣告的運用亦隨之更加個人化。

2. 即時互動的特性

行動通訊媒體廣告除了主動提供商品諮詢外，消費者會即時主動點選或資訊搜尋，以便投放廣告的服務機制，行銷人員更可以在行動通訊媒體上做立即的回應，提供建議以協助解決購物問題。

3. 傳播不受時空限制

行動通訊媒體即強調其行動特性，人們可以不受時空限制接收資訊。因此，廣告傳播可以在選定的範圍與時間點進行。例如：運用行動電話傳送電影的上映資訊；行經商場時，行動電話立即接收到商品的優惠資訊。

4. 訊息形式選擇性高

不同行動通訊裝置的功能，亦讓廣告有不同的傳播形式。以行動電話爲例，從單純文字的簡訊（short message service, SMS）到多媒體訊息（multimedia message service, MMS）的功能，甚至具有無線上網、收看數位電視節目等功能。相較於其他媒體，在訊息表現的形式選擇性高之外，也較具有彈性。

二、數位廣告媒介的類型與特點

數位廣告媒介以網路廣告媒介爲代表。

最先提出電腦網路需求，並且實施電腦網路開發的是美國軍方。20世紀90年代初，網路技術的發展在世界範圍內進入全盛時期。網路具有交互性、開放性、弱控制性等特性，在社會的各個方面都發揮了巨大的作用。網路作爲一種新興的廣告媒介，是一種訴諸多感官的媒介，它將影片、音訊、文字、圖片等傳播元素融爲一體，形象直觀，視聽合一，表現靈動。

1994年，美國的《線上》雜誌推出了網路版Hotwired，其主頁上開始出現網幅廣告，這是網路廣告史上的第一個里程碑。這一時期，網路廣告的技術還不成熟，用戶少，主要集中在IT行業。之後幾年，網路行業整體飛速發展，網路廣告也逐步發展起來。這一時期，網路廣告的技術還不穩定，時起時落。

網路廣告的要素包括廣告主、廣告訊息、廣告媒體、廣告受眾、廣告效果。網路廣告具有互動性、廣泛性、針對性、多樣性、便捷性、整合性、經濟性等，尤其經濟性，網路廣告效果評估依靠技術手法，與傳統廣告評估相比，耗費的人力、物力少，故成本較低，這也是網路廣告效果評估的最大優勢。其缺點是廣告效果較爲模糊，供需很難平衡，專業人才缺乏，網路本身存在限制。

行動通訊媒體的廣告特性

個人化服務

即時互動的特性

傳播不受時空限制

訊息形式選擇性高

數位廣告媒介的類型與特點

01 以網路廣告媒介為代表。

02 最先提出電腦網路需求。

03 20世紀90年代初進入全盛時期。

04 網路具有交互性、開放性、弱控制性等特性。

05 是一種訴諸多感官的媒介，表現靈動。

06 1994年，網路版Hotwired其主頁上出現網幅廣告，是網路廣告史上的第一個里程碑。

07 網路廣告的要素，包括廣告主、廣告訊息、廣告媒體、廣告受眾、廣告效果。

08 網路廣告具有互動性、廣泛性、針對性、多樣性、便捷性、整合性、經濟性等，尤其是經濟性。

09 效果評估成本較低，是最大優勢。

10 缺點是廣告效果較為模糊。

Unit 8-8 媒體研究所涵蓋的範圍

在進行媒體企劃前，資料的蒐集、分析與研究是必備的基本步驟，而其範圍則涵蓋了有關整體環境、客戶資訊、競爭廣告、媒體特性，以及消費者媒體使用習慣等相關領域，以下將分別介紹：

一、整體環境

景氣的循環、政治社會環境的安定與否等環境因素，對企劃的經營會造成某種程度的影響，間接地也影響到企劃對廣告活動投資的意願。

二、客戶資訊

廣告可以提供給媒體企劃人員的資料包括：

1. 現有顧客的人口統計資料。
2. 先前進行的推廣活動、執行的情況，所碰到的問題和效果表現。
3. 本次傳播計畫的目的。
4. 所要使用的媒體。
5. 媒體預算費用。

三、市場與競爭研究

在進行媒體企劃之前，必須蒐集市場上的行銷資料，例如：市場規模、競爭者廣告投資量等相關數據。就市場面的研究而言，第一是有關各產品類別與品牌的成長狀況。第二，各產品類別的消費者是誰？他們又是如何使用產品的呢？第三，你的產品提供給顧客的利益是什麼？他們爲什麼會購買？

其次，在安排媒體的排期決策時，媒體企劃人員對同一產品市場競爭對手的廣告活動，除了廣告費用的支出，所選擇的媒體類型、媒體排期型態的安排，以及更進一步有關媒體工具、媒體廣告購買單位等要項的分析外，競爭品牌的總收視率（GRPs）、接觸率、接觸頻次的分析，也是必須要進行的工作。

再來就是廣告聲量占有率（SOV）的分析與掌握，了解自己品牌與競爭對手的SOV，可協助企業判斷自己的廣告聲量投資是否適當，而且不會被競爭對手的廣告聲量所淹沒。

此外，市占率（share of market, SOM）亦是另一個不容忽視的資訊，透過SOV／SOM的比較分析，可協助企業決定對品牌的廣告投資量。

四、媒體特性

各媒體的特性不同，在選擇上可分別從成本與媒體的特性來考量。

首先，就媒體成本而言，各媒體（如電視台、報社）都會提供有關廣告牌價的資訊，其中包括各時段或版面的價格及相關的閱聽眾或讀者輪廓的資訊。除此之外，在電視、廣播媒體部分也可以參考收視率／收聽率調查公司所做的收視／收聽數據資料，以了解各節目的收視、收聽狀況，報紙部分則可參考發行量與閱讀率的數據。其次，就媒體特性而言，除了成本因素之外，媒體的特性對廣告效果的達成也有重要的影響。最後，媒體市場本身的變化，也是在進行背景資料蒐集時要加以了解的。

五、消費者媒體使用習慣

每一類媒體的閱聽眾輪廓都是不同的，此一部分即在了解各種媒體的閱聽者輪廓與產品目標對象相似的程度。在進行媒體企劃時，媒體規劃人員會針對產品與過去的投資狀況進行分析，然後再就產品現有的狀況，爲產品規劃媒體目標和策略，並針對目標族群的媒體使用習慣來做建議。

整體環境

景氣的循環、政治社會環境的安定與否，影響到企劃對廣告活動投資的意願。

客戶資訊

廣告可以提供給媒體企劃人員的資料包括：

1. 現有顧客的人口統計資料。
2. 推廣活動績效表現。
3. 本次傳播計畫的目的。
4. 所要使用的媒體。
5. 媒體預算費用。

市場與競爭研究

1. **有關各產品類別與品牌的成長狀況**
   (1) 各產品類別的消費者是誰？
   (2) 他們為什麼會購買？
2. **媒體排期型態的安排**
   (1) 媒體工具、媒體廣告購買單位的分析
   (2) 競爭品牌的總收視率（GRPs）、接觸率、接觸頻次的分析
3. **廣告聲量占有率（SOV）的分析與掌握。**
4. **市占率（share of market , SOM）決定對品牌的廣告投資量。**

媒體特性

本次傳播計畫的目的：

各媒體都會提供有關廣告牌價的資訊。

就媒體特性而言：

對廣告效果的達成也有重要的影響。

媒體市場本身的變化：

在進行背景資料蒐集時要加以了解。

消費者媒體使用習慣

每一類媒體的閱聽眾輪廓都不同。

進行媒體企劃時：

1. 針對產品與過去的投資狀況進行分析。
2. 為產品規劃媒體目標和策略。
3. 針對目標族群的媒體使用習慣做建議。

Unit 8-9 進行媒體組合的理由與媒體排期型態

一、媒體組合的定義

經過情境分析、目標閱聽眾選擇、媒體目標訂定，以及媒體策略規劃等各個階段之後，接下來則是要透過媒體組合（media mix）的選擇與運用，將媒體策略加以具體呈現，其中主要涉及到要使用哪些媒體、使用的時間點、地點及使用的次數等。

二、進行的理由

1. 透過媒體組合的規劃，各類媒體可接觸到目標閱聽眾中不同的對象。例如：在家庭購買決策中，父母、子女分別在不同階段扮演不同角色，透過媒體組合，可以運用各種不同媒體與各目標閱聽眾接觸。
2. 在第一種媒體得到最佳到達率後，利用較便宜的第二種媒體來提供額外的重複露出。
3. 運用媒體本身所具有的特性來使廣告創意能更有效地發揮，例如：善用印刷媒體的長文案。

值得注意的是，媒體組合的概念並不侷限於跨媒體類型的組合，亦即，並沒有要求一定得在媒體計畫彙總同時，使用電視、廣播、報紙等各種不同的媒體類型，才能夠稱得上是媒體組合。即使只使用電視單一媒體，也可以有組合的規劃，例如：將不同比重的預算分別安排在晚上黃金時段、傍晚，以及白天的時段，也算是一種媒體組合。

三、媒體排期定義和型態

1. 定義：媒體排期策略的實質是決定何時發布廣告和以何種方式來發布廣告。何時發布廣告包括了廣告要在何時開始投放，以及該廣告投放要延續多長時間結束；以何種方式來投放廣告就涉及到媒體術語持續性（continuity），即廣告是採用何種持續性來發布的。

2. 型態：根據排期的持續性來分類，媒體排期主要有三種形式：連續型、間隔型和脈動型。

(1) **連續型（continuing）的媒體排期型態：**連續型的媒體排期是指在廣告活動的每一階段，都投入大約相等數量的媒體預算的排期方式。比如一個廣告活動分成四個階段，在每一個階段都平均投入媒體預算的25%。

(2) **間隔型（flighting）的媒體排期型態：**間隔型（Moriarty et al., 2009）是指在廣告活動期間，廣告採間接性露出的模式。當一個廣告活動持續的時間較長，可考慮使用這種排期的方式，如此可避免廣告排期被稀釋。另外，這種方式對需求隨季節性而有變動的產品，例如：感冒藥，也是一個可考慮的選擇。運用此一方式時，必須注意廣告出現時期所產生的效果，足夠讓消費者記住廣告的產品，並能延續到下一次廣告出現之時。

(3) **脈動型（pulsing）的媒體排期型態：**脈動型是持續型與間隔型的綜合版。某些商品可能是全年銷售的，但在一年的某些時期，也會出現高低起伏的銷售變動。為了因應這樣的銷售變化，媒體排期上就會在持續露出的前提下，有些時間給予較多的露出，有些時間則給予較少的露出。這種媒體安排的方式嘗試在購買週期出現前，加強廣告曝光，然後暫時減少廣告量（但仍會維持一定水準的廣告聲量），直到下一次的購買週期出現時，再加強曝光。

媒體組合（media mix）的定義

1. 透過媒體組合（media mix）的選擇與運用，將媒體策略加以具體呈現。
2. 涉及到要使用哪些媒體、使用的時間點、地點及使用的次數等。

進行的理由

1. 可觸及到目標閱聽眾中不同的對象。
2. 可提供額外的重複露出。
3. 可使廣告創意能更有效地發揮。
4. 不侷限於跨媒體類型的組合。
5. 可以有組合的規劃。

媒體排期定義和型態

定義　媒體排期策略的實質是決定何時發布廣告和以何種方式來發布廣告。

型　態

連續型（continuing）的媒體排期型態

指在廣告活動的每一階段都投入大約相等數量的媒體預算的排期方式。

間隔型（flighting）的媒體排期型態

指在廣告活動期間，廣告採間接性露出的模式。

脈動型（pulsing）的媒體排期型態

是持續型與間隔型的綜合版。

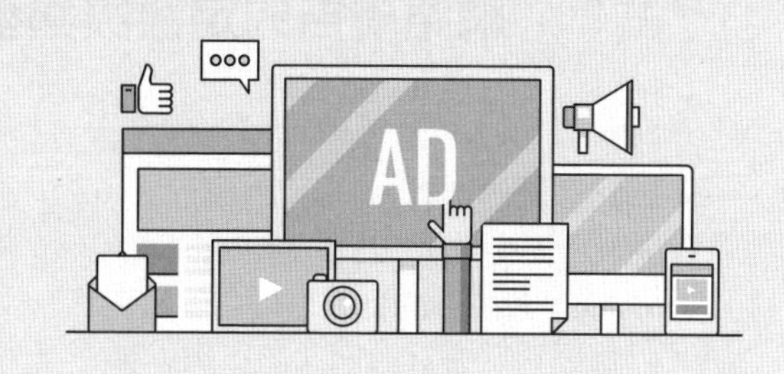

網路廣告

章節體系架構

Unit 9-1 網路廣告的定義與類型

一、網路廣告的定義

和其他廣告一樣，網路廣告（Internet advertising）最主要的目的也是在傳遞資訊，以創造買方與賣方的交易。由於網路廣告提供了精準鎖定目標對象的能力，廣告主的廣告能根據消費者的興趣與偏好來量身訂做。而結合影音娛樂功能來引起網友的注意，並與消費者產生深度的感官體驗及雙向互動，則是網路廣告最大的優勢。由於網路廣告的費用低、時效高、彈性大、互動性強、主動傳播，以及易於評估廣告成效等特點，一般預期，網路廣告在未來將會有更大的成長空間。

二、網路廣告的類型

何謂展示型廣告（display ads），乃泛指所有在網路媒體上以曝光計價的網路廣告，其中主要包括：

1. **橫幅廣告**：橫幅廣告（banne rad）是最常見的網路廣告，可以藉由此連結到廣告主的網站，或是特別製作的廣告網頁。依技術不同還可分作「固定版位式橫幅廣告」（hardwired）及「動態輪替式橫幅廣告」（dynamic rotation）。「動態輪替式廣告」即是在同一版位上，可在不同時間呈現不同的廣告。
2. **插入式廣告**：插入式廣告（interstitials ad）是在等待網頁下載的空檔期間出現，以另開一個瀏覽視窗的形式出現的網路廣告。
3. **固定式版位按鈕廣告**：固定式版位按鈕廣告（fixed button ad）指在特定網頁、固定位置的廣告，其面積較小，形狀類似按鈕，每次與該網頁同時下載，點選後會連結至廣告主所設定的網頁。按鈕廣告由於面積不大，因此多半只能呈現少數的字樣，或者是一個公司或品牌的logo。當網友對該按鈕廣告有興趣時，點選後即可進入網站瀏覽較詳細的內容
4. **跳出式視窗廣告**：跳出式視窗廣告（pop-up window ad）是當網友在瀏覽網頁畫面時，會自動跳出的小視窗，以「揮之不去」的強制效果來傳達廣告訊息。原因是，此廣告隱藏在原有的視窗之下的，當原有視窗被關閉、移動、改變或最小化時，此廣告就會出現。此廣告視窗並可設計連結到另一路徑或網站，其目的在主動告知訪客（上網者）廣告訊息並加深廣告印象。
5. **隱藏式視窗廣告**：如同跳出式視窗廣告，隱藏式視窗廣告（pop-under window ad）亦安排於特定連結網頁的路徑上，但不同於跳出式視窗廣告的呈現形式，隱藏式視窗廣告爲當網頁被點選時，廣告視窗自動隱藏於網頁下方，當訪客（上網者）關閉原本所觀看之網頁時，即可看到廣告。
6. **破壞式廣告（crazy ad）**：此爲特殊的廣告形式，通常放置於網站首頁或頻道首頁。當網友連結至該頁面，廣告即會覆蓋於頁面上方呈現，通常爲動態且蓋版的呈現方式，也是廣告形式中最能吸引網友的版位，廣告效益佳，但其雖爲最貴的廣告版位之一，卻可能干擾用戶上網體驗，致生反效果。
7. **文字式（text-link）**：在的Yahoo！首頁即充斥著這類型的廣告，通常是藉由一句強而有力的標題或一段生動情感的文案，來吸引網友點選連結到廣告主的網頁。由於純文字廣告沒有圖形又不占空間，所以也不影響網路連線速度。

網路廣告的定義

網路廣告（Internet advertising）最主要的目的也是在傳遞資訊，以創造買方與賣方的交易。

網路廣告的類型

橫幅廣告（banner ad）

可分作「固定版位式橫幅廣告」（hardwired）及「動態輪替式橫幅廣告」（dynamic rotation）。

插入式廣告（interstitials ad）

在等待網頁下載的空檔期間出現，以另開一個瀏覽視窗的形式出現的網路廣告。

固定式版位按鈕廣告（fixed button ad）

指在特定網頁、固定位置的廣告。

跳出式視窗廣告（pop-up window ad）

會自動跳出小視窗，以「揮之不去」的強制效果來傳達廣告訊息。

隱藏式視窗廣告（pop-under window ad）

當網頁被點選時，廣告視窗自動隱藏於網頁下方。

破壞式廣告（crazy ad）

通常放置於網站首頁或頻道首頁，為最貴的廣告版位之一。

文字式（text-link）

通常是藉由一句強而有力的標題或一段生動情感的文案，來吸引網友點選連結到廣告主的網頁。

Unit 9-2 常見網路廣告類型（上）

網路廣告的表現型態有多種，常見的包括：橫幅廣告、按鈕廣告、多媒體動畫式廣告、電子郵件廣告、浮水印廣告、文字式廣告、對談式廣告、互動式廣告、分類廣告、推式廣告、彈出視窗廣告、插播式廣告、電子報廣告、超長型廣告等多種。

至於網路廣告如何播出？可將其依呈現模式區分爲四大類型：固定版式廣告、動態輪替式廣告、插播式廣告及寄件式廣告，茲分述如下：

一、固定版位式廣告

所謂固定式，是指在購買的特定時間內，廣告素材固定出現在該廣告版位上（例如：首頁焦點式廣告，從上午八點到十二點。這段時間都會固定出現在該位置）。固定版位式廣告乃採傳統平面廣告的邏輯思維，在特定網頁、固定位置上刊登廣告，每次該網頁同時下載（和動態輪替式廣告相反）。依版面的位置按月計、週計或日算收取費用。版位的選擇通常以首頁的四邊爲主，例如：《中時電子報》將此類廣告的位置分爲首頁右上方、左上方、右下方及目錄頁左上方、左下方。而Hinet網站中，文字廣告、按鈕廣告及浮水印廣告皆爲固定式廣告，以週計價。基本上，由於其概念和傳統媒體接近，廣告主的接受度較高。但也因爲固定版面是用傳統平面媒體的版面設計爲思考，使得刊播網站的選擇會集中在網友流量多，以及較受歡迎的網站爲主。

二、動態輪替式廣告

所謂「輪播式」是指同時間內有二至五個客戶的廣告素材平均出現在該廣告版位上（例如：新聞頻道橫幅廣告有一百萬曝光數，兩客戶輪替，每位客戶五十萬曝光次數，輪流出現）。由於廣告主都喜歡將自己的廣告放置在網頁中的明顯位置，爲了能讓不同的廣告都出現於好位置上，就採固定版位輪流播放不同的廣告，亦即廣告版位由數支廣告輪替播放。網友每次瀏覽該網頁都會看到不同的廣告，甚至當網友按下「重新整理」（reload）或者「上一頁」（back）鍵時，都會在網頁上看到不同的廣告。這種輪替、隨機的方式傳送廣告，和固定廣告剛好是相反的操作。

三、插播式廣告

插播式廣告也稱爲干擾式廣告，運作方式爲在網站連結之間出現，如同電視廣告於節目間空檔出現一般。所以當網友要連結到某一網站時，自動在其視窗中跳出另一個子視窗的廣告頁面，亦即在等待網頁下載的時間中，該廣告就占據電腦屏幕。這種方式是網路廣告化被動爲主動的出擊，讓網友在其不注意時被強迫看到廣告。

四、寄件式廣告

寄件式廣告即電子郵件，可以視爲一種網路DM傳單。網路上有許多網站提供免費服務措施吸引顧客註冊，註冊過程中，需塡「電子郵件信箱」，同時詢問是否同意接受某類別廣告郵件投遞到其電子郵件信箱，或是廣告公司直接透過電子傳單，對消費者的電子郵件信箱寄發廣告，也就是所謂的電子垃圾郵件。

固定版位式廣告

1. 指在購買的特定時間內，廣告素材固定出現在該廣告版位上。
2. 依版面的位置按月計、週計或日算收取費用。
3. 刊播網站的選擇會集中在網友流量多，以及較受歡迎的網站為主。

動態輪替式廣告

1. 指同時間內有二至五個客戶的廣告素材平均出現在該廣告版位上。
2. 廣告版位由數支廣告輪替播放。

3. 這種輪替、隨機的方式傳送廣告，和固定廣告剛好是相反的操作。

插播式廣告

01 也稱為干擾式廣告，運作方式為在網站連結之間出現。

02 在等待網頁下載的時間中，該廣告就占據電腦屏幕。

03 化被動為主動的出擊，讓網友在其不注意時被強迫看到廣告。

寄件式廣告

01 即電子郵件，可以視為一種網路DM傳單。

02 註冊過程中，需詢問是否同意接受某類別廣告郵件投遞到其電子郵件信箱。

03 廣告公司直接透過電子傳單對消費者的電子郵件信箱寄發廣告（電子垃圾郵件）。

Unit 9-3 常見網路廣告類型（下）

電子網路廣告媒體一般有以下四種形式：

一、郵件（electronic mail，簡寫為E-mail）廣告媒體

電子郵件是網路的一項基本功能，允許用戶以較普通郵件更爲方便迅捷的方式，交流資訊，聯絡感情，它很像普通郵件，只是傳播途徑有所不同。用於廣告活動時，也非常像直接郵件廣告。

二、電子布告欄（BBS）是一種潛在廣告媒體

在這裡，你可以透過網路，以文字的形式，與別人聊天、發表文章、閱讀資訊、討論某一問題，或在網站內通訊等。這裡寬鬆、自由的氣氛吸引了很多的愛好者。這種網站往往分有許多討論區，如體育、藝術、社會資訊等包含了豐富的選項。由於國內BBS網站多是大學或科研機構開設的，所以商業資訊的比重不是很大。在這些商業資訊中，更多的是以消息、新聞爲主，具有快速、自由的特點，並且由於參與者之間的一種公約式的自覺，這裡的內容具有比較高的準確性。雖然國內的BBS並非爲商業目的而設，但其潛在的商業應用價值不容忽視。

三、Usenet廣告媒體

Usenet是由眾多線上討論群組所組成的自成一體的系統。其中的一個一個的組，叫做新聞群組或討論群組（newsgroup），分別冠以不同的有著明確界定的主題。例如：biz.*是有關商業資訊這一主題的討論群組。

四、萬維網廣告媒體

萬維網是目前絕大多數網際網路使用者通用的資訊資料平台，也是我們平常所說的狹義上的網路廣告媒體。對網路的廣告客戶來說，萬維網擁有無限的利用價值。它容許細緻的全彩色的畫面、聲頻傳輸大容量資訊的按時傳送，24小時線上以及在廣告主、廣告受眾之間的雙向訊息交流。

1. **橫幅廣告（banner）**：橫幅廣告是我們在網頁上見得最多的廣告形式。因其多在頁面上方首要位置，又叫頁眉廣告或「頭號標題」；因其都是長條形狀，又稱旗幟廣告。網幅廣告的尺寸多爲460×80圖元，視網站頁面規劃或廣告主的要求可作適當的調整。瀏覽者只要點擊它，就能進一步看到更詳盡的資訊。
2. **圖示廣告（button）**：圖示廣告在自身屬性以及製作和付費方式等方面，都同網幅廣告沒有區別，它只是小一些，像個鈕扣（button的原意），其大小一般爲80×30圖元。許多網路廣告商並不區分banner和button，只是統稱爲banner，然後在尺寸上列出六種以上的規格，其中較小的幾種應該是圖示廣告。
3. **特別贊助（sponsorship）**：應該承認，網路廣告不是FPM的天下，對於一個瀏覽量很大的網站來說，有太多的廣告資源可以銷售。太密集的廣告跟蹤程式會拖慢伺服器，也使得CPM價格水準容易滑落，所以更多的國外網站願意找一些不太斤斤計較的企業做贊助商，讓他贊助一個與其業務相關的頁面或項目。
4. **線上分類廣告（classified advertising）**：分類廣告一直是報紙廣告的主要形式，線上分類廣告給傳統的報紙媒體帶來了巨大的衝擊，因爲線上形式的分類廣告有其與生俱來的獨特優勢，包括可搜索性、資料庫的其他功能、更快捷的更新和更靈活的表現形式等。

郵件（electronic mail，簡寫為E-mail）

01 廣告媒體電子郵件是網路的一項基本功能。

02 用戶可以較普通郵件更為方便迅捷的方式，交流資訊，聯絡感情。

BBS是一種以文本為主的網上討論形式

1 > 以文字的形式與別人聊天等。

2 > 裡面分有許多討論區。

3 > 多以消息、新聞為主，具有快速、自由的特點。

4 > 內容具有比較高的準確性。

5 > 潛在的商業應用價值不容忽視。

Usenet廣告媒體

1. Usenet是由眾多線上討論群組所組成的自成一體的系統。
2. 其中的一個一個的組叫做新聞群組或討論群組（newsgroup），分別冠以不同的有著明確界定的主題。

萬維網廣告媒體

歷　史

1. 是我們在網頁上見得最多的廣告形式。
2. 因多在頁面上方首要位置，又叫頁眉廣告或「頭號標題」。
3. 因其都是長條形狀，又稱旗幟廣告。

圖示廣告（button）

1. 和網幅廣告沒有區別，它只是小一些，像個鈕扣（button的原意）。
2. 許多網路廣告商並不區分banner和button，只是統稱為banner。

特別贊助（sponsorship）

1. 有太多的廣告資源可以銷售。
2. 找一些慷慨的企業做贊助商。

線上分類廣告（classified advertising）

1. 分類廣告一直是報紙廣告的主要形式。
2. 獨特優勢包括：可搜索性、資料庫的其他功能等。

Unit 9-4 未來網路廣告及其優缺點

未來的資訊社會中，網路廣告最直接、最明顯的變化將發生在螢幕上。廣告在內容、製作、傳播方式，以及效益的衡量和定價方式上都將發生改變，這些都賦予網路廣告媒體新的功能。

一、內容表現形式

虛擬實境、網上聊天等新技術的發展加上消費者對有直接價值的內容的偏好，都將促使廣告在媒體上不斷以新的形式出現。目前主要有三種內容類別形式：

1. **經驗式內容：**目前最好的方式是讓網路使用者試用產品。
2. **交易式內容：**網路廣告的內容逐漸變成交易取向，吸引消費者直接透過廣告進行購買。當前，網路的確已經開始改變消費者的購買行爲，特別是在汽車等高價商品的選購上。
3. **廠商贊助式內容：**這種內容往往會混淆報導與廣告的界線，現有的網站中，接受贊助的例子比比皆是。例如：日產公司與美國青年足球協會合作製作Parent Soup，在網站上開設每週的足球欄等。不過，這類「以上內容由某某廠商贊助」的作法，大體上仍屬於傳統的贊助模式。

二、製作技術

網際網路的出現，使行銷者得以將產品的目標對象瞄準所謂的個人化區域。由於搜索軟體等技術的不斷發展，出現了兩種新型的訂製廣告：

1. **利用使用者資訊訂做廣告：**例如：網路搜尋引擎製造商Infoseek利用神經網路技術開發出來的軟體，能夠追蹤使用者上網查詢與瀏覽的行爲，並將追蹤結果保存在資料庫裡。利用這項服務的廣告主可選擇最有可能對他們的廣告感興趣的對象，讓廣告出現在對方螢幕上，而且還能知道那些人是否對他們的廣告有了反應。
2. **根據使用者自願提供的資訊來製作廣告：**由於這種作法成功的關鍵在於能否突破消費者尋求隱私或匿名的傾向，所以通常必須提供特殊資訊、折扣或促銷等獎勵來交換顧客個人資訊。例如：在parenting times網站上，凡是輸入小孩年齡的家長，在得到相關的育兒資訊的同時，還會看到專爲這個年齡段所做的廣告。

三、網路廣告的優缺點

1. 優點

(1) 可根據資料庫所蒐集到的客戶資料，準確鎖定目標對象。
(2) 廣告主可了解使用者如何與品牌互動，了解目前與潛在客戶的興趣，並建立未來的關係。
(3) 廣告主可測量使用者對廣告的反應，如廣告的點擊次數、引導產生購買的次數。
(4) 廣告可以不限時間持續播出，但也可根據反應而做立即的修正。
(5) 消費者可以在線上與企業主產品活動、測試產品或購買產品。
(6) 運用網路互動技術，可以創造消費者高度的感官體驗。
(7) 消費者有高度自主權，較易達到市場區隔效果。
(8) 多媒體使得創意表現更具吸引力。

2. 缺點

(1) 網路廣告惱人，有些網路廣告會降低正常網頁的下載速度。
(2) 安全性與隱私性的考量，使網友對線上購物仍有疑慮。
(3) 各國網路發展程度，使全球行銷受到限制。
(4) 形式多變，難以準確比較。
(5) 市場大小不易衡量。

未來網路廣告內容表現形式

製作技術

利用使用者資訊訂做廣告

2

根據使用者自願提供的資訊來製作廣告

網路廣告的優缺點

優點

1. 根據資料庫所蒐集到的客戶資料，準確鎖定目標對象。
2. 可了解使用者如何與品牌互動。
3. 可測量使用者對廣告的反應。
4. 可不限時間持續播出。
5. 消費者可在線上購買產品。
6. 可創造消費者高度的感官體驗。
7. 消費者有高度自主權。
8. 多媒體使得創意表現更具吸引力。

缺點

1. 降低正常網頁的下載速度。
2. 安全性與隱私性仍有疑慮。
3. 全球行銷受到限制。
4. 形式多變，難以準確比較。
5. 市場大小不易衡量。

Unit 9-5 網路廣告媒體的傳遞方式、廣告效益衡量與定價機制

一、傳遞方式

網路上相當熱門的「推」技術，有望成爲傳送網路廣告最主要的工具。還有一種更完全的方式，它將目前網站彈出形式與Point Cast等技術結合，根據上網者的興趣，主動傳送廣告內容。目前已經出現的例子包括觸發式的橫幅廣告（每當上網者提到某些關鍵字時，就會出現的廣告），以及所謂的塡放廣告（等待下個網頁出現時塡放進來的廣告）。可以想像這樣的情景：聊天室的網友們一提到汽車，車商的廣告就立即推送過來。

二、廣告效益衡量

網路的出現，可以爲廠商提供前所未有的機遇來衡量廣告的效益。其次，可以了解廣告的接受度。舉例來說，依照電視廣告的衡量方法，只能推算整體收視觀眾的規模，無法計算出有多少人實際看到了廣告，以及廣告產生了多少影響；而網路上的廣告廠商卻可以迅速追蹤廣告的點擊人數、各網頁瀏覽次數，以及造訪者名單。也就是說，比起傳統媒體的作法，網路的衡量方式更精確、更有意義。它影響廣告的成效，也影響行銷廠商和廣告公司製作廣告的方式。首先，更精確的衡量有助於了解廣告經費的效益，更容易看出哪些廣告有效、哪些無效，並找出原因。廣告主也會開始要求廣告內容順應消費者的情況，加快更新速度。其次，因爲廣告主可以更早地評價廣告效果，在推出廣告時便有了及早修改的靈活性，避免了資金浪費。如此一來，不但將影響廣告的創意形成方式，連廣告公司和廠商都有可能改變組織方式，以順應這一趨勢。

三、新的定價機制

一般說來，廣告的目的都很類似，或者利用電視來塑造形象，或者利用直接信件獲得回音。然而網路廣告媒體卻可以讓廣告主同時達到多種不同目的。也正因爲如此，包括CPM在內的標準定價方法，在網路上都將讓位給根據不同目的而計費的新定價方法。

1. 按點擊率定價

爲了創造產品或品牌知名度，而根據點擊次數來計費。隨著衡量方法的改進，廣告主將會要求只根據目標顧客的點擊次數來計費。而網站經營者也將致力於提高廣告主核心顧客的點擊次數。

2. 按簡單回應定價

根據顧客簡單回應的電子郵件次數來計費。廣告價格則根據網站吸引的回應者的類型、廣告主的重視程度而定。

3. 按實際回應定價

上網者如果在看過廣告之後，作出下載軟體或提供個人資料等較爲複雜的回應行爲，網站便可向廣告主收取較高的費用。根據實際回應或銷售來收費的方式，可望逐漸成爲主要的網路廣告定價機制。當然，在短期內，這些定價模式的發展需視廠商、廣告公司和網站三方如何分擔風險而定。

4. 成效定價法

按照實際成交的數量或金額收費。這種辦法讓廠商有機會將失敗的風險轉嫁給網站或廣告公司。傳統媒體一向不喜歡承擔這樣的風險，但是網路媒體大多都歡迎風險分擔，因爲只要定價能夠合理，仍然有助於增加網站的廣告營業收入。

傳遞方式

1 推技術

2 將目前網站彈出形式與Point Cast等技術結合。

廣告效益衡量

1 迅速追蹤廣告的點擊人數、各網頁瀏覽次數，以及造訪者名單。

2 更精確的衡量有助於了解廣告經費的效益。

3 在推出廣告時便有了及早修改的靈活性，避免了資金浪費。

計費的新定價方法

按點擊率定價

按簡單回應定價

按實際回應定價

成效定價法

Unit 9-6 中國大陸網路廣告媒體發展存在之問題

與傳統媒體廣告比較，儘管網路廣告具備蓬勃發展的態勢，但在市場認同度、運作的規範性、監管的合理性包括自身的成熟度等方面，還存在不小差距。在中國大陸發展網路廣告仍存在著以下幾點不足：

一、網友對網路廣告的認同程度

根據CNNIC2001年的統計數字：用戶對網路廣告的態度爲，經常點擊網路廣告並從中獲得很多有用資訊的占12.89%；不常點擊網路廣告的占40.01%；不點擊但對網路廣告並不討厭的占14.09%；認爲廣告將延長下載時間，對廣告痛恨至極的占3.7%。這使得廣告受眾比率在本來基數就不大的網友中，更是打了折扣。

二、企業的認同程度不高

與此相應，雖然網路已經基本確立了第五媒體的地位，但是中國大陸網路廣告收入卻不到其他前三類媒體（雜誌、報紙、電視）的1%。在網上投放廣告的企業基本上侷限於IT和電信行業，以及某些跨國公司，眾多的其他企業對網路廣告仍持懷疑和觀望態度。

三、協力廠商監測缺乏，市場價格混亂

廣告監測是評估廣告效果不可缺少的方式。權威、獨立的網路廣告協力廠商監測報告，能夠給廣告主和廣告代理商提供綜合、準確、公正的統計資料，精確了解網民的上網習慣、廣告所到達的人群、地區分布，以及相應的顯示或點擊次數等，爲廣告投放決策提供最具價值的參考。但目前中國大陸對網路廣告效果進行測評，主要是基於網站自身提供的資料，缺乏協力廠商的審計和認證，且測評標準不一，公正性受到質疑，造成網路廣告的市場價格混亂，無序競爭現象嚴重。

四、立法滯後，監管不力

對於傳統媒體廣告，多年來中國大陸官方已經制定了一整套的法律、法規和各種規範性文件。但網路是一種新媒體，況且網路廣告的出現只有兩、三年時間，目前這方面的立法還是空白，監管上存在許多困難和問題。例如：有些網站散布虛假廣告、欺騙消費者；有些網站公布法律、法規禁止或限制散布的商品或服務的廣告；有些特殊商品的廣告在網站散布前未經查核，內容存在著嚴重的問題；有些網站在廣告經營中存在著不正當競爭行爲等。

五、表現形式單一，策劃能力不足

除了外部環境的制約之外，網路廣告自身的先天不足也是一個重要原因。強烈的感官性是網路廣告的一大特點。網路廣告的載體基本上是多媒體、超文字格式檔，可以透過圖、文、影、音等形式，傳送多感官的資訊，讓顧客如身臨其境般感受商品或服務，並能在網上完成交易，增強廣告的實際效果。因爲行動裝置是屬於個人的物品，運用的原則在於掌握消費者特性，精準傳播以提升廣告效益。其主要特性包括：

1. **個人化服務**：行動通訊媒體是相當個人化的物品，意味著廣告訊息有機會更精確地與消費進行溝通。因此爲了增加消費者選擇並接收廣告資訊的機會，廣告的運用亦隨之更加個人化。
2. **即時互動的特性**：行動通訊媒體廣告除了主動提供商品諮詢外，消費者會即時主動點選或搜尋資訊，行銷人員更可在行動通訊媒體上做立即的回應，提供建議以協助解決購物問題。
3. **傳播不受時空限制**：行動通訊媒體即強調其行動特性，人們可以不受時空限制接收資訊。因此，廣告傳播可以在選定的範圍與時間點進行。
4. **訊息形式選擇性高**：不同行動通訊裝置的功能，亦讓廣告有不同的傳播形式。相較於其他媒體，在訊息表現的形式選擇性高之外，也較具有彈性。

網友對網路廣告的認同程度

1. 用戶認為從中獲得很多有用資訊的占12.89%。
2. 不常點擊網路廣告的占40.01%。
3. 不點擊，但對網路廣告並不討厭的占14.09%。
4. 對廣告痛恨至極的占3.7%。

企業的認同程度不高

1. 網路廣告收入卻不到其他前三類媒體（雜誌、報紙、電視）的1%。
2. 跨國公司仍持懷疑和觀望態度。

協力廠商監測缺位，市場價格混亂

1. 缺乏協力廠商的審計和認證。
2. 測評標準的公正性一直受到質疑。

立法滯後，監管不力

1. 中國大陸官方對網路廣告的立法與監管上存在許多困難和問題。
2. 有些網站散布虛假廣告，欺騙消費者。
3. 有些網站公布法律、法規禁止或限制散布的商品或服務的廣告。
4. 有些特殊商品的廣告內容存在著嚴重的問題。
5. 廣告經營中存在著不正當競爭行為等。

表現形式單一，策劃能力不足

01 自身的先天不足也是一個重要原因

02 運用的原則在於掌握消費者特性

03 行動裝置主要特性包括

1. 個人化服務。
2. 具有即時互動的特性。
3. 傳播不受時空限制。
4. 訊息形式選擇性高。

Unit 9-7
網路廣告媒體自身獨特的傳播特點

網路廣告媒體作爲一種全新廣告媒體，與當今電視、廣播、報紙、雜誌等廣告媒體相比，具有以下特點：

一、互動性

互動性是網路媒體最大的優勢。它不同於傳統媒體的資訊單向傳播，而是資訊互動傳播，使用者可以獲取他們認爲有用的資訊，廠商也可以隨時得到寶貴的使用者回饋資訊。網路廣告媒體可以做到一對一的發布，以及一對一的資訊回饋。廠商可以快速的使用回饋資訊，並且提高了廠商後期整理、統計、歸檔等工作的效率。

二、實時性

廣告發版後很難改變，或者說更換廣告版面的經濟代價太大，因而難以實現。而在網路上做廣告則能按照需要即時變更廣告內容，包括改錯。

三、傳播範圍廣泛

網路廣告媒體的傳播範圍廣泛，可以透過網路把廣告資訊全天候、24小時不間斷地傳播到世界各地。網友可以在世界上任何地方的網路上隨時隨意瀏覽廣告資訊。這些效果，傳統媒體是無法達到的。

四、受眾數量可準確統計

網路廣告媒體的突出特點是可測量性和智慧性。透過協力廠商伺服器，不僅可以精確統計出網站的訪客人數、廣告的曝光和被點擊次數，還能記錄用戶上網的時間分布和地域分布情況，乃至用戶的個人愛好和上網習慣，觀察廣告究竟被多少人看過，以及這些用戶查閱的時間和地域分布，進而能夠準確地評價廣告效果，並進一步審定廣告投放策略。

五、針對性

受眾群體特徵明顯。根據分析結果顯示：網路廣告媒體的受眾是最年輕 、最具活力、受教育程度最高、購買力最強的群體，網路廣告可以直接命中最有可能的潛在用戶。

六、形式多樣

廣告媒體中，廣告的表現形式包括動態影像、文字、聲音、圖像、表格、動畫、三度空間、虛擬實境等，它們可以根據廣告創意需要進行任何的組合創作，有助於調動各種藝術表現方式，製作出形式多樣、生動活潑、能夠激發消費者購買慾望的廣告。

七、多對多的傳播過程

報紙廣告基本上是一對一的傳播過程，電視媒體廣告則是一對多的方式，而網路廣告則是多對多的傳播過程。由於在網路上有眾多的資訊提供者和資訊接受者，他們既在網路上發布廣告資訊，也從網路上獲取自己所需產品和業務的廣告資訊。

八、迅捷性

這一方面指的是資訊的發布，另一方面指的是資訊的回饋和更換。對於廣告運作來說，從材料的提交到發布，所需時間可以是數小時或更短。

九、具有可重複性和可檢索性

網路廣告媒體可以將文字、聲音、畫面完美地結合之後，供用戶主動檢索、重複觀看。而電視卻是讓廣告受眾被動地接受廣告內容，如果錯過廣告時間，就不能再得到廣告資訊。另外，相較於網路廣告的檢索，平面廣告的檢索要費時、費力得多。

十、價格優勢

從價格方面考慮，與報紙、雜誌或電視廣告媒體相比，目前網路廣告媒體的費用還是較爲低廉。網路廣告的有效千人成本遠遠低於傳統廣告媒體。一個廣告主頁一年的費用大致爲幾千元，而且主頁內容可以隨企業營運決策的變更隨時改變。

網路廣告媒體自身獨特的傳播特點

互動性

❶ 以做到一對一的發布以及一對一的資訊回饋。
❷ 廠商可以快速的使用回饋資訊。

實時性

網路上做廣告，能按照需要即時變更廣告內容。

傳播範圍廣泛

❶ 全天候、24小時不間斷地傳播到世界各地。
❷ 隨時隨意瀏覽廣告資訊。

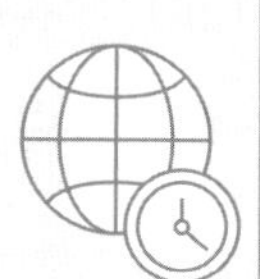

受眾數量可準確統計

❶ 具可測量性和智慧性。
❷ 可以精確地統計出：(1)網站的訪客人數、(2)廣告的曝光、(3)被點擊次數等數據。
❸ 能夠準確地評價廣告效果，並進一步審定廣告投放策略。

針對性

❶ 受眾群體特徵明顯。
❷ 受眾購買力最強。
❸ 可直接命中最有可能的潛在用戶。

形式多樣

❶ 包括動態影像、文字、聲音、圖像、表格、動畫、三度空間、虛擬實境等。
❷ 可以根據廣告創意需要進行任何的組合創作。
❸ 可以製作激發消費者購買慾望的廣告。

多對多的傳播過程

❶ 網路廣告則是多對多。
❷ 可從廣告資訊獲取自己所需產品。

迅捷性

❶ 除了資訊的發布，還有資訊的回饋和更換。
❷ 所需時間可以是數小時或更短。

具有可重複性和可檢索性

網路用戶可主動檢索、重複觀看。

價格優勢

❶ 有效千人成本遠遠低於傳統廣告媒體。
❷ 主頁內容可隨時改變。

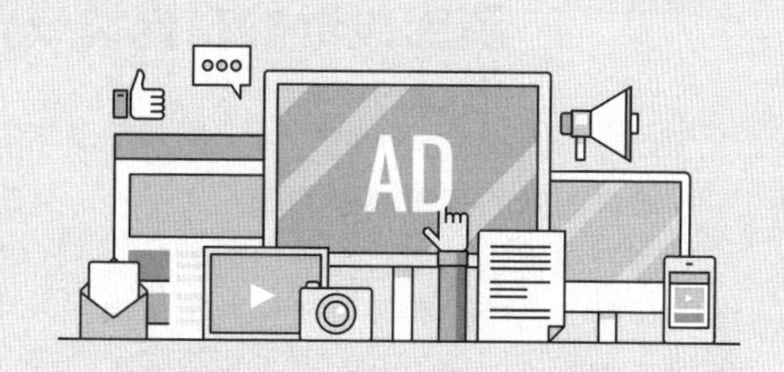

廣告設計與製作

章節體系架構 

Unit 10-1 廣告設計的視覺構成要素與廣告版面編排的形式

一、廣告設計的視覺構成要素

視覺要素是指構成視覺對象的基本單元，是人類接受與傳達訊息的工具與媒介，是視覺傳達語言的單詞與符號，文字、圖形、色彩乃是所有廣告設計表現中共同需要的視覺元素。分述如下：

1. 廣告視覺傳達中的文字

文字是最基本的資訊傳達符號，人們透過文字來傳情達意。在廣告設計中，文字占有重要地位，相對於圖形來講，文字是廣告資訊傳遞的最直接方式。

2. 廣告視覺傳達中的圖形

圖形在絕大多數廣告中扮演著重要角色，是構成廣告設計的主體，是引起人們對廣告關注的主要因素。廣告設計中的圖形是利用視覺傳達的直觀性、有效性、生動性和豐富性的表現力，將廣告的內容與資訊傳達給消費者，憑藉圖形在視覺上的吸引力，引起消費者的心理反應，進而產生廣告效應。

3. 廣告視覺傳達中的色彩

色彩是人透過眼睛感受可見光後的產物，是人類最敏感的、視覺神經反應最快的一種資訊。色彩的表現無限，它具備各種存在的意義，同時潛藏著一種神祕的魅力。色彩孕育了人類的審美文化，人們也對色彩賦予了人性化的特徵。廣告中的色彩充分運用了人的這種情感特徵來吸引人和打動人，這種運用有時近於誇張，也因此使得廣告的色彩遠比傳統繪畫中的色彩更加明確和具有目的性。由於色彩是廣告表現的一個重要因素，色彩能夠給受眾強烈的視覺刺激，對廣告環境、對人的感情活動都具有深刻的影響：同時廣告色彩對商品還具有象徵意義，透過不同商品獨具特色的色彩語言，可以使消費者更易識別和產生親近感。

二、廣告版面編排的形式

視覺元素在畫面上如何組織、排列，是由關係要素來決定的。就廣告版面編排的形式而言，至少可分為均衡與對比兩種關係。

1. 均衡

均衡關係從物理上理解是指重量關係，在平面設計中則指根據圖像的形狀、大小、輕重、色彩和材質的分布，在視覺上產生的平衡感。在一個圖形的中央設定一條垂直線，可以將圖形分為完全相等的左右兩個部分，形成對稱圖。重心是畫面的中心點，也是視覺的重心點，畫面圖像輪廓的變化、圖形的聚散、色彩或明暗的分布都可對視覺中心產生影響。均衡可以帶來視覺上的穩定，是畫面達到調和的一種重要手段。均衡包括等量均衡與非等量均衡，實質上都是透過畫面元素組織的平衡感來求取視覺心理上的靜止與穩定。

2. 對比

對比存在於人的視覺習慣中，單獨出現的一個物體無法正確判斷它的特質，只有透過與其他事物的比較，才能做出正確的判斷。對比是指「兩個或兩個以上部分相互不同甚至對立」的狀態。在廣告版面設計中，對比是將相同或相異的視覺元素做強弱對照所運用的形式手法，也是版面獲得強烈視覺效果的重要手法。

廣告設計的視覺構成要素

01 廣告視覺傳達中的文字

02 廣告視覺傳達中的圖形

03 廣告視覺傳達中的色彩

1. 色彩孕育了人類的審美文化
2. 色彩可吸引人和打動人
3. 色彩廣告環境具有深刻的影響
4. 色彩可以使消費者產生親近感

廣告版面編排的形式

均衡

1. 均衡可使視覺上產生平衡感
2. 均衡可以帶來視覺上的穩定
3. 平衡感帶來視覺心理上的靜止與穩定

對比

1. 指「相互不同甚至對立」的狀態
2. 可做強弱對照所運用的形式手法
3. 版面獲得強烈視覺效果的重要手法

Unit 10-2 廣告文案的構成要素

一、什麼是廣告文案？

所謂廣告文案是以語辭進行廣告訊息內容表現的形式。廣告文案有廣義和狹義之分，廣義的廣告文案就是指透過廣告語言、形象和其他因素，對既定的廣告主題、廣告創意所進行的具體表現。

二、廣告文案的結構

一篇完整的廣告文案是由標題、正文、口號、隨文四部分構成的，這四部分構成要素分別傳達不同資訊，發揮不同作用。一個有意思的現象是，如果我們再加上一個副標題的元素，那麼這五個部分恰好對應廣告中的AIDCA功能模式。

所謂AIDCA功能模式是指廣告對受眾產生效果的五階段原理，分別對應注意（attention）、趣味（interest）、慾望（desire）、確信（conviction）、購買行動（action）。

以下說明標題和正文結構：

1. **標題**：標題是每一個廣告作品為傳達最重要或最能引起訴求物件興趣的資訊，而在最顯著位置以特別字體或特別語氣突顯表現的語句。
2. **正文**：正文是廣告作品中承接標題、對廣告資訊進行展開說明、對訴求物件進行深入說服的語言或文字內容，是訴求的主體部分。出色的正文對於建立消費者的信任，進而產生購買慾望產生關鍵性的作用。正文還能展現企業形象，構築產品銷售氛圍。

廣告的訴求目的不同，廣告主和產品不同，廣告的具體內容也會千變萬化。但要寫入正文的內容，不會脫離以下三個層次：

(1) 訴求重點：訴求重點是廣告的核心內容。在企業形象廣告中，訴求重點常常是企業的優勢或業績在品牌形象廣告中，訴求重點集中於品牌特性；在產品廣告中，訴求重點集中於產品或服務的特性和對消費者的利益承諾；在促銷廣告中，訴求重點是更具體的優惠、贈品等資訊。

(2) 訴求重點的支持點或深入解釋正文，必須提供更多、更全面的資訊，使訴求重點更易理解、更令人信服。如果廣告的目的不在於傳達具體的資訊而是情感溝通，情感性的內容也需要深入展開，以增加感染力。

(3) 行動號召：如果廣告的目的是直接促銷，而不是建立品牌形象，正文還需要明確地號召購買、使用、參與，並說明獲得商品或服務的方法與利益。

不同的產品或服務，不同的企業在廣告中的表現形式各不相同，正文的表現形式也會是多種多樣。適當的表現形式能使廣告更具有說服力。常用的正文表現形式有：

(1) 客觀陳述式：不借助任何人物之口，直接以客觀口吻展開訴求，這是最常用的方法。從形式上看，似乎沒有創意，其實不然，創意再與眾不同的廣告，當它要在正文中展開訴求時，都會以訴求物件看得懂的外在形式來表現。只要文案撰稿人在寫作正文時能夠準確把握創意概念，即使是客觀陳述，也能讓創意的力量充分發揮。

(2) 主觀表白式：以廣告主的口吻展開訴求，直接表白「我們」將如何或正如何。這種方式在表述企業觀點、態度，以及在產品或服務上所做的努力有更大的自由。但前提是必須有好的創意概念。

什麼是廣告文案？

指以語辭進行廣告訊息內容表現的形式。

廣義指對既定的廣告主題、廣告創意所進行的具體表現。

廣告文案的結構

01 由標題、正文、口號、隨文四部分構成的。

02 若再加上一個副標題元素，那麼這五個部分恰好對應廣告中的AIDCA功能模式。

序號	結構要素	功能與效果	代碼
1	標題	引起注意	A
2	副標題	保持興趣	I
3	正文	挑起慾望	D
4	口號	建立信心	C
5	隨文	促使行動	A

03 所謂AIDCA功能模式是注意（attention）、趣味（interest）、慾望（desire）、確信（conviction）、購買行動（action）。

標題 在最顯著位置以特別字體或特別語氣突顯表現的語句。

正文 A. 要寫入正文的內容，不會脫離以下三個層次：

（A）訴求重點
（B）更全面的資訊
（C）行動號召

B. 常用的正文表現形式

（A）客觀陳述式
（B）主觀表白式

Unit 10-3 平面廣告、戶外媒體廣告與電視廣告的設計與製作

一、平面廣告的製作程序

平面廣告的製作程序可分爲：設計草圖、確定字體、製作完稿草圖與印製清樣，分述如下：

1. **設計草圖**：根據前期的構思和設計，擬好草圖，並加上標題；需要多確定幾個方案，進行比較；徵得廣告主的同意後，再製成更詳細的樣稿。
2. **確定字體**：主要是確定標題和正文的字體。標題一般使用黑體字，正文中需要特別強調的部分也可用黑體字加以突顯，字體的變長、加寬都必須講究科學，以突顯個性及畫面和諧、統一爲目標。
3. **製作完稿草圖**：將草圖方案送到客戶那裡審定修改後，就可以製作終稿草圖了。在完稿草圖中，插圖、字體大小、字畫安排等都已基本到位。定稿要做得比實際尺寸稍大，在四周留邊，並在畫稿背後標出廣告稿的實際大小和縮放尺寸。
4. **印製清樣**：將完稿草圖和標題、正文排好，拼接在一起，完成畫稿製作。畫稿製作是廣告各個部分的位置和尺寸大小的準確到位階段，再次經廣告主最終審定後送去製版，印出的第一版就是清樣，經校對修改後的清樣即可交付印刷了。

二、戶外媒體廣告的設計原則

在設計戶外媒體的廣告時，下列幾項原則是有助於增加其效果的：

1. **簡單的訊息**：戶外媒體的廣告閱聽眾大多數是在移動的狀態，因此，通常戶外媒體的廣告只訴求一個主要概念即可。以美國戶外廣告協會（OAAA）爲例，該協會推薦最多僅適用七個字的三個視覺元素在廣告上。在廣告設計上，文案與很重要的廣告標題必須易讀、字體不宜太小。唯有透過簡單與概念一致的訊息，才能充分運用戶外媒體的特性，太多額外的資訊及畫面反而會造成消費者的混淆。
2. **鮮豔的顏色**：在顏色的選擇上，戶外媒體廣告可採用對比、鮮豔的顏色，以吸引消費者目光，突顯廣告訊息。
3. **盡情發揮創意**：再以美國戶外廣告協會的說法爲例，該協會指出，有創意的（innovative）、有美感的（aesthetic），或幽默的（humorous）戶外廣告，比較能吸引受眾的注意、引發消費者會心一笑，以及增加對廣告的記憶度。例如：麥當勞的戶外廣告在正式揭曉之前，即用前導式的戶外廣告引發消費者的好奇。
4. **適當的地點**：將正確的廣告訊息在適當地點與時間，傳遞給適當的人，就是戶外媒體的廣告成功祕訣。例如：當用在商場時，主要任務即在搶攻消費者最後一哩，經由臨門一腳的廣告，可以有效達到促銷的效果。

三、電視廣告的三要素

電視廣告的三要素是畫面、聲音與時間，分述如下：

1. **畫面**：畫面是電視廣告傳遞資訊最主要的載體，是指經過攝影機拍攝記錄的景物，包括演員、背景和字幕等。
2. **聲音**：人們從電視上接收的資訊主要有兩大類：影片訊息（即畫面）和聲音訊息（即聲音）。
3. **時間**：時間直接影響著人們對電視廣告訊息的認知。

平面廣告的製作程序

01

設計草圖

02

確定字體
1. 標題
2. 正文的字體

ABC

03

製作完稿草圖
1. 插圖
2. 字體大小
3. 字畫安排

04

印製清樣
1. 印出第一版
2. 交付印刷

戶外媒體廣告的設計原則

1. 簡單的訊息

只訴求一個
主要概念。

2. 鮮豔的顏色

可採用對比、
鮮豔的顏色。

3. 盡情發揮創意

(1) 吸引受眾的注意
(2) 引發消費者會心一笑
(3) 增加對廣告的記憶度
(4) 引發消費者的好奇

4. 適當的地點

將正確的廣告訊息
傳遞給適當的人。

電視廣告的三要素

畫面	是電視廣告傳遞資訊最主要的載體。
聲音	人們從電視上接收的聲音訊息（即聲音）。
時間	直接影響著人們對電視廣告訊息的認知。

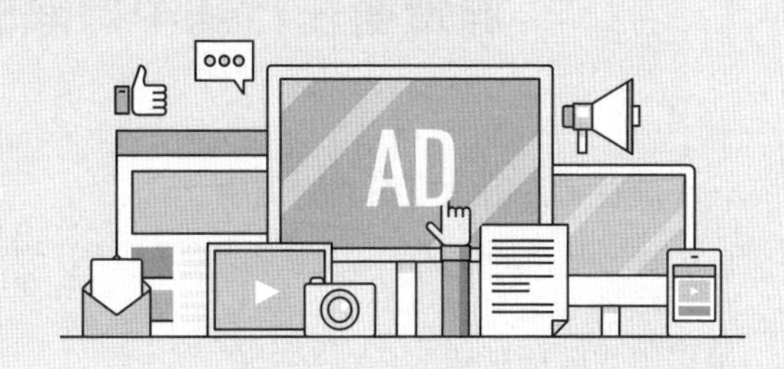

消費者行爲

章節體系架構 

Unit 11-1 消費者在行銷中扮演的角色與消費者研究法

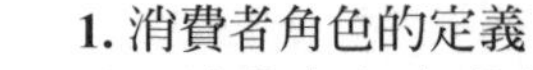

一、消費者在行銷中扮演的角色

1. 消費者角色的定義

消費者角色就是指消費者在消費過程中的各種角色。角色是指與某一特殊位置有關聯的行爲模式，代表著一套有關行爲的社會標準。一個人的角色反映了他在社會系統中的地位，以及相應的權利和義務、權力和責任。界定消費者角色是有效地制定經營行銷策略的基礎，無論是商品研製者、生產者，還是銷售者，必須具體地、有針對性地爲不同消費角色制定產品與服務方案，過去將消費者角色混爲一談的作法已經不能適應現代營銷活動。

2. 消費者行爲的定義

所謂消費者行爲，指的是消費者如何選擇、購買、使用及棄置產品，以及激發這些行爲背後的個人與社會文化因素。我們將消費者視爲接收訊息的閱聽眾，並說明他們如何在傳播過程中與訊息互動。

⑴ 消費者，係指購買或使用任何商品，以滿足其需求與慾望的人。

① 顧客，則指已購買特定品牌商品的消費者。

② 潛在顧客，只有可能會購買特定品牌商品的消費者。爲了將有可能購買的潛在顧客，快速轉換爲顧客，行銷人員必須不斷強化自己對消費者的認識。

⑵ 對於消費者的分法

① 根據市場類型分類，將消費者分爲B2B（企業消費者）或B2C（一般消費者）。

② 消費者區分爲購買者（負責實際購買者）、使用者（實際使用產品的人）和影響購買決策的人。

在B2B行銷的場景裡，顧客可能是企業內部專門負責採購的採購經理（購買者），眞正的使用者，則可能是企業內部的員工（使用者）。

二、消費者研究

一般常用的廣告研究方法乃針對企業所處的市場環境，所做的通盤了解，又稱爲情境分析，包括：品牌經驗、競爭者分析、廣告審閱、內容分析及符號學分析。符號學分析指藉由將廣告訊息裡的象徵與符號加以解構，以發掘廣告的社會文化意義，並試圖找出其與消費者動機有何關聯。在這階段，可以同時藉由量化和質化研究方法，以確定目標消費者、發展市場區隔與品牌定位。

1. **調查研究法**：是一種量化研究法。
2. **深度訪談法**：是一種質化研究方法，以一對一的方式訪談，並由研究者提出開放性問題，由受訪者自由回答。
3. **焦點團體訪談法**：目的在促使與會人士以聊天的方式進行討論，讓研究人員可以觀察參與者的互動與對話。
4. **觀察研究法**：在自然環境下，深入研究消費者的生活行爲。
5. **民族誌研究法**：研究者通常要與所研究的對象一起過一樣的生活，並將生活提升到科學的境界。
6. **日誌法**：研究者長時間觀察使用者實際的生活脈絡。透過使用者主動記錄生活中與他人互動方式、作息習慣，在相對有效率的狀況下，了解研究者無法透過訪談得到的資訊。
7. **其他**：⑴填空；⑵目的導向遊戲；⑶說故事；⑷居家事務的描述；⑸看圖說故事；⑹照片分類；⑺隱喻。

消費者在行銷中扮演的角色

消費者角色的定義

指消費者在消費過程中的各種角色。

消費者行為的定義

1. 消費者，指購買或使用任何商品，以滿足其需求與慾望的人。
   (1) 顧客。
   (2) 潛在顧客。
2. 對於消費者的分法
   (1) 依市場類型分：B2B（企業消費者）、B2C（一般消費者）。
   (2) 區分：購買者（負責實際購買者）、使用者（實際使用產品的人）、影響購買決策的人。

消費者研究

1 調查研究法

一種量化研究法。

2 深度訪談法

一種質化研究方法。

3 焦點團體訪談法

可以觀察參與者的互動與對話。

4 觀察研究法

深入研究消費者的生活行為。

5 民族誌研究法

研究者通常要與所研究的對象一起過一樣的生活。

6 日誌法

研究者長時間觀察使用者實際的生活脈絡。

7 觀察研究法

(1)填空；(2)目的導向遊戲；(3)說故事；(4)居家事務的描述；(5)看圖說故事；(6)照片分類；(7)隱喻。

Unit 11-2 影響消費者決策的個人心理因素與社會因素

一、影響消費者決策的個人心理因素

影響消費者決策的個人心理因素，包括：知覺與心神狀態、需要與慾望，分述如下：

1. 知覺與心神狀態

你的心神狀態，會影響你認知資訊的方式，並決定你的消費行爲模式。舉凡你過去接觸某品牌的經驗，以及朋友對它的評價，都會影響你對它的感受，進而影響你對該品牌之訊息接受度。

2. 需要與慾望

需要，是驅使人們做某些最基本的驅策力。每個人都有它的一些獨特需求，其中有些是與生俱來，有些則是後天習得的。與生俱來的需要，包括對水、食物、空氣。由於滿足這些需要，是維持生命所必須，因此也被稱爲基本需要。後天習得的需要，是指爲了因應我們所處的文化與環境，所學習到的需要，因此被稱爲次要需要，馬斯洛（Maslow）則稱其爲歸屬、自尊，以及自我實現的需要。

⑴ 選擇性知覺：篩選與過濾。在知覺過程中，我們最終只會選擇某些刺激，而忽略其他刺激。過程就稱爲選擇性知覺。以下就是選擇的過程，包括：選擇性暴露（我們篩選外來資訊的方式）、選擇性扭曲（針對與我們心中想法相左的訊息加以扭轉）、選擇性記憶（儲存訊息以供未來使用）。

⑵ 認知失調：然而，根據認知失調理論，對於實際上所獲得的產品，與原先期望之間的落差，人們通常會以自我合理化的方式儘量加以補救，包括：動機（刺激消費者採取特定行爲的內在力量）、態度（態度係由學習而來）、個性（對人、事、物或情境的一致性反應）、心理描繪變數（消費者購買決策有關的心理因素，通常指AOI：活動、意見、興趣），以及生活型態（分析人們分配時間、經歷，以及金錢的方式）。

二、影響消費者決策的社會因素

1. 社會階層

你和家庭在社會體系中的位置，即是社會階層，通常由所得、財富、教育水準、職業、家庭聲望、家庭價值，以及所居住的社區來決定。

2. 參考團體

係指會被消費者拿來當作行爲參考的一群人。另外有一種品牌社群，係由愛好同一品牌的消費者所構成的團體，網際網路興起後，成爲一個快速形成參考團體的新機制。對消費者而言，參考團體提供了三個功能：⑴提供資訊；⑵提供比較基礎；⑶提供指引方向。

3. 家庭

家庭是我們最重要的參考團體，因爲它對我們的影響最久也最深。基本上，家庭和家戶兩者並不相同，後者，所指的是人們居住在一起的事實，而成員之間是具有家庭關係。生活型態，指的是家庭狀況、價值與生活常規。而生活型態，則會決定你如何使用金錢與時間，以及你所重視的活動。廣告主必須了解家庭的結構、變動，以及運作方式，以設計有效的行銷傳播活動。

影響消費者決策的個人心理因素

知覺與心神狀態

需要與慾望

(1) 選擇性知覺
(2) 認知失調

影響消費者決策的社會因素

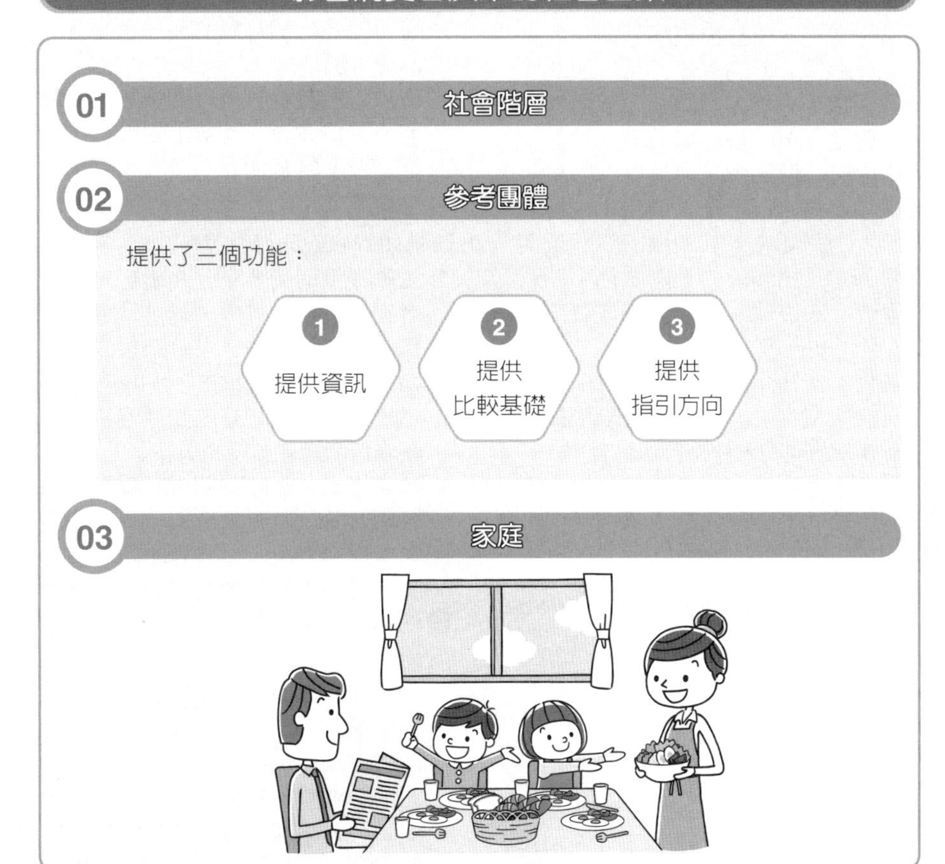

Unit 11-3 消費者決策的文化因素與知覺風險

一、影響消費者決策的文化因素

文化指的是人類生活方式的總集合，是由有形的事物與無形的觀念所共同組成。文化是經由累積而來，而且代代相傳。

1. 規範與價值觀：所謂的規範，即是我們透過社會互動，學習而來的特定文化下的簡單行為準則，它界定每個文化所認可的行為模式。規範係來自於我們的價值觀，價值觀代表我們內心深層的信仰系統，來自於我們長期所浸淫的文化。由於價值觀是內化的，並且會影響人們的實際行為，因此，廣告主會花心思，試圖去了解影響消費者態度背後的核心價值，基本上，品牌的核心價值應該與消費者的核心價值相一致。以下是九個簡化版核心價值：⑴歸屬感；⑵刺激；⑶好玩與享受；⑷互相關愛的人際關係；⑸自我達成；⑹被他人尊敬；⑺成就感；⑻安全；⑼自尊。

2. 次文化：次文化可以再進一步區分為不同的次文化，次文化也可以依據地理區域或共同的人類特質加以界定。

3. 企業文化：企業文化指的是企業的不同運作模式，亦反映在企業採購決策上。

二、消費者的知覺風險（perceived risk）及因應之道

消費者購買行為的發生，實際上就隱含著某種程度的風險，因此行銷者不但需要了解消費者可能產生哪些知覺風險，也必須提出因應之道。

1. 知覺風險的種類

⑴ 功能上的風險：消費者最常產生的疑問是眞的有這麼好用嗎？產品的使用是否如期或廣告所言，此即為功能上的風險。

⑵ 經濟上的風險：眞的是物超所值嗎？如此的質疑則是消費者知覺經濟上的風險。

⑶ 社會性的風險：「眞丟臉，花了這麼多錢居然無效，而且又有後遺症，眞是賠了夫人又折兵。」這是消費者衍生的社會性風險。

⑷ 心理性的風險：消費行為是追求心理層面附加的滿足，因此商品購買是否能強化消費者心理，也是一大風險考驗。

⑸ 時效上的風險：流行性強的商品最易使消費者產生時效上的風險，女性消費者常常大歎衣櫃裡永遠少一件衣服，其實是衣服已不合宜了。

2. 降低知覺風險的行銷策略

⑴ 主動提供消費者充分的訊息：消費者獲得情報的方式，通常是透過消費者之間的口碑、人員銷售的大眾媒體。行銷人員如能善用溝通管道，主動提供充分的商品資訊，必能降低消費者預設的惶恐。

⑵ 建立企業、品牌和商店形象：消費者購買時，常會以形象（是否有名氣）作為考量，尤其是無產品使用經驗時，更傾向相信有品牌的比較好的觀念。因此塑造和維持企業形象、品牌和商店的信譽和形象，是使消費者安心的不二法門。

⑶ 提出保證：不滿意退貨、保固期限修繕免費、歡迎使用等，都是具體使消費者購前具備認知的方法，而提供合格證書或實驗測試結果、獲獎證明，都是讓消費者參考價值的保證。

影響消費者決策的文化因素

規範與價值觀

1. 規範界定每個文化所認可的行為模式。
2. 價值觀代表我們內心深層的信仰系統。
3. 以下是九個簡化版核心價值：

1 歸屬感
2 刺激
3 好玩與享受
4 互相關愛的人際關係
5 自我達成
6 被他人尊敬
7 成就感
8 安全
9 自尊

次文化

可以依據地理區域或共同的人類特質加以界定。

企業文化

指企業的不同運作模式。

消費者的知覺風險（perceived risk）及因應之道

知覺風險的種類

1. 功能上的風險
2. 經濟上的風險
3. 社會性的風險
4. 心理性的風險
5. 時效上的風險

降低知覺風險的行銷策略

1. 主動提供消費者充分的訊息
2. 建立企業、品牌和商店形象
3. 提出保證

Unit 11-4 影響消費者的決策過程與行為因素

一、影響消費者的決策過程

1. **使用習慣**：係指一個消費者在一定期間內，購買特定品牌或產品類別的數量與次數。
   是一個重要的消費者行爲預測變數。有兩種方式，可以用來分辨不同的消費者，分別是「使用率」與「品牌關係」。使用率，係指購買數量的多寡，由低到高可區分爲輕度使用者、中度使用者，以及重度使用者。重度使用者對特定產品類別或品牌購買量最大。有個古老的經驗法則，叫做柏拉圖法則（也稱爲20/80法則），他指出20%的消費者會買走80%的產品，這也就是爲何重度使用者會成爲兵家必爭之地的原因。
   品牌關係，建立在消費者過去、現在，以及未來的產品使用量。我們可以根據消費者的品牌關係，將消費者分爲非使用者、過去使用者、初次使用者、忠誠使用者，以及從競爭者陣營被吸引過來的品牌轉換者。
2. **創新與採用**：人們願意接受創新與嘗試新事物的意願。E. Rogers提出了創新傳布曲線來辨識不同的消費者行爲，分別是創新者、早期採用者、早期大眾、晚期大眾，以及落後者。創新者，是一群敢於率先嘗試新事物的勇敢先驅者，不過，在嘗試新事物時，需要冒些風險。
3. **品牌體驗**：體驗行銷，是行銷產業的新主流。指的是創造一切機會，讓消費者能親身體驗你的品牌。
4. **時尚潮流**：時尚及流行，與生活型態及人口統計變數息息相關。潮流發現者，是廣告公司所聘請的專業研究人員，專責發掘足以影響消費者行爲的重大潮流趨勢。酷炫獵人，則是專精於發掘對年輕族群具吸引力的流行趨勢的潮流發現者。

二、影響消費者決策的行為變數

消費者的購買決策過程，在高涉入與低涉入的購買情況會有所不同。以高涉入的購買情境爲例，其決策過程包括：

1. **需要確認**：需要確認，發生在消費者知覺到他對商品的需求，這個需求的嚴重性或重要性，對不同消費者可能會不同，此階段廣告的目的在於啟動或刺激這個需求。
2. **資訊搜尋**：資訊搜尋，可能是不經意地或非常正式的。廣告可以藉由提供相關資訊，並讓它容易取得，以協助消費者進行資訊搜尋。
3. **方案評估**：在方案評估階段裡，消費者會比較不同的產品特性，並將選擇方案減少至可處理的數量。在此過程中，消費者會挑選出重要的產品屬性，並利用它們作爲評估專案的標準。廣告在這個階段很重要，因爲它能夠協助消費者，根據有形與無形的產品屬性進行分類。
4. **購買決策**：購買決策階段，通常包含了兩個部分，一是先決定品牌，然後再決定購買通路。有時，我們則會先選擇購買的通路，此時商店內的各種推廣手法，就很有可能影響消費者的選擇。
5. **購後評估**：購後評估，是消費者決策的最後一個階段，也是我們開始反思與檢討購買決策的時候。許多消費者，即使在購買商品之後，還會持續閱讀產品相關訊息，以合理化自己的決定。

影響消費者的決策過程

1. 使用習慣

係指一個消費者在一定期間內，購買特定品牌或產品類別的數量與次數。

❶ 使用率與品牌關係：指購買數量的多寡，由低到高可區分為輕度使用者、中度使用者，以及重度使用者。

❷ 品牌關係：建立在消費者過去、現在，以及未來的產品使用量。

2. 創新與採用

E. Rogers提出了創新傳布曲線來辨識不同消費者行為。

3. 品牌體驗

讓消費者能親身體驗你的品牌。

4. 時尚潮流

時尚及流行，與生活型態及人口統計變數息息相關。

影響消費者決策的行為變數

需要確認

資訊搜尋

方案評估

購買決策

購後評估

Unit 11-5
市場動態、消費者研究與消費者決策過程所經歷的步驟

一、市場動態與消費者研究

廣告策略的研擬，只要記住「傾聽是了解顧客的第一步」，也就是說，了解目標消費者是所有廣告活動的開端。

1. 消費者研究：消費者研究，通常是由企業主的行銷部門，或委託公司外的專業研究機構負責處理，有下列幾種研究：(1)市場研究：主要在於蒐集有關產品、產品類別，以及其他足以影響廣告策略發展的行銷相關資訊。(2)目標閱聽眾研究：用於找出產品的使用者，研究其性質，這些資訊最後用來決定廣告所應鎖定的目標閱聽眾。

2. 廣告研究：專注於廣告有關的所有研究，包括：訊息發展、媒體企劃研究、事後評估研究，以及競爭者廣告的相關資訊。

3. 策略性研究：所發現的重要資訊，將會成爲策略規劃決策的依據。

二、消費者決策過程所經歷的步驟

消費者的購買決策過程是由許多階段所組成的，其中包括以下幾項：

1. 需求確認（need recognization）：當消費者意識到自己目前的狀態和想達到的理想狀態之間有差異存在，而且這個差異有急迫性或重要性時，消費者便會尋求產品來彌補這個落差。廣告在此階段的目標即在啟動或激發這個需要。例如：廣告中提醒熬夜的考生要選擇某些產品來補充體力。

2. 資訊搜尋（information search）：一旦消費者意識到需求的存在，就有可能會啟動資訊搜尋機制，其中主要包括：

(1) 內部搜尋（internal search）：資訊搜尋通常是從內部搜尋開始，代表著從個人記憶中掃描與截取決策相關的知識。包括：現有諮詢是否足夠？是否具備信心？對之前的購買經驗是否滿意？

(2) 外部搜尋（external search）：當內部搜尋所得的結果不敷需求時，消費者就會轉向外部環境進行搜尋。消費者爲了即將到來的購買決策而搜尋特定的資訊，稱爲購買前搜尋（pre-purchase search），而推動此類搜尋的主要動機則是希望能有更好的選擇。

3. 評估與選擇（evaluation and selection）：在此階段，消費者會比較不同的產品與特性，並根據某些特性來作爲替代方案的篩選標準，以便讓替代方案的數目減少到可處理的範圍。在決策擬定的過程中，被納入考慮範圍內的方案集合體，稱之爲考慮集合（consider-action set），又稱爲喚起集合（evoked set）。

4. 購買決策（purchase decision）：購買決策包含了品牌與購買地點的選擇。在品牌選擇部分，又可分爲：完全計畫性購買（購買前已確定產品和品牌）、部分計畫性購買（預訂購買的產品已確定，但品牌要到採購時才決定），以及未計畫性購買（產品和品牌都到購買地點才決定）。

5. 購買後評估：這是購買決策過程的最後一個步驟，但事實上，消費者在購買後即開始重新評估所做的決策。最主要的原因在於，在絕大多數的購買決策中，消費者都會產生嚴重程度不一的購後認知失調（postpurchase cognitive dissonance）。

市場動態與消費者研究

消費者研究

1. 市場研究
2. 目標閱聽眾研究

廣告研究

1. 訊息發展
2. 媒體企劃研究
3. 事後評估研究
4. 競爭者廣告相關資訊

策略性研究

重要資訊將會成為策略規劃決策的依據。

消費者決策過程所經歷的步驟

1. 需求確認（need recognition）

1. 啟動或激發需要。
2. 例如：廣告中提醒熬夜的考生要選擇某些產品來補充體力。

2. 資訊搜尋（information search）

1. 內部搜尋（internal search）：從個人記憶中掃描與截取決策相關的知識。
2. 外部搜尋（external search）：又稱為購買前搜尋（pre-purchase search）。

3. 評估選擇（evaluation and selection）

1. 被納入考慮範圍內的方案集合體，稱之為考慮集合（consider-action set）。
2. 又稱為喚起集合（evoked set）。

4. 購買決策（purchase decision）

包含了品牌與購買地點的選擇。

5. 購買後評估

重新評估所做的決策。

Unit 11-6 市場區隔、鎖定目標市場與廣告企劃需要的資訊與研究

一、市場區隔與鎖定目標市場

絕大多數的企業，並沒有無限的資源，大肆傳播廣告訊息。因此，效率與效果，逼得行銷人員要做好市場區隔與鎖定目標消費者。市場區隔，指的是將市場區分爲不同族群。而鎖定目標市場，則是指辨識出最有利可圖的閱聽眾。

1. 區隔市場

當行銷人員將市場視爲同質時，他們會刻意忽略市場的差異性，並採用單一的行銷策略，以期能吸引最大多數的消費者，此策略被稱爲無差異策略。但是，如今，區隔市場策略已經成爲普遍被採用的手法。其假設是銷售商品的最佳方法，就是找出各個市場的差異之處，並據此調整行銷策略與訊息內容。藉由區隔的手法，企業比較能夠精確地，滿足不同顧客的需求與慾望，進而產生較多的銷售。

其中有關區隔市場的方法，包括：⑴人口統計區隔法；⑵地區區隔法；⑶心理描繪區隔法；⑷行爲區隔法；⑸價值／利益區隔法。

2. 鎖定正確的目標閱聽眾

閱聽眾指擁有傳播媒體的人，透過傳播媒體可以實際接受訊息，並且能理解後實際運用。藉由鎖定目標市場，企業才能夠規劃特別的傳播策略，以迎合目標閱聽眾的需求與慾望。對目標閱聽眾的特質加以描繪，經描繪完成後的消費者輪廓，在發展媒體與訊息決策上都會很有幫助。

二、廣告企劃需要的資訊與研究

一般而言，廣告企劃過程中，共有五種資訊與研究會被使用到：

1. 市場資訊

行銷研究，指的是爲了行銷規劃所從事的所有研究。根據這些研究，所蒐集到的市場資訊，就可以用來發展一套有效的行銷計畫及其後要做的廣告計畫。市場研究，則是行銷研究的一部分，它是用來蒐集特定市場與競爭品牌的相關訊息。

2. 消費者洞察研究

人口統計資料與心理描繪資料，就經常被用來描繪目標閱聽眾。另外有一種消費者洞見研究，則是用來發掘消費者對某一產品的心理感受與使用動機。

3. 媒體研究

媒體企劃始於媒體研究，媒體研究指的是蒐集所有媒體的相關資訊，並利用它來規劃獨特的媒體企劃。

4. 訊息發展研究

開始發展廣告時，他們會使用各種正式與非正式的訊息發展研究。他們會閱讀所有由客戶與企劃人員所提供的次級資料，以便對品牌、企業，以及產品類別有較多的了解。

5. 正式研究

也會被用在訊息發展上，以評估不同創意概念的相對威力，稱爲概念測試。

評估研究當廣告作品完成後，爲確保其在刊登後會產生預期的效果，也可使用前測事先檢測其有效性。另外一個評估研究，則是在廣告刊播之中與之後實施，通稱爲廣告效果測試。若是在廣告刊播中實施，目的是在追蹤廣告所引起的消費者反應。

市場區隔與鎖定目標市場

1. 區隔市場

有關區隔市場的方法，包括：

(1) 人口統計區隔法
(2) 地區區隔法
(3) 心理描繪區隔法
(4) 行為區隔法
(5) 價值／利益區隔法

2. 鎖定正確的目標閱聽眾

(1) 透過傳播媒體可以實際接受訊息
(2) 在訊息決策上都會很有幫助

廣告企劃需要的資訊與研究

1. 市場資訊

(1) 行銷研究
(2) 蒐集特定市場與競爭品牌的相關訊息

2. 消費者洞察研究

(1) 用來發掘使用動機
(2) 人口統計資料與心理描繪資料的使用

3. 媒體研究

(1) 指蒐集所有媒體的相關資訊
(2) 利用它來規劃獨特的媒體企劃

4. 訊息發展研究

(1) 正式與非正式的
(2) 對品牌、企業有較多的了解

5. 正式研究

(1) 稱為概念測試
(2) 使用廣告效果測試

Unit 11-7 策略性研究的種類

一、次級研究

針對特定主題，蒐集已經公開發布的資訊的一種背景研究。

次級研究並不是指這類訊息是次等的資訊，乃是因爲這些資訊，已經由他人蒐集與公布了。對於任何一個廣告主而言，這是個市場上早已存在許多可用的次級資訊，包括：

1. **政府機構**：各層級政府機構，都會定期發布統計資訊，這些資訊可以實際幫助廣告與行銷活動的規劃，尤其是人口統計資料，對目標消費者與市場區隔的規劃幫助最大。
2. **公協會**：指的是由各產業所籌組而成的非營利專業公會與協會，目的在服務會員。這些公協會，會定期發布官方報告，這些報告對廣告企劃也有實際的幫助。
3. **次級研究供應商**：由於次級研究非常龐雜，要自行蒐集並非易事，於是，專業的次級研究供應商就應運而生，他們的工作，主要在幫各企業主蒐集所需的次級研究資料。
4. **網路次級資料**：在網路上，幾乎已經可以找到任何企業的網站，網站資訊通常都是可信度非常高的客觀資料，很適合用來當作市場情境分析之用。

二、初級研究

一種蒐集一手資料的研究，係針對原始的資訊來源所進行的首次資訊蒐集，企業可以自行從事出擊研究，也可以僱用專業研究公司代勞。

三、量化研究

運用統計分析與數量化的資料以了解消費者如何思考與行爲，爲了提出有效的預測，這類的研究必須遵循嚴謹的科學步驟。量化研究具有兩項特質：大樣本數、隨機抽樣。基本上檢視消費者反應的大量資料，在市場決策上相當有幫助。

四、質化分析

較屬於探索性研究，並使用深入探索的技巧，以獲取洞見，並爲未來進一步的量化研究指出問題與假設。由於質化研究通常是以小樣本進行研究，因此廣告主無法據此將研究發現或結論直接投射到較大的母體上，而是用來更加了解市場，進而提出可以用量化研究加以驗證的假設。

五、實驗法

指的是利用實驗室法則，在控制其他可能的變因後，將參與測試的受測者隨機分爲兩組，並以不同實驗物，分別對兩組施測，並比較其差異反應的一種研究法。它通常用來調查某種因素對市場銷售量的影響，這種方法是在一定條件下進行小規模實驗，然後對實際結果作出分析，研究是否值得推廣。它的應用範圍很廣，凡是某一商品在改變品種、品質、包裝、設計、價格、廣告、陳列方法等因素時，都可以應用這種方法，調查用戶的反應。

六、調查法

即市場調查法，係指有系統地蒐集、記錄、分析新資訊，以幫助行銷決策。市場調查法是一種企業組織有關人員進行市場調查分析，確定促銷效果的方法。這種方法比較適合於評估促銷活動的長期效果，它包括確定調查項目和調查法的實施方式兩方面內容。

次級研究

01 政府機構
定期發布統計資訊

02 公協會
定期發布官方報告

03 次級研究供應商
提供專業的次級研究

04 網路次級資料
用來當作市場情境分析之用

初級研究

1. 蒐集一手資料的研究
2. 自行從事出擊研究
3. 僱用專業研究公司代勞

量化研究

1. 運用統計分析與數量化的資料
2. 了解消費者如何思考與行為
3. 具有大樣本數、隨機抽樣兩項特質
4. 在市場決策上相當有幫助

質化分析

1. 較屬於探索性研究以獲取洞見
2. 通常是以小樣本進行研究
3. 用來更加了解市場

實驗法

1. 利用實驗室法則
2. 比較其差異反應
3. 調查對市場銷售量的影響因素
4. 調查用戶的反應

調查法

1. 進行市場調查分析確定促銷效果的方法
2. 比較適合於評估促銷活動的長期效果
3. 包括：
(1) 確定調查項目
(2) 調查法的實施方式

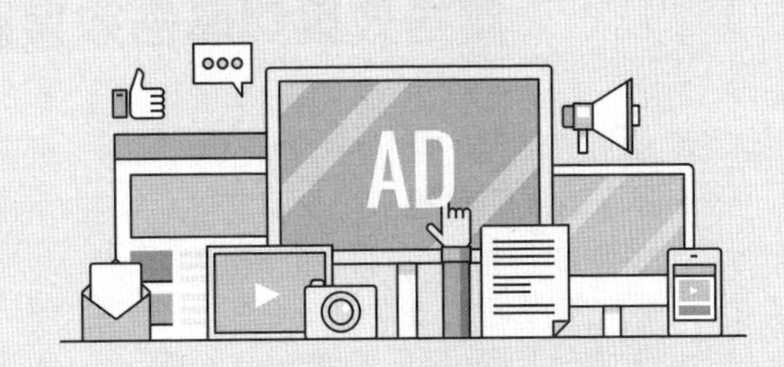

第 12 章

廣告效果

章節體系架構

Unit 12-1 廣告效果與廣告效果測評

一、廣告效果的定義

廣告是一種廣而告之的資訊傳播活動，它所產生的效果是多元的、廣泛的，既會對消費者有影響，也會對企業、社會有影響。籠統地說，廣告效果可以理解爲廣告資訊傳播出去之後對受眾產生的所有直接或間接的影響，也就是廣告活動對資訊傳播、產品銷售及社會經濟等產生的各種影響。

二、廣告效果的特性

廣告活動是一種綜合性的、複雜的資訊傳播活動，它既可以透過各種表現形式來體現，也可以透過多種媒介組合來傳播，還會受到企業其他行銷活動、同業競爭廣告和有關宣傳活動的影響。美國市場行銷專家曾說，影響產品銷售的因素有三十七個之多，除了廣告，還有公關、商品價格、包裝、消費者購買力、區域環境等，廣告活動只是促進銷售的方式之一，因此很難斷定廣告活動的最終效果是否就是廣告活動本身帶來的效果。廣告效果從總體上來說並不是單一的，不能用簡單的方式加以區分，只有從整體上把握影響廣告活動的各種因素，才能測知廣告的實際效果。

三、廣告效果的表現形式

廣告媒體效果主要有哪些表現形式？對於不同的媒體來說，具體的情況是怎麼樣的？

報紙、雜誌、廣播、電視、手機、網路等媒體，都是廣告主向消費者傳達廣告資訊、展示企業產品和服務的媒介。各種媒體承載的廣告投放後所產生的傳播效果可以分爲兩種形式：一方面是量的形式，即媒體廣告的接觸人數，指的是廣告覆蓋面的廣度；另一個方面是質的形式，即廣告在說服方面的效果，指的是廣告針對某一產品或服務進行說服的深度。

1. 量的形式

近幾年，隨著廣告業的不斷發展，逐漸出現了一些專業的公司，例如：AC尼爾森和實力傳播（Zenith Media）等。這些公司的主要職能就是透過專業研究人員對各種資料和數據進行調查和分析，爲客戶提供廣告投放的依據和建議。而這些公司對媒體的評估，主要是從以下幾個方面進行：

⑴ 媒體廣告分布量是指各種媒體廣告的總量：比如電波媒體是指接收區域內，收看或收聽的電視機或收音機的台數；印刷媒體是指其銷售份數；戶外媒體則是指其設置的裝置數。

⑵ 媒體視聽眾：不同的媒體有不同涵義的視聽眾。對於電波媒體，是指各節目的視聽者數，報紙、雜誌等印刷媒體指的是讀者數，戶外媒體指的是「視或聽」者的人數。

⑶ 廣告視聽眾：是指各媒體所刊載或播放的廣告接觸人數。

2. 質的形式

媒體的廣告效果不僅表現爲各種可計算的量的形式，還表現出質的特性。因此對媒體廣告的效果測定，不僅要進行各種資料的測算，還要進行質的評估。

廣告媒體質的形式，主要是指廣告透過媒體傳達的資訊對受眾造成的不可資料化的影響，比如對受眾接受程度、對產品態度的影響等。

廣告效果的定義

01 廣告所產生的效果是多元的、廣泛的

02 廣告活動的影響

1. 對資訊傳播、產品銷售的影響
2. 對社會經濟的影響。

廣告效果的特性

1. 綜合性的、複雜的資訊傳播活動

2. 影響美國市場產品銷售的因素有三十七個之多

廣告效果的表現形式

1. 量的形式

❶ 媒體廣告分布量是指各種媒體廣告的總量。
❷ 媒體視聽眾。
❸ 廣告視聽眾。

2. 質的形式

對受眾造成的不可資料化的影響
❶ 對受眾接受程度
❷ 對產品態度的影響等

Unit 12-2 廣告效果的事前、事中和事後測評

廣告效果測評是指運用科學的方法來鑒定所作廣告的效益。廣告效果可分爲事前、事中和事後三種不同的測評方法，分別說明如下：

一、廣告效果的事前測評

廣告效果的事前測評是在廣告作品尚未正式刊播之前，邀請有關廣告專家和消費者團體進行現場體驗或在實驗室運用各種儀器來測定人們的各種心理活動效應，審查廣告作品存在的問題，及時提出修改意見，以保證廣告在正式發布之後能產生最佳的傳播效果。

常用的事前測評方法有內部評估法、消費者意見法、投射法、儀測法。例如：以消費者意見法爲例，廣告主可以測試廣告的文字、圖案、聲像、人物、表達方式等，對目標消費者的視覺、聽覺、心理的影響，以及受訪者對廣告的理解，進而測試廣告中的關鍵訊息是否能被目標消費者準確理解。

二、廣告效果的事中測評

透過廣告效果的事中測評，我們可以準確地了解在實際環境中，消費者對廣告作品的反應，測評的結果更加準確可靠。它的目的是測量廣告事前評估中未能發現或確定的問題，以便儘早發現並及時加以解決。這種測試大多在實際情景中進行的。由於當今媒體費用昂貴，營銷狀況不斷變化，市場競爭日益激烈，因此，愈來愈多的廣告主十分重視在廣告戰役進行中對其廣告的效果進行測量、評估，以便及時調整廣告策略，對市場變化儘早作出反應。然而，廣告效果的事中測評的缺點是，很難再對廣告作品和媒介組合方式進行修改。常用的測評方法有市場實驗法、回函詢問法、分割測定法。以分割測定法爲例，即是在所使用刊物的不同期數上刊登不同廣告，然後根據銷售反應來確認哪個廣告效果最佳。

三、廣告效果的事後測評

廣告效果的事後測評主要是在廣告活動結束後進行測評，這是最常採用的一種方法。它是根據既定的廣告目標來測評廣告結果。因此，評估的內容視廣告目標而定，包括品牌知名度、品牌認知、品牌態度及其改變、品牌偏好及購買行爲、與預設廣告目標的差異、銷售市場占有率的變化等等。雖然事後測評不能像事前、事中測評那樣可以直接指導廣告的運作，但卻可以測評出廣告公司的工作業績，爲今後的廣告運作提供參考依據。常用的廣告效果的事後測評方法有回憶測定法、識別法、銷售反應法。

從廣告效果測評的目的來看，廣告事前測評、事中測評和事後測評的最大差別在於，前兩者的作用在於診斷，目的是找出並及時消除廣告中的溝通障礙；而廣告效果事後測評的作用則是評價廣告刊播後的效果，目的是了解廣告實際產生的結果，以便爲今後的廣告活動提供一定的借鑒。

總之，廣告效果測評的作用在於檢測品牌建立的階段，每一階段中的廣告攻勢目標是否達到，以及分析阻礙達成的可能原因。

廣告效果的事前測評

1. 現場體驗，邀請對象

(1) 廣告專家
(2) 消費者團體

2. 常用的事前測評方法

(1) 內部評估法
(2) 消費者意見法
(3) 投射法
(4) 儀測法

3. 測試廣告中的關鍵訊息

是否能被目標消費者準確理解？

廣告效果的事中測評

目的

發現問題，儘早解決。

缺點

很難進行修改。

常用的測評方法

(1) 市場實驗法
(2) 回函詢問法
(3) 分割測定法

廣告效果的事後測評

01 測評廣告結果作為借鑑

02 評估內容視廣告目標而定

03 方法

1 回憶測定法　2 識別法　1 銷售反應法

Unit 12-3 廣告效果的測試範圍

廣告傳播效果是衡量廣告有效性的重要指標，因此對它的測試顯得極為重要。廣告傳播效果的測試，主要是對廣告到達目標消費者後產生的影響進行考察評估。廣告傳播效果的測試主要包括：廣告表現效果的測試、媒介接觸效果的測試和心理變化效果的測試三個方面的內容。

一、廣告表現效果的測試

廣告表現效果的測試就是對廣告作品進行測試，包括對廣告主題、廣告創意、廣告作品樣稿等要素進行評價和分析。測試的內容主要包括：

1. 廣告主題是否明確、針對性強，能否被消費者認可？
2. 廣告創意是否新穎別緻、突出主題，感染力如何？
3. 廣告作品樣稿是否完善，消費者反應如何？

二、媒介接觸效果的測試

在廣告活動中，廣告媒介是一個特殊的角色，它既是連接商品和消費者的橋梁，又是廣告主和廣告公司之間的紐帶。一般來說，80%的廣告費用都用在購買播放時間和刊登版面上，如果媒介選擇不當，不僅會影響廣告效果的實現，也會浪費廣告費用，所以，對廣告媒介的測試非常重要。媒介接觸效果的測試就是對廣告受眾接觸特定媒介和特定廣告作品的效果進行評估，包括廣告媒介組合的測試、印刷媒介及電子媒介的測試等。

測試的內容主要包括：

1. 媒介選擇是否正確，重點媒介與輔助媒介是否搭配合理，成本是否較低，競爭者的媒介組合情況如何。
2. 媒介選擇是否符合目標消費者的接觸習慣。
3. 印刷媒介的覆蓋範圍、發行量、受眾成分和閱讀狀況如何，電子媒介的視聽率和認知率調查。
4. 其他媒介的傳播效果如何。
5. 廣告發布的時間、頻率是否得當，廣告節目的空間位置是否適宜。

三、心理變化效果的測試

心理變化效果的測定是指消費者接觸廣告資訊後，在認知、感覺、情感、意志上產生的心理變化，具體內容包括以下幾個方面：

1. **感知程度的測試**：如廣告到達地區的報紙及雜誌的發行量有多大、閱讀狀況如何、讀者的構成情況如何、廣告到達地區的消費者家庭電視機普及率是多少、每天收看電視節目的時間段、哪個節目最受歡迎等。
2. **認知程度的測試**：如報紙平均每期閱讀率（即每期報紙的閱讀人數占總人口的比率）、千人成本（即1,000個讀者看到廣告需要花費的廣告費用）、精讀率（即認眞閱讀50%以上廣告內容的讀者的百分比）是多少，產品或品牌的知名度如何。
3. **態度變化的測試**：如目標消費者對產品或品牌廣告觀念的理解度和喜好度如何，接受廣告內容改進的目標消費者的數量是多少。
4. **行動購買的測評**：這是指消費者購買商品，接受勞務或響應廣告再訴求所採取的有關行為。一般可以採取「事前事後測定法」得到有關的數據，例如：目標消費者對產品或品牌的購買慾望率是多少？

廣告表現效果的測試

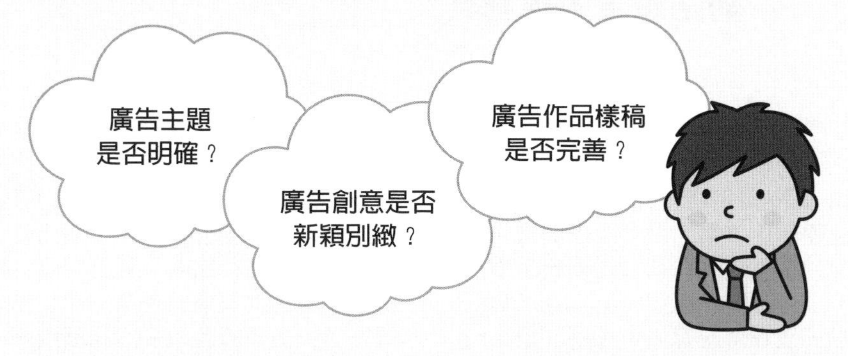

媒介接觸效果的測試

1. 指對廣告的效果進行評估

2. 測試的類別

(1) 廣告媒介組合的測試　(2) 印刷媒介的測試　(3) 電子媒介的測試

3. 測試的內容

(1) 媒介選擇是否正確？

(2) 媒介選擇是否符合目標消費者的接觸習慣？

(3) 印刷媒介的覆蓋範圍、發行量、受眾成分和閱讀狀況如何？

(4) 其他媒介的傳播效果如何？

(5) 廣告發布的時間、頻率是否得當？

心理變化效果的測試

指消費者接觸廣告資訊後，在認知、感覺、情感、意志上產生的心理變化。

具體內容

1. 感知程度的測試
2. 認知程度的測試
3. 態度變化的測試
4. 行動購買的測評

Unit 12-4 網路廣告效果測試

隨著網路逐漸商業化，網路廣告也隨之發展起來。自從1994年10月美國Hotwired網站賣出全球第一個網路廣告之後，這種顏色鮮豔、帶有動感的廣告迅速流傳到全世界。在如今媒體競爭激烈的情況下，網路媒體憑著其自身所具備的特點，正在傳統媒體所控制的廣告市場上開創屬於自己的一片天地。

一、網路廣告

目前台灣最活躍的社群媒體爲Facebook，平均每人一天會花超過50分鐘的時間在使用 Facebook（包含旗下的Instagram和Messenger），而Facebook的廣告投放目前分爲四大主體：Facebook、Instagram、Audience Network，以及Messenger。目前Facebook廣告可以細分爲：動態消息廣告、右欄廣告、即時文章、插播影片。

這些投放在網路廣告的活動實施以後，必須透過對廣告活動過程的分析、評價及效果反饋，才能夠檢驗廣告活動是否獲得了預期效果。

二、網路廣告監測內容

1. **視聽眾露出度**：指一則廣告在網站被播放的次數，也就是一則廣告可以接觸到受眾的次數。這是網路媒體廣告一個主要的檢測內容，但是這個指標卻很難精確地反映受眾眞正接觸廣告的頻率和次數。
2. **網頁瀏覽量**：網頁瀏覽量是從網站的角度出發，網站伺服器送出網頁，記錄瀏覽者瀏覽網頁的動作。如果一個網站愈受歡迎，那麼它能夠產生的網頁瀏覽量就愈高，其廣告訊息被訪問者記住的機會也就愈高。
3. **點擊率**：當網站的瀏覽者透過點擊橫幅廣告而瀏覽一次廣告主的網頁，就稱爲點擊一次。點擊率就是將廣告被點擊的次數除以廣告播放的次數而得到的結果。網站的瀏覽者在看到廣告的訊息以後，如果對廣告產品比較感興趣，進而進行點擊，就說明廣告資訊已經眞正地傳播給受眾，而且受眾願意了解更多關於產品的詳細內容。因此這是一個重要的監測指標。
4. **千人成本**：千人成本（CPM）是評價網路廣告最常用的標準。千人成本可以爲廣告主提供一個標準，將各種網路媒體進行價格的比較。

三、網路媒體效果測評方法

1. **利用伺服器終端的瀏覽軟體進行監測**：我們可以使用一些專門的軟體對廣告進行監測和分析，生成詳細的報表。透過這些報表，廣告主可以了解在什麼時間、有多少人瀏覽過投放廣告的頁面，有多少人透過廣告直接進入廣告主的網站等。不同的程式會顯示不同的資料選項，使用這些軟體就能得到網站的瀏覽記錄。
2. **根據客戶回饋量實行監測**：一般來說，如果廣告投放後，受眾的反應比較強烈，回饋量較大，則說明所投放的廣告比較成功；反之，則說明廣告的投放不很成功。比如我們可以透過廣告投放後資料、表格的提交量和E-mail的發送量，來判斷廣告投放的效果。
3. **借助廣告測試機構進行測試**：對網站廣告效果進行測試是一個比較新的領域，國內目前還只是處於起步階段，而在網路媒體發展比較成熟的美國，已經出現了許多家知名的網站測試公司，如Media Metrix和Relevant Knowledge等。

網路廣告

目前台灣最活躍的社群媒體為 **Facebook**

Facebook的廣告投放主體

- 01 Facebook
- 02 Instagram
- 03 Audience Network
- 04 Messenger

目前Facebook廣告可細分

- 01 動態消息廣告
- 02 右欄廣告
- 03 即時文章
- 04 插播影片

網路廣告監測內容

視聽眾暴露度

指一則廣告在網站被播放的次數

網頁瀏覽量

1. 網站伺服器送出網頁
2. 記錄瀏覽者瀏覽網頁的動作

點擊率

將廣告被點擊的次數除以廣告播放的次數而得到的結果

千人成本（CPM）

是評價網路廣告最常用的標準

網路媒體效果測評方法

01 利用伺服器終端的瀏覽軟體進行監測

02 根據客戶回饋量實行監測

03 借助廣告測試機構進行測試

Unit 12-5 媒體組合的形式及其效果的評估

一、媒體組合的定義

所謂媒體組合是指在同一時期內，運用各種媒體發布內容基本相同的廣告。媒體組合是大中型企業常用的媒介策略，它比運用單一媒體的廣告效果要大得多。任何一種媒體都不可能覆蓋廣告的全部目標市場，因此廣告主在策劃一個廣告活動時，常常不只使用單一的廣告媒體，而是有目的、有計畫地利用多種媒體來展開廣告活動。媒體組合不僅使廣告對象接觸廣告的機會增多，還能造成一種聲勢，引人關注。

二、媒體組合的種類

媒體組合的形式主要有以下幾種：

1. 同類媒體的組合

就是把屬於同一類型的不同媒體組合起來運用，進行廣告投放。比如組合運用全國性和地方性的報紙媒體，或者同時投放報紙和雜誌媒體等。

2. 不同類型的媒體組合

就是把不同類型的媒體結合起來使用，比如組合運用廣播、電視和報紙媒體等。這種方式有利於充分發揮各種媒體的優勢，產生各種媒體的協同作用，實現較好的露出率和到達率。

3. 外部媒體與自身媒體的組合

就是把各種大眾媒體與企業自身的傳播媒體結合起來使用。比如，不僅在大眾媒體上做廣告，還要在企業內部的媒體上進行宣傳，或者透過企業終端進行廣告投放。

4. 掌握廣告投放技巧的細節問題

選擇了適當的媒體和媒體組合以後，就應該考慮各種具體的投放細節問題。

首先要作好廣告排期，根據產品的特性選擇特定時段或者確定全年的投放計畫，如有的產品季節性比較強，那麼在廣告發布的過程中就應該考慮到消費的季節性問題，重點投放到某個時間段的廣告。其次要選擇合適的發布時機，要時刻關注各種事件、活動的進行，進行適量的廣告投放。如各種體育賽事的舉行，對於某些運動品牌、服裝品牌等來說就是一個好的機會。

三、廣告媒體組合效果的評估

媒體投放的過程中，往往是同時運用幾種媒體進行廣告宣傳，因此廣告媒體的組合效果也很重要。廣告媒體組合測試，就是評估選定的媒體及其組合是否針對目標市場進行有效的說服。尤其是廣告主媒體投資的目的是要達到廣告效果，如知名度的建立、偏好度的提高、忠誠度的鞏固等，即媒體效果。因此媒體投資評估不應只關注媒體受眾規模、千人成本、接觸人數等關於媒體效率的因素，還應考慮那些看不見的、難以簡單量化的，卻與目標受眾對廣告訊息的接受效果有直接關係的因素。

媒體組合效果測試的主要內容有：

1. 不同媒體的傳播優勢是否得到互補，重點媒體與輔助媒體的搭配是否合理，是否被所有的目標消費者接觸到。
2. 媒體覆蓋影響力的集中點是否與廣告的重點訴求對象一致。
3. 媒體組合的整體傳播效果是否降低了相對成本。
4. 本廣告的媒體組合與競爭對手的媒體組合相比是否有競爭力。

媒體組合的定義

1. 指在同一時期內運用各種媒體，發布內容基本相同的廣告。
2. 有目的、有計畫地利用多種媒體來展開廣告活動。
3. 造成一種大的聲勢，因而容易引人關注。

媒體組合的種類

1. 同類媒體的組合
2. 不同類型的媒體組合
3. 外部媒體與自身媒體的組合
4. 掌握廣告投放技巧的細節問題
   - 要作好廣告排期
   - 選擇合適的發布時機

廣告媒體組合效果的評估

廣告媒體組合測試

1. 不同媒體的傳播優勢是否得到互補？
2. 影響力是否與廣告的重點訴求對象一致？
3. 整體傳播效果是否降低了相對成本？
4. 與競爭對手相比是否有競爭力？

Unit 12-6 無效廣告出現的原因與對策

一、無效廣告出現的原因

由媒體投放方面的問題而導致的無效廣告，一般有以下幾個原因：

1. 媒體選擇不恰當

媒體選擇的主要任務是確定媒體的投放類型和方向。如果媒體選擇過程中出現失誤，那麼整個廣告計畫就會受到較大的影響。媒體選擇的主要依據是廣告產品的目標受眾和目標市場，以及媒體本身的特徵和受眾群。媒體投放需要確定廣告投放所需要的媒體類型和主要的選擇區域。

2. 媒體情況把握不準確

現在，出現了愈來愈多的調查公司，但是因爲目前有相當一部分媒體提供的資料並不十分精確，而且僅僅根據這些資料，廣告主很難準確推算出廣告的效果，也就不一定能達到所要實現的預期廣告效果。因此，對媒體詳細情況把握不夠準確，導致了廣告主的廣告投放效果的不確定。

3. 廣告投放不科學

媒體選擇和分析的工作做好以後，就應該實施具體的媒體投放了。廣告的投放大有學問，也是需要精心安排的。比如一些季節性較強的產品，就應該在銷售旺季來臨的時候加大投放密度，加強消費者的記憶，進而在旺季能夠達到銷售的高峰。

二、針對無效廣告的對策

爲了保證廣告費的每一分錢都能有助於廣告效果的發揮，就應該在廣告投放之前制定出最爲合理的媒體計畫，找到合適的媒體，確定最佳的媒體組合並作好廣告排期。

1. 充分了解媒體

在對廣告媒體的選擇上，廣告主不能盲目相信各種資料，比如收視率、發行量等，因爲此根據不一定就能精確地計算出廣告的效果。一般來說，在報紙的總體閱讀率和發行量的基礎上，必須進一步利用版面閱讀率等資料，才能準確測定廣告的傳播效果。

2. 以目標受眾爲中心來選擇媒體

進行廣告投放首先要調查研究目標受眾的生活習慣，選擇目標受眾經常閱讀或接觸的媒體。例如：《時尚男士》雜誌就是面對城市白領男性讀者的，產品比如男用香水、高檔男裝等就可以在此投放。

3. 結合產品進行廣告投放

媒體投放的檔期應當適合產品不同的生命週期。每種產品面世以後，都會經歷市場導入期、成長期、成熟期、衰退期。產品在不同的生命週期對廣告主題、表現形式、內容的要求都是不一樣的，這就需要廣告主了解產品的生命週期，按照產品所處的發展階段進行廣告投放。一般來說，在產品的導入期和成長期應當以高頻度播放廣告，使其能夠儘快打入市場，以鞏固消費者的忠誠度。

4. 確定正確合理的媒介組合

媒介組合帶給廣告傳播的效果可以有兩種：一種是相輔相成的效果，即各種媒體的效果互相促進；另一種是互補的效果，即各種媒體的效果互相補充。這兩種效果都不僅僅是單純的媒體效果的加乘，其效果的綜合遠遠大於各種媒體效果的分別相加。

無效廣告出現的原因

針對無效廣告的對策

1. 充分了解媒體
2. 以目標受眾為中心來選擇媒體
3. 結合產品進行廣告投放
4. 確定正確合理的媒介組合
   - 相輔相成的效果
   - 互補的效果

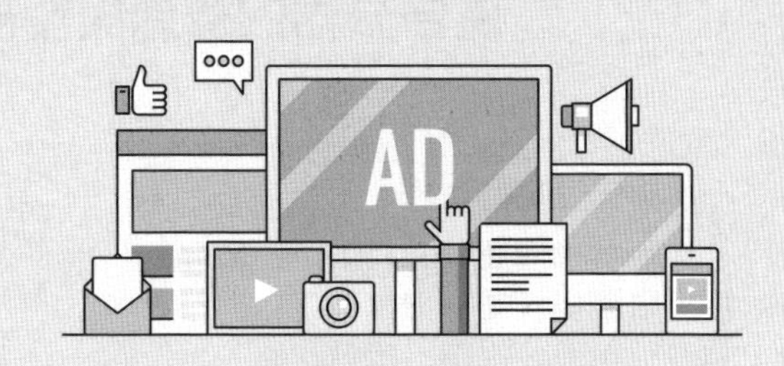

廣告的經營與管理

章節體系架構

Unit 13-1 廣告公司的概念與發展

一、廣告公司的概念

廣告代理商（advertising agency）即廣告公司，是指從事廣告代理業務，爲客戶創造、規劃、或執行廣告工作的代理商，其工作的範圍可能涵蓋曝光、內容和戰略等方面的部分或者全部。一家廣告代理商是獨立於客戶之外，爲客戶的產品或服務銷售提供外部服務。這類公司也可能會協助客戶整體的行銷或品牌策略，包括協助客戶發想行銷的策略，執行的方法還有追蹤執行後的效果。美國《現代經濟詞典》將廣告公司定義爲：「以替委託人設計和製作廣告方案爲主要職能的服務性行業。」廣告公司是一個歷史產物，它不是一開始就有的，而是伴隨著貿易的發展、市場的成熟、商業的進步，以及廣告的產業化浪潮而逐步產生起來的。廣告公司是廣告業的核心組織，也是市場經濟的重要參與者。

二、公司的發展脈絡

對於廣告的發展階段，人們一般都採納廣告學者樊志育提出的「四段說」，即媒體版面代理時期、客戶代理時期、全面代理時期、整合傳播代理時期。

1. 媒體版面代理時期

由於最早進行廣告業務的主體是報紙，廣告公司的母體是報社的廣告部門，因此早期的廣告公司都無法脫離報業。帕爾默建立的廣告公司自稱是「全國的報紙代理商」，專門爲其代理的報紙兜售廣告版面。1865年，喬治・羅威爾在波士頓創辦了一家規模更大、更專業的廣告批發代理公司——羅威爾廣告事務所。

這一時期的廣告公司被稱爲「報紙掮客」，靠對報紙版面的低買高賣來賺錢，除了單純的報紙版面買賣之外，不提供任何市場調查、制定策略、設計作品等服務，因此稱爲媒體版面代理時期。

2. 客戶代理時期

1869年，法蘭西斯・艾爾在美國開設了艾爾父子廣告公司，標誌著廣告公司進入了客戶代理時期。該公司是現代廣告公司的先驅，不僅推銷報紙廣告版面，還爲客戶提供文案設計、媒體安排、廣告製作等專業服務，並將廣告代理佣金固定爲15%，這已成爲一種國際慣例。

1876年，艾爾公司將廣告公司、廣告主、媒體之間的權利和義務制度化，基本確立了現代廣告代理制度。

各廣告公司開始調整經營方式，競爭焦點轉爲替客戶提供服務。到了19世紀末，廣告公司已具備了一定的專業化水準。

3. 全面代理時期

到了20世紀初，廣告公司的理論研究水準、管理水準、技術水準都提高了，廣告代理制在美國基本成形，並逐漸成爲國際通行的廣告經營機制。企業發展也從銷售導向進入行銷導向時代。爲了應對競爭，企業需要更專業、更全面的廣告代理服務。

4. 整合傳播代理時期

20世紀末，全球化時代到來，大型跨國廣告公司的誕生和追求品牌的行銷理念得到普及。進人21世紀，整合行銷傳播理念被大家所接受，並成爲廣告公司的經營重點和發展方向。

廣告公司的概念

1. 廣告代理商（advertising agency）：即廣告公司，其工作的範圍可能涵蓋曝光、內容和戰略等方面的部分或者全部。

2. 美國《現代經濟詞典》將廣告公司定義為：「以替委託人設計和製作廣告方案為主要職能的服務性行業。」

3. 廣告公司是廣告業的核心組織，也是市場經濟的重要參與者。

廣告公司的發展：四段說

1. 媒體版面代理時期

1. 最早進行廣告業務的主體是報紙。
2. 帕爾默建立的廣告公司自稱是「全國的報紙代理商」。
3. 這一時期的廣告公司被稱為「報紙掮客」，只做單純的報紙版面買賣。

2. 客戶代理時期

1. 1869年，法蘭西斯・艾爾在美國開設了艾爾父子廣告公司。
2. 是現代廣告公司的先驅。
3. 推銷報紙廣告版面。
4. 為客戶提供文案設計、媒體安排、廣告製作等專業服務。
4. 1876年，艾爾公司確立了現代廣告代理制度。

3. 全面代理時期

1. 到了20世紀初，廣告代理制在美國基本成形。
2. 企業發展也從銷售導向進入行銷導向時代。
3. 企業需要更專業、更全面的廣告代理服務。

4. 整合傳播代理時期

1. 20世紀末，全球化時代到來。
2. 大型跨國廣告公司的誕生。
3. 追求品牌的行銷理念得到普及。
4. 21世紀，整合行銷傳播成為廣告公司的經營重點和發展方向。

Unit 13-2 廣告代理業與企業經營的關係

一、廣告代理業

根據美國廣告代理業協會（The American Association of Advertising Agency）對廣告代理業的定義：廣告代理業爲一獨立之事業體系，由創意與業務人員所組成，主要進行媒體廣告的發展、籌劃與安排，幫助賣方爲其商品與服務尋求顧客。上述定義已能清楚說明廣告代理業的組織結構、運作型態與組織目標。而根據內政部對職業的分類與定義，廣告代理業屬於工商服務業，工作的範疇包括：「凡從事各種宣傳媒體如文字、圖案、表格、影片、幻燈片、模型等之設計、繪製、攝影、模型、選擇場所及裝置等行業均屬之。」

二、廣告與企業經營

如果從企業經營的角度檢視廣告，可發現廣告與企業經營的關係如下：

1. 推動經濟生產

目前企業經營與廣告活動之間已經密不可分，如果生產廠商無法將產品或服務推薦給消費者知道，這個消費社會一旦不流通，就不可能促進經濟的發展，因此廣告投資在經濟成長上的確具有推動的力量。此外，以往產品的銷售有限，在量少的情形下，產品生產的單價成本自然會比較高。但是因爲廣而告知的廣告傳播，讓更多消費者知道產品訊息，也刺激更多消費者的消費。

2. 廣告可以鞏固顧客群

廣告主除了推出新產品外，也要將現有產品重新定位或鞏固消費者的忠誠度，而廣告就是一項有利的工具。尤其在講求顧客關係管理的行銷趨勢中，廣告主已經不僅要吸引消費者購買產品而已，更要提供更多產品相關的服務，維持品牌形象。

3. 廣告可以促進產品的創新

以前品類競爭不激烈時，行銷的生態以企業主爲主，亦即他們生產什麼，消費者就購買什麼，可以選擇的產品與品類並不多。但現在的行銷環境，廣告主（即企業主）如果不了解消費者實際與心理需求，或不能創造消費者的需求市場，基本上是無法經營生存的。

4. 廣告代理業可以有效促進行銷活動

上述的三點中可以知道，廣告主有絕對的理由應該要重視廣告。雖然廣告主大都設有行銷部門，負責市場的行銷活動，而廣告也是行銷活動的一部分，但大部分的廣告主也都會找廣告代理業負責企劃整個廣告活動。廣告主故意花錢找廣告代理業的原因可歸納如下：

⑴ 專業性：廣告公司既然是因應市場互動需求的機制下所產生，從業人員就必須有他人所無法展現的專業知能與技能，才有可能在市場中生存。

⑵ 節省成本：如果由廣告主自行設置廣告部門或行銷部門，所需要的人事費用就會變成常態性支出。廣告又是一個團隊工作，繁雜的工作項目所需要的人力並非只有少數一二個即可完成，因此委由廣告代理業執行，可以節省人事費用的支出。

⑶ 媒體的互動性：廣告代理商對於媒體現況的掌握比廣告主清楚，跟各媒體之間的互動關係也維持良好，因此委由廣告代理業執行媒體刊播，可以省去廣告主不少的精力與時間。

廣告代理業

1 美國廣告代理業協會（The American Association of Advertising Agency）

廣告代理業為一獨立之事業體系，主要幫助賣方為其商品與服務尋求顧客。

2 我國內政部

廣告代理業工作的範疇，包括：「凡從事各種宣傳媒體如文字、圖案、影片、幻燈片……及裝置等行業均屬之。」

廣告與企業經營

01 推動經濟生產

02 廣告可以鞏固顧客群

03 廣告可以促進產品的創新

04 廣告代理業可以有效促進行銷活動 → 廣告主花錢找廣告代理業的原因：(1)專業性 (2)節省成本 (3)媒體的互動性

Unit 13-3 廣告預算編擬的步驟與方法

一、廣告預算查核表

全美廣告協會將廣告預算設定一個查核表供參考，作爲廣告預算編擬的步驟進行表：

1. 蒐集相關資料：如銷售額、行銷計畫、競爭者過往資料。
2. 決定企業目標及銷售目標。
3. 決定行銷戰略。
4. 決定行銷計畫中的廣告功能。
5. 廣告計畫以及廣告策略模式。
6. 決定廣告經費。
7. 分配廣告經費。

二、預算分配考量要素

通常因爲市場的變化性大，所以廣告預算並非固定不變，有時會因爲競爭品牌的策略或媒體價格的調漲等因素而使預算增加，因此擬定廣告預算時必須有一些預備金，以應付一些變化。通常預算分配考量要點爲：

1. **何種媒體**：依照廣告的目標來決定採用何種媒體之外，同時也要決定其預算比例的分配。雖然很多廣告主會將電視廣告的預算占多數比例，但並不見得適用所有產品的廣告計畫。
2. **媒體內的選擇**：決定媒體的比例外，同樣要決定同一媒體內的預算比例，因爲每個媒體內的性質、強弱、閱聽眾屬性、時段版面的風格各有不同，預算比例的分配自然也會有所不同。
3. **銷售區域別**：廣告主也可依照銷售區域的銷售強弱之情形來分配預算，通常銷售較弱的地區會使用較多的廣告預算來鼓勵經銷商銷售，而銷售良好的地區，就只需要用足以維持該產品競爭地位的廣告預算即可。
4. **季節別**：許多的產品有其季節性，因此廣告主也會依照一年中消費者對產品需求量的多寡來分配廣告預算。當產品需求量大增時，廣告預算的分配比例也較多，因爲也有更多的品牌競爭。但即使需求量小時，有些廣告主仍會維持推出廣告，其目的就是要維持消費者的品牌認知與印象。
5. **產品類別**：愈大規模的廣告主旗下生產的產品系列就愈多，廣告主會依照產品的市場策略，對各類產品分配廣告預算。通常是要推出新產品時，能獲得較多的廣告預算，因爲要進行品牌知名度的建立，需要較多的廣告預算。
6. **製作費**：每則廣告的製作費用不同，平面媒體、電子媒體與網路媒體的製作費均有差異，但都屬於廣告活動的預算。

三、廣告預算制定的方法

1. **歷史法**：指預算的制定可以根據過去的經驗，今年的預算要制定多少，可以參考去年的預算，再依照市場上的其他因素（如通貨膨脹等）增減預算。
2. **目標任務法**：此爲常用的一種預算方法，主要是依據每個活動的目的，決定完成該目的所需的預算是多少。即預定未來的市場目標、廣告目標，來決定廣告預算。
3. **銷售百分比法**：確定廣告預算占今年度預測的銷售收入百分比，或占去年度實際的銷售收入百分比，再交由廣告代理業在預算範圍內計畫所有相關的廣告活動。
4. **競爭比較法**：以競爭對手的預算作爲評判依據，通常採取的是緊盯第一品牌的預算執行，即領導品牌花了多少廣告金額，第二品牌也跟著花大約相同或更多的預算，亦即參照領導品牌的廣告聲量擬定預算。

廣告預算查核表

1. 蒐集相關資料
2. 決定企業目標及銷售目標
3. 決定行銷戰略
4. 決定行銷計畫中的廣告功能
5. 廣告計畫以及廣告策略模式
6. 決定廣告經費
7. 分配廣告經費

預算分配考量要素

- 何種媒體
- 媒體內的選擇
- 銷售區域別
- 季節別
- 產品類別
- 製作費

廣告預算制定的方法

歷史法	目標任務法	銷售百分比法	競爭比較法
根據過去的經驗增減預算	依據每個活動的目的決定預算是多少	在預算範圍內計畫預算	參照領導品牌的廣告聲量擬定預算

Unit 13-4 廣告代理業主的功能與台灣廣告代理業的發展

一、廣告代理業主的功能

1. 企劃廣告

所有的廣告都是在整體計畫活動中進行，只要是計畫就必須要有科學性的市場調查資訊，但因爲廣告本身是商業藝術的表現，所以要表現哪些訊息，必須要有敏銳的創意思維。

2. 製作廣告

企劃是行之於文的書面資料，要把企劃中的創意實際展現，就需要實際製作可以在媒體上刊播的廣告，才算具體執行企劃的內容。廣告代理業中最具光圈的人就是創意人，也是廣告創作的要角。

3. 刊播廣告

廣告在媒體上刊播才能達到廣而告之的傳播目的，但是要運用哪些屬性的媒體、哪些內容、哪些時段等，都必須要有廣告人的媒體計畫與評估，才能達到媒體的目標。

4. 效果評估測定

在廣告尚未刊播之前，就廣告概念與文案內容不斷地進行測試，是非常重要的過程。另外，廣告刊播後，實際的廣告效益又發揮多少，更是廣告主所想要知道的。因此，廣告代理業也提供效果評估的服務，作爲日後廣告活動的參考依據。

二、台灣廣告代理業的發展

台灣廣告代理制度的發展階段可分爲下列幾個時期：

1. **廣告代理制度萌芽期**：此階段中廣告代理公司尙處於萌芽階段，大多數的廣告業務都是由媒體所屬的業務員積極向外爭取廣告，或由媒體所屬的業務員自行成立小型廣告社替媒體爭取廣告，賺取服務費。此時期的報紙廣告表現大都是平鋪直敘的方式，並常用四字成語爲標題，如「貨眞價實」、「價廉物美」、「童叟無欺」、「包君滿意」、「保證不悔」等。廣告畫面也主要呈現產品的具體物象爲主，也開始運用一些輔助性的插畫或人物。
2. **廣告代理制度起飛**：此時的社會環境處在經濟起飛階段，民眾的消費能力提升，各種產業也開始進行更多的市場競爭，需要更多廣告公司協助。所以當時已經有不少的廣告代理業成立，而隨著愈多的媒體操作經驗，有些廣告代理公司已經能夠先買下媒體的時段和版面，再賣給廣告主。
3. **廣告代理制度完整期**：此時個人所代理的廣告業務已經過去，取而代之的是具有獨立性規模和組織的廣告代理機構，成熟的廣告代理制度算是建立了，但也同樣面對外商廣告公司的競爭。因爲外商基於全球代理的政策，經常採取跨國轉移的作法，就是當母公司的產品交給某一家廣告公司代理時，就算在他國行銷，廣告也會交給這家廣告公司的子公司代理。這種全球性代理的政策，讓本土性的廣告公司面對業務上的威脅。
4. **近期發展**：近幾年網路世代興起，網路廣告量則在1999年開始統計後，每年都有兩位數以上的成長，促成了許多網路公司興起，瓜分了廣告公司原有的利潤。不過在網路時代下，廣告代理過去的經營模式正歷經嚴峻的挑戰，未來何去何從，還有待當前廣告界的經營者，找出突破困境的辦法來。

廣告代理業主的功能

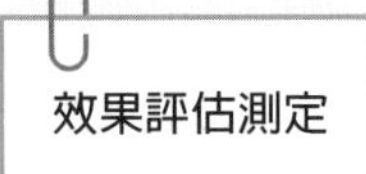

台灣廣告代理業的發展

萌芽期

1. 業務都由業務員積極向外爭取廣告。
2. 報紙廣告表現多平鋪直敘。
3. 廣告畫面以產品的具體物象為主。

起飛期

1. 社會環境處在經濟起飛階段。
2. 已有不少的廣告代理業成立。
3. 先買下媒體的時段和版面，再賣給廣告主。

完整期

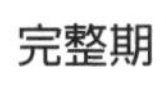

1. 個人所代理的廣告業務已經過去。
2. 具有獨立性規模和組織的廣告代理機構取而代之。
3. 採取全球性代理的政策。
4. 本土性的廣告公司受到業務上的威脅。

近期發展

1. 網路公司興起。
2. 瓜分了廣告公司原有的利潤。
3. 廣告代理過去的經營模式正歷經嚴峻的挑戰。

Unit 13-5 廣告代理業的類型

一、從服務項目來分

如果從廣告所能提供的服務項目和專業表現來看，廣告業可分爲兩大類：

1. 廣告公司

又可分爲綜合廣告代理和專業廣告代理。綜合廣告代理是廣告的主軸，替廣告主企劃與執行整個廣告活動的公司，主要是將企業形象或產品推銷到市場。

2. 製作公司

綜合廣告代理業雖有精彩的廣告創意，如果沒有攝影棚、導演等相關資源與非常專業的技術，也無法將廣告影片落實拍攝，而這群專門製作廣告的人就屬於廣告的製作公司。通常當廣告公司的創意部門爲客戶擬定好廣告的大綱腳本以後，就會開始向外徵詢，看哪位導演適合拍這支廣告片，選擇演員角色，並將拍片腳本再三討論後定案。

二、從規模與業務分

如果依照廣告公司的規模與大小或執行的業務類別來看，廣告代理業可分爲下列幾種：

1. 大型的綜合廣告代理公司

一般概念中的廣告代理業即爲這類型的公司，提供廣告、促銷及相關之行銷服務業務，所能提供的服務較具完整性與專業性，其客戶通常以大型企業爲主。又因爲出資經營者的不同，可分爲外資廣告代理公司與本土廣告代理公司兩大類型。業務對象也通常是隨跨國廣告主而來的廣告業務，亦即國際性企業因爲國際行銷的趨勢所在，需到不同地區獨資成立廣告代理業，或與當地廣告代理業合資或存在技術合作關係。本土綜合廣告代理公司則單純爲本土資金所創設，客戶大多爲本土性企業爲主，與本土企業主之間的關係也較爲密切。隨著外資的增加，也顯示出廣告業的核心愈來愈受到外國資本所主導。這類型的大公司爲了維持人員及組織龐大的營運開銷，客戶以大型企業爲主，其廣告預算通常爲千萬元以上的產品。

2. 中小型廣告代理公司

與綜合廣告代理公司最大的不同，是無法提供整體性的全方位服務，只提供客戶如拍廣告片（可能兼營電視、電影廣告代理業務）、店頭廣告（POP）代理等選擇性的服務，而市場調查、媒體購買等服務業就必須委由其他公司執行。公司的特點即機動性與專注性高，客源主要是中小企業的廣告主。

3. 工程廣告代理公司

如果你需要製作招牌時，就必須到專門的製作店選材與字體等。這類公司主要業務爲各種戶外廣告板、慶典牌樓、戶外海報製作、廣告氣球等之設計、繪製、裝置、修理和維護等，是所有廣告業中數量最多的一種。

4. 專門廣告代理公司

這類公司主要因爲有明顯的業務區隔而自成一類，主要是專門從事特定媒體之代理，如報紙分類廣告代理、車廂廣告代理、計程車廣告代理、捷運廣告代理等；或是專門行業的廣告代理，如專門從事房地產廣告的公司，亦即代理特定行業的廣告業務。

5. 個人工作室

指個人獨資成立的廣告工作場所，有時只有一人作業承接案子，有些則是幾個好朋友共同承攬業務；從業的人員也叫做自由工作者。所需成立的資金不高，需要的是人員具備更細膩的專業。

從服務項目來分

廣告公司

1. 綜合廣告代理
2. 專業廣告代理

製作公司

1. 專門製作廣告的人：屬於廣告的製作公司。
2. 誰適合拍這支廣告片：導演選擇演員角色。
3. 進行拍片腳本：經再三討論後才定案。

從規模與業務分

1. 大型的綜合廣告代理公司

1. 外資廣告代理公司。
2. 本土廣告代理公司。

2. 中小型廣告代理公司

1. 只提供客戶如拍廣告片、店頭廣告（POP）代理等選擇性的服務。
2. 公司的特點即機動性與專注性高。
3. 客源主要是中小企業的廣告主。

3. 工程廣告代理公司

1. 主要業務為各種戶外廣告板、慶典牌樓等。
2. 是所有廣告業中數量最多的一種。

4. 專門廣告代理公司

1. 專門從事特定媒體之代理：如報紙分類廣告代理等。
2. 專門行業的廣告代理：如專門從事房地產廣告的公司。

5. 個人工作室

1. 指個人獨資成立的廣告工作場所。
2. 有時只有一人作業承接案子。
3. 所需成立的資金不高。
4. 需要的是人員具備更細膩的專業。

Unit 13-6
廣告代理公司內部的部門如何運作

一、組織部門

廣告代理不論提供企業主何種內容的廣告，必須形成一個良好的工作團隊來服務顧客。一般而言，廣告代理公司的組織包括幾個重要部門：

1. **業務部**：業務部通常是廣告代理公司的關鍵部門，代表公司和廣告主聯繫、諮商並執行整個廣告活動，有時也是企業主廣告行銷部門的顧問。
2. **創意部門**：是廣告代理公司廣告創意來源樞紐，創意部裡面主要的成員包含了創意總監、文案還有視覺設計，他們負責提出廣告的文案及活動，因此，他們是有邏輯條理的解題者。他們主要的工作是除了在策略部產出的行銷策略底下，用創意的廣告執行內容，來解決客戶的行銷問題之外，廣告是否吸引目標消費者，創意部門負有重大職責。
3 **策略部**：策略部的工作是在業務釐清客戶的行銷問題之後，透過蒐集市場資料和舉行消費者訪談來找到解決問題的核心，最後產出一個行銷策略給創意發想執行的內容。
4. **企劃及內部控管部門**：廣告活動計畫涉及許多流程及步驟，自業務部門承攬廣告主委託案，到創意部門提出設計，以及整個廣告執行都需要密切掌握進度及內容。
5. **媒體購買部門**：好的文案也需要找到好的媒體刊播，如何與媒體聯繫、如何規劃媒體的刊播策略，都是非常重要的。
6. **研究部門**：有些廣告代理公司會協助廣告主代辦市場調整等研究工作，包括消費者需求調查、廣告效果評估等。

二、收費方式

關於廣告公司收費方式通常採事先議定方式，區分爲：1.代辦費：包括出差費、交通費、代購材料費等，廣告主宜以實付淨額乘上117.65%支付給廣告代理商。2.非廣告本身的服務，例如：諮詢、調查、公關、促銷協助等費用，宜於事前提出估計，經廣告主同意後才能支付給廣告代理公司。

國內廣告代理商經多年來在台灣的經營已形成集團化現象，利用垂直整合或異業結合，提供較整合性的服務。

三、運作方式

執行行銷專案，要的是客戶和代理商的合作，也要代理商自己內部，部門和部門之間的合作，把這一切組織起來的連結點，其實就是廣告業務，俗稱Account Excutive，簡稱AE。

接著，業務部、創意部和策略部開始進行動態合作模式。透過業務釐清客戶要解決的問題，策略拿到問題後開始研究加上產業、品項、消費市場的分析，產出行銷溝通策略，最後進到創意部門加入實際的表現要素，可能是一支影片、一個戶外活動或者是一則有高互動性的臉書貼文，這三個部門交互合作討論，最後才會產出完整的行銷提案。

提案完成後，業務這時就會轉成專案經理的角色，把可能會使用的外部人力資源拉進專案中。例如：要做網站的專案就需要諮詢工程部門、要拍電視廣告的就需要把製片公司拉近專案執行中。最後，依照客戶的上線時間進行流程和時間的控管。

組織部門

業務部	創意部門
是廣告代理公司的關鍵部門	廣告代理公司廣告創意來源樞紐

策略部	企劃及內部控管部門
解決問題的核心部門	掌握進度及內容的部門

媒體購買部門	研究部門
規劃媒體的刊播策略的部門	代辦市場調整等研究工作

平面廣告的版式類型

代辦費

包括：出差費、交通費、代購材料費等。

非廣告本身的服務

例如：諮詢、調查、公關、促銷協助等費用。

運作方式

1. 執行行銷專案

廣告業務，俗稱 Account Excutive，簡稱AE

2. 業務部、創意部和策略部

開始進行動態合作模式

3. 提案完成後

業務這時就會轉成專案經理的角色

4. 依照客戶的上線時間

進行流程和時間的控管

Unit 13-7
廣告公司如何選擇合作的對象

有關廣告主選擇廣告代理商的標準，包括：

一、比稿

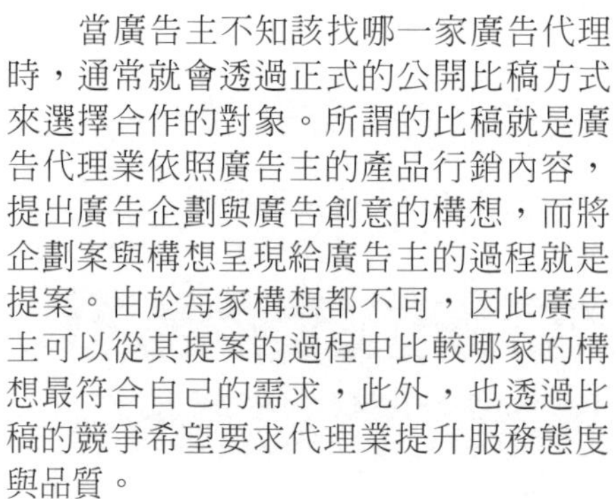

當廣告主不知該找哪一家廣告代理時，通常就會透過正式的公開比稿方式來選擇合作的對象。所謂的比稿就是廣告代理業依照廣告主的產品行銷內容，提出廣告企劃與廣告創意的構想，而將企劃案與構想呈現給廣告主的過程就是提案。由於每家構想都不同，因此廣告主可以從其提案的過程中比較哪家的構想最符合自己的需求，此外，也透過比稿的競爭希望要求代理業提升服務態度與品質。

除了比稿，很多業務的承攬是靠非正式人際關係運作的結果。例如：廣告公司以往的得獎紀錄、創作風格、人脈關係等，都可能成爲廣告直接委由某家代理業負責。基本上，大多數廣告業都希望與客戶之間建立長期的合作關係。

二、費用標準

廣告計畫中的預算項目會擬定各項需要支付的金額，廣告代理業賺取的利潤來源主要是其花費、媒體佣金費用及服務費。由於廣告代理計酬的方式並沒有一定的標準，也曾引起不少爭論，通常會以總費用價或服務費方式收取。總費用價是廣告主將所有廣告費用支付給廣告代理業，再由廣告公司支付媒體單位刊播所需的費用。廣告代理業會先扣除應該從媒體方面所獲得的佣金，然後再支付給媒體公司。由於媒體佣金費用的利潤高，尤其隨著廣告計畫中媒體組合與時期的安排，所需要支付的費用都很高。相對的，廣告代理業能收取到的媒體佣金費用也較高。但是景氣不好或規模較小的廣告代理業，收取的標準往往比慣例費用要低。

三、服務費制

不同的作業模式也延伸出不同的收費方式，例如：服務費制，就是不採取按一定比率來支付代理佣金的形式，而是按照實際的勞務支出來支付廣告代理費用的方式。這是一種按勞計酬的計費方式。例如：

1. 服務費

包括「服務費」的形式，還是純粹指達成指標的「KPI」形式。

⑴ 服務費單：雙方約定一個服務費的%數（例如：廣告投遞金額的20%），並確認服務費之於廣告金是內含還是外加、約定的請款週期等細目。

⑵ KPI單：關鍵績效指標（key performance indicators，簡稱KPI）；於委刊單中明訂目標指標，客戶將整筆預算一次性提供給廣告代理業進行規劃、努力達成所約定的KPI（點擊數、排名、轉換數等）。

2. 企劃費

主要服務項目包括：舉辦記者會行銷企劃報價活動、研討會行銷企劃報價活動等，而這些行銷企劃報價，會依循著舉辦行銷企劃活動規模大小、場地選擇、代言人層級，以及是否邀請媒體記者到場，來客製化行銷企劃報價活動內容，收取符合雙方可以接受的行銷企劃報價。

3. 執行製作費

任何廣告活動的實際費用，包括：成立專案小組或專戶以進行廣告活動規劃、重新檢視廣告標的之客觀環境、確立廣告策略與傳播策略、規劃廣告傳播活動、研撰廣告企劃案等。

比稿

1. 將產品行銷內容，呈現給廣告主。
2. 比較哪家的構想最符合自己的需求。
3. 過程要靠非正式人際關係運作。
4. 希望與客戶之間建立長期的合作關係。

費用標準

1. 主要利潤來源

1. 花費
2. 媒體佣金費用
3. 服務費

2. 總費用

廣告主將所有廣告費用支付給廣告代理業

3. 媒體單位刊播所需的費用

由廣告公司支付

4. 廣告代理業

1. 先扣除應該從媒體方面所獲得的佣金
2. 然後再支付給媒體公司

服務費制

服務費

(1)服務費單：例如廣告投遞金額的20%。
(2)KPI單：① 關鍵績效指標（key performance indicators, KPI）。
② 例如：點擊數、排名、轉換數等。

企劃費

(1) 舉辦記者會行銷企劃報價活動。
(2) 研討會行銷企劃報價活動等。

執行製作費

任何廣告活動的實際費用。

Unit 13-8 媒介廣告定價、投放與廣告媒體定價主要依據

一、媒介廣告定價與投放

1. 廣告定價

⑴ 影響不同媒介廣告定價的因素：收視率、發行量、收聽率、點擊率、媒介的權威性、受眾。

⑵ 影響同類媒介廣告定價的因素：時間、具體節目、版面、長期刊播與短期刊播。

2. 媒介廣告投放

一般有三種媒介投放策略：⑴持續式投放。一些沒有季節性特徵的產品，如電視機的廣告投放，可以使用持續式的。⑵間斷式投放。季節性較為突出的產品，比如羽絨衣，突出在秋冬季節進行廣告投放，而其他的季節不投放廣告。⑶連續脈動式投放。如飲料產品，平時也可以做持續式的廣告投放，當出現一些重大的體育賽事時，可以加大廣告投放的力度。連續脈動式投放是持續式廣告投放與間斷式廣告投放的一種組合。

二、廣告媒體定價的主要依據

關於廣告媒體價格制定的依據有很多，但其中最重要的考慮因素還是以下幾點：

1. 受眾規模：受眾規模是指報紙、雜誌的讀者人數，以及電台、電視台節目的受眾人數，這是廣告媒體定價的最重要的依據。媒體的廣告價格與受眾的規模密切相關，在媒體購買中，千人成本的概念常用來作為價格核算的依據，千人成本指廣告主透過媒體將資訊傳達給1000個人時所需的成本。

千人成本的計算公式為：

千人成本（CPM）＝單位廣告價格 1000／收看該節目的觀眾人數

單位廣告價格＝廣告千人成本×收看該節目的觀眾人數／1000

這樣，千人成本就為廣告主在媒體間進行比較和選擇提供了依據。

2. 受眾的購買力：受眾的購買力是媒體定價的另一個重要的依據。在中國大陸，不同地區的消費者購買力有很大差距。一般來說，城市居民的收入和購買力高於農村居民，東部沿海地區居民的收入和購買力高於中部和西部地區，因而在制定媒體價格的時候，以城市居民和東部地區為主要受眾群的媒體的廣告價格，要高於針對農村和西部地區居民的媒體價格。一些針對高端人群（高收入、高消費）的媒體雖然總體規模不大，但廣告千人成本高，廣告價格也相對要高。

3. 供需情況：市場經濟條件下，價格會因為市場的供需狀況而受影響。因為市場反映供需關係和價值，價格會在一個合理的範圍內浮動。這樣一來，許多較有影響力的媒體就因為市場供需關係而有了較高的價格。中國大陸中央電視台黃金時段的招標是一個例子，招標時段的價格遠高於非招標時段的價格，這就是因為在這個媒體時間段裡，供小於求，供需狀況是不平衡的，需要透過價格槓桿來調整。

4. 其他依據：在廣告價格上，本地廣告客戶與外地廣告客戶、本國廣告客戶與外國廣告客戶執行的往往不是一個價目表，後者往往要高出前者至少40%。原因在於，外地廣告客戶常透過廣告代理公司購買版面或時間，而代理費就得由媒體支付10%以上。

媒介廣告定價與投放

廣告定價

影響不同媒介廣告定價的因素

1. 收視率
2. 發行量

影響同類媒介廣告定價的因素

1. 時間
2. 具體節目

媒介廣告投放

1. 持續式投放（continuity）
2. 間斷式投放（flighting）
3. 連續脈動式投放（pulsing）

廣告媒體定價的主要依據

01 受眾規模

千人成本（CPM）

$$= \frac{\text{單位廣告價格1000}}{\text{收看該節目的觀眾人數}}$$

02 受眾的購買力

(1) 是媒體定價的另一個重要的依據。
(2) 廣告千人成本高，廣告價格也相對要高。

03 供需情況

(1) 價格會因為市場的供需狀況而受影響。
(2) 供小於求，供需狀況是不平衡的
(3) 熱門電視媒體時段需要透過價格槓桿來調整。

04 其他依據

本國廣告客戶與外國廣告客戶執行的往往不是一個價目表。

Unit 13-9 網路廣告的定價模式

網路廣告是現今企業主和商家用盡心機想搶占的兵家必爭之地，許多業主甚至不惜投入大筆的廣告費用來搶下曝光機會，但回頭檢視時，卻常常發現投入的廣告費用，與實際帶來的轉換成效不成正比。此外，面對廣告市場的激烈競爭，業主還需要不斷增加廣告預算成本，來搶下曝光版面。常見的廣告目標以曝光、點擊、時間和動作轉換來區分，對應到的廣告收費方式爲：CPM、CPC與CPA。

一、CPM模式

CPM（cost per 1000 impression）指每千次曝光成本：即每當有一千個人看到你的廣告，所需要支付的廣告費用。換句話說，對於網路媒體來說，CPM就是指一則廣告播放1,000次的價格。決定CPM的計算公式是：網路廣告的CPM＝價格／（播放次數／1000）

只要你的產品或是服務「曝光」在搜尋結果或是平台上，就需要支付收費，平台曝光量通常是以千次爲單位計算。

二、點擊模式

CPC（cost per click）指每次點擊成本：是客戶每「點擊」一次廣告內容時，廣告業主需要支付給平台的費用。這種廣告投放所選用的收費方式是次點擊付費，而消費者每點擊一次，所需花費的費用，則被稱作每次點擊成本。換句話說，對於網路媒體來說，點擊的涵義是受眾在一則網路廣告圖示上的點擊行爲。點擊模式就是按照使用者眞正點擊廣告橫幅並瀏覽廣告主的主頁的數目來收取費用。

三、時間模式

即以時間爲計算單位，由網路媒體按照年或者月，甚至更長的時間單位向廣告主收取廣告費。還有按照受眾瀏覽廣告主產品的次數、購買產品的數量或以頭條新聞的成本或每次成交的成本爲基礎等來收費的一些方式，但這些方式都不太普遍。總體來說，網路廣告的定價方式發展得還不成熟，正在一步步探索。

四、動作模式

CPA（cost per action）或稱（pay-per-acquisition）每次行動成本：是指用戶完成某一個特定的「轉換動作」，如「下載電子書」、「填寫報名表單」、「購買產品」、「購買票券」、「註冊爲網站會員」等情況下，廣告業主需要支付平台的費用。

五、曝光量模式

PPM（pay-per-impression）：有別於上述的每次點擊收費，PPM是指當你的廣告只要出現在潛在消費者的面前，平台就會向你收取費用，通常是以千次爲單位計算。這種廣告的收費方式是以曝光量計費，而每當有一千個人看到你的廣告，你所需要支付的廣告費用，則被稱作CPM（cost per 1000 impression）：每千次曝光成本。

最後要說明的是，如果以光譜的兩端來看，假設廣告的收費方式採用CPM，則廣告主所需承擔的風險相對較大，因爲只要當廣告曝光，平台就會向業主收取費用；反之，若廣告的收費方式採用CPA，平台所需承擔的風險則較大，因爲必須要廣告內容達成特定行動時，平台才能向廣告主收取費用。

網路廣告的定價模式

網路廣告	常見的廣告目標	對應到的廣告收費方式
是現今企業主和商家用盡心機想搶占的兵家必爭之地	以曝光、點擊、時間和動作轉換來區分	CPM、CPC、CPA

CPM模式

❶ CPM（cost per 1000 impression），每千次曝光成本：指每當有一千個人看到你的廣告，你所需要支付的廣告費用。
❷ 決定CPM的計算公式：網路廣告的CPM＝價格／（播放次數／1000）
❸ 平台曝光量：通常是以千次為單位計算。

點擊模式

❶ CPC（cost per click），每次點擊成本。
❷ 每消費者每點擊一次，所需花費的費用。
❸ 按照使用者瀏覽廣告主的主頁數目來收取費用。

以時間模式向廣告主收取廣告費的方式

❶ 按照年或者月，甚至更長的時間單位。
❷ 按照受眾瀏覽廣告主產品的次數。
❸ 按照購買產品的數量。
❹ 以頭條新聞的成本為基礎。
❺ 以每次成交的成本為基礎。

動作模式

❶ CPA（cost per action）或稱（pay-per-acquisition）每次行動成本。
❷ 指用戶完成某一個特定的「轉換動作」等情況下，廣告業主需要支付平台費用：① 下載電子書、② 購買產品。

曝光量模式

❶ PPM（pay-per-impression）：廣告只要出現潛在消費者的面前，平台以千次為單位計算。
❷ CPM（cost per 1000 impression）：每千次曝光成本。

比較

❶ 採用CPM：廣告主所需承擔的風險相對較大。
❷ 採用CPA：平台所需承擔的風險則較大。

Unit 13-10 廣告媒體的購買要素與購買技巧

一般而言，媒體購買的廣告業務來源主要有三個方面：1. 廣告客戶直接向媒體委託刊播廣告（較少）；2. 媒介業務員承攬廣告（較多）；3. 廣告代理公司委託刊播廣告（最主要的來源）。

由於廣告市場、地域、產業的不同，廣告主對媒體的要求、媒介購買能力的差異也很大。因此儘管有豐富的媒介資源，客戶市場往往不一定能完全適應它。這就需要媒體掌握推銷技巧，開發媒體的潛力，擴大銷售市場，進行積極的自我行銷，而不是坐等客戶上門。

一、廣告媒體的購買要素

1. 積極自我行銷吸引客戶

⑴ 善於發掘媒體潛力，創造收益點：首先，要建立專門的媒體銷售機構和行銷人員隊伍。其次，要製作出獨特的、有吸引力的廣告，利用廣告形式和內容的不同來吸引廣告主的關注。

⑵ 提供附加價值服務，吸引客戶：現在，媒體的形象和特點以及媒體能提供的個性化服務，愈來愈多地受到廣告主的關注。為了增加銷售量，很多印刷媒體和廣電媒體紛紛公布了「附加值」計畫，為客戶提供額外利益。

2. 整合營銷發揮媒體優勢

⑴ 注重自身宣傳，進行促銷活動：媒體的銷售也需要自身形象的樹立，這就要求媒體拿出一部分時間和精力去宣傳和推廣自己。媒體的自身宣傳可以利用廣告、公關、推廣等方式。

⑵ 多種行銷方式共同出擊：媒體要採取積極主動的姿態，主動出擊市場，推銷媒體的過程不僅是銷售媒體的過程，也是調查和熟悉媒體市場的過程。

⑶ 加強與外界的聯繫，形成銷售網路：各個廣告公司之間、廣告公司與媒體之間、媒體與媒體之間要建立行業性的協作關係，及時溝通資訊，交換市場需求動態。

二、廣告媒體購買的技巧

了解了廣告媒體的各種購買要素以後，就應該多掌握一些媒體購買的技巧，爭取在具體的媒體購買過程中用最少的資金達到最好的傳播效果。針對媒體廣告主在媒體購買過程中，應該注意的購買技巧說明如下：

1. 實行開放價格

廣告主一般都希望能以低價購買媒體，但是媒體給出的價格往往不能被廣告主接受。

很多媒體實行開放式價格，這樣每一個購買者或購買組織都可以與媒體進行價格談判。但是在進行開放式定價之前，購買者必須了解廣告價格與目標受眾之間的關係，注意成本與價值的平衡。

2. 進行集中購買

很多廣告主都知道注意集中購買，批發比零售更有利可圖。在購買廣告時段時，要盡可能集中購買，這是媒體和廣告主都能獲益的事。現在雖然大多數媒體都制定了固定的價格，但其廣告收費標準其實並不固定。因此廣告主在與媒體談判的時候，應該充分利用市場供需狀況做基礎，儘量以集中購買的方式來贏得更多的優惠和折扣。

3. 實行媒體組合

在選擇媒體時還應從廣告企劃方案和目標市場需要出發，根據不同媒體的特點，實施媒體組合策略，以期提高不同媒體組合的整體傳播效果。

媒體購買的廣告業務來源主要有三個方面

1. 廣告客戶直接向媒體委託刊播廣告（較少）
2. 媒介業務員承攬廣告（較多）
3. 廣告代理公司委託刊播廣告（最主要的來源）

廣告媒體的購買要素

積極自我行銷吸引客戶

1. 善於發掘媒體潛力，創造收益點
2. 提供附加價值服務，吸引客戶

整合營銷發揮媒體優勢

1. 注重自身宣傳，進行促銷活動
2. 多種行銷方式共同出擊
3. 加強與外界的聯繫，形成銷售網路

廣告媒體購買的技巧

1 實行開放價格	2 進行集中購買	3 實行媒體組合
注意成本與價值的平衡	利用市場供需狀況做基礎	提高整體傳播效果

Unit 13-11 如何制定媒體的預算（上）

一、媒體投資占有率／市場占有率，即SOV/SOM法

這種方法是從與市場占有率相對應的角度去制定媒體投資占有率，然後計算出所需預算。SOV（share of voice）指媒體投資占有率（品牌投資額／品類投資額）；SOM（share of market）指市場占有率（品牌銷售量／品類銷售量）。

品牌因行銷策略的差異，在A&B預算的運用上將會有不同的比率，有些品牌以廣告爲主要促銷方式（即偏重於檯面上之傳費廣告，above the line，ATL），有些品牌則以促銷活動爲主要手法（即偏重於檯面下之免費公關宣傳，be-low the line，BTL）。運算公式爲：X÷（A＋X）：B＝C

A值：競爭品牌媒體投資量。A值可以透過競爭品牌投資分析，預估既有品牌媒體投資成長率，加上媒體漲價的考慮以及新品牌的加入，推估出整體競爭品牌在預算制定期間的媒體投資量。

B值：廣告主所設定的品牌占有率目標。

C值：根據品牌所處環境所制定的調整比值。

X值：所需媒體預算。

在前述A、B、C值固定後，即可計算出X值，即品牌所需的媒體預算。

二、GRPs乘以GRP法

總收視點（gross rating points, GRP），方式爲根據消費者對廣告訊息認知所需要的媒體傳播量，再將傳播量換算成金額，得出媒體所需預算。

1. 根據在設定到達率與接觸頻率時所考慮的行銷因素、創意因素及媒體因素，設定年度中所有廣告活動所需的有效頻率不同的廣告活動，在有效頻率的設定上將有所差異，因此以年度爲預算設定期間時，必須考慮年度中，各廣告活動在有效頻率需要上的差異。
2. 品牌對廣告有效到達率的需求，基本上，乃根據品牌市場占有率目標加以放大（完全認知品牌廣告訊息與實際購買之間仍存在相當的落差），放大的比率可以根據品牌過去有效到達率對銷售的產出投資經驗，或廣告追蹤調查中的媒體到達率與購買意願的比率加以設定。
3. 根據對象階層媒體接觸習性及收視率資料，得出設定有效到達率所需的GRPs。
4. 根據各市場媒體價格與收視率，計算出每百分點收視率的購買成本（cost per rating point, CPRP）。計算方法爲以各市場在實際作業中所能夠買到的價格，除以對應檔次的對象階層平均收視率。
5. 以CPRP乘以GRP方式得出所需媒體預算：
   (1) 列出各市場各廣告活動全年所需GRPs。
   (2) 以各市場CPRP乘以所需GRPs得出各市場所需預算。
   (3) 加總各市場預算即爲全國所需預算。

三、媒體投資對銷售比值法

媒體投資對銷售比值的設定方式，爲完全從銷售的產出制定各市場的媒體投資預算。其操作方式如下：

1. 以各市場整體品類的銷售量除以各市場媒體投資額，得出各市場的投資比值（假設爲A）。
2. 同樣方式得出各市場銷售最佳的前五個品牌（或前十個品牌）的比值（假設爲B）。
3. 依品牌在策略上的積極或消極程度，在A與B之間設定品牌投資比值。
4. 根據品牌在各市場銷售目標乘以各市場所設定比值，得出各市場的媒體預算。
5. 加總各市場預算成爲全國所需預算。

SOV/SOM法

媒體投資占有率／市場占有率

SOV（share of voice）	SOM（share of market）
指媒體投資占有率（品牌投資額／品類投資額）	指市場占有率（品牌銷售量／品類銷售量）。

在A&B預算的運用上將會有不同的比率

❶ 有些品牌以廣告為主要促銷手法（即偏重於above the line）。

❷ 有些品牌則以促銷活動為主要手法（即偏重於be-low the line）。

❸ 運算公式為：X÷(A＋X)：B＝C

A值：競爭品牌媒體投資量。

B值：廣告主所設定的品牌占有率目標。

C值：根據品牌所處環境所制定的調整比值。

X值：所需媒體預算。

❹ A、B、C值固定後，即可計算出X值，即品牌所需的媒體預算。

GRPs乘以GRP法

❶ 方式：(1) 根據消費者對廣告訊息認知所需要的媒體傳播量。
(2) 將傳播量換算成金額，得出媒體所需預算。

❷ 傳播量換算成金額，得出媒體所需預算。

❸ 根據各市場媒體價格與收視率，計算出每百分點收視率的購買成本（CPRP）。

❹ 以CPRP乘以GRP方式得出所需的媒體預算。

媒體投資對銷售比值法

1. 假設為A	2. 假設為B
以各市場整體品類的銷售量，除以各市場媒體投資額，得出各市場的投資比值。	同樣方式得出各市場銷售最佳的前五個品牌的比值。

3. 在A與B之間設定品牌投資比值	4. 各市場的媒體預算
依品牌在策略上的積極或消極程度所得出。	根據品牌在各市場銷售目標，乘以各市場所設定比值所得出。

Unit 13-12 如何制定媒體的預算（下）

四、制定預算實驗法

一些行銷和廣告專家相信，決定廣告預算的最佳辦法是透過檢測各個水準上的花費，以了解哪個市場能在最小費用的基礎上產生最大的銷售。實驗方法設定的目標可從對某一市場的事前、事後的測試到對許多市場進行仔細測試，並與控制市場相比較。儘管這些實驗方法的細節經常是保密的，但偶爾也有一些被公開。

五、量力而行法

這是按照企業財力情況來決定廣告預算的多少，也就是企業花得起多少錢做廣告的方法。這種作法是認爲廣告不僅可以促成眼前的銷售，還可以爲產品創造良好的聲譽，進而促進未來的銷售。這樣，廣告往往被看作是一種投資，而不是一種耗費。

六、廣告發布合同注意要點

1. 廣告發布形式（面積、時長等）要加以規範

對於報紙、雜誌等媒體來說，還要註明是否套紅、彩印、異形等。

2. 廣告發布內容要明確雙方責任

尤其是平面媒體，出錯的情況比較常見，需要雙方明確責任歸屬和補償辦法。一般來說，合同雙方均要遵守廣告法規和其他相關法規，對於廣告發布內容違反廣告法規和其他相關法規的情況，要約定雙方的責任。

3. 廣告發布時間要標注詳細

很多廣告媒體如電視、報紙、廣播等，不同時間的價位差距是很大的，所以有必要詳細標注廣告發布的具體時間，最好附上廣告發布排期表。對於電視、報紙等媒體來說，不僅要具體到天，還要具體到時、分。

4. 廣告刊播價格要標注清楚

絕大部分媒體都會在刊例價的基礎上，進行一定幅度的折扣讓利，有的媒體還會加收套紅費、異形費、加急費、指定時間版面費、指定播放順序費等，這些均有必要標注清楚，不能讓人誤解和產生歧義。

5. 廣告刊播的監播責任要明確規定

對於平面媒體而言，要明確由哪一方何時提供樣刊；對於電子媒體而言，要明確由哪一方監看並提供監看紀錄、提供樣帶或提供刊出證明等。

6. 其他

如因某一方原因，未能按約執行廣告發布合同，此時應如何處理等。

制定預算實驗法

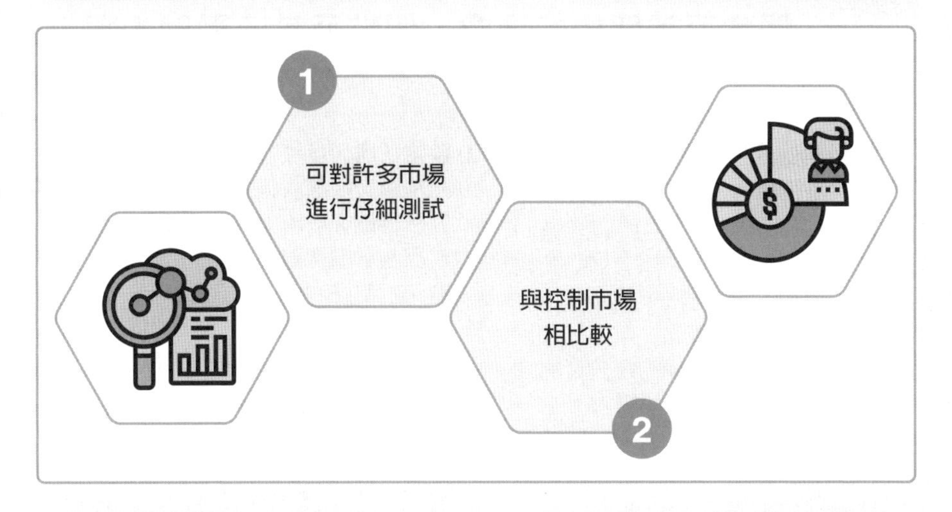

量力而行法

01

按照企業財力情況來決定廣告預算多少的方法

02

促成眼前和未來的銷售

廣告發布合同注意要點

廣告發布形式（面積、時長等）要加以規範

廣告發布內容要明確雙方責任

廣告發布時間要標注詳細

廣告刊播價格要標注清楚

廣告刊播的監播責任要明確規定

未能按約執行廣告發布合同應如何處理等

Unit 13-13 整合行銷傳播的理念、優點及其流程與步驟

一、整合行銷傳播的理念

整合行銷傳播（integrated marketing communication，簡稱IMC）的觀念是20世紀90年代初，由美國著名學者舒爾茨教授提出的一種現代行銷方法，整合行銷傳播觀念作爲一種系統性觀念，與傳統的行銷理念一脈相承，它使傳播的視角更加廣泛，更加符合資訊時代的市場需求。

另外，從美國廣告代理商協會（AAAA）針對1990年倡導的「整合行銷傳播」所下的定義得知，「整合行銷」的目的不在於花光所有廣告經費預算，而在於透過整體的行銷策略戰術的鋪陳，去創造傳播過程中所能帶來的最大投資報酬。而其中成功的關鍵就在規劃及執行過程，與所有實際執行過程中的操作準則與運用工具。

二、整合行銷傳播的優點及流程與步驟

因此，運用「整合行銷」造就訊息一致性的傳播擴散有其優點，好處很多，例如：

1. 串合多元行銷工具載體，讓傳播訊息隨時隨地保持一致性，強化傳播效果。
2. 集力貫徹訊息主軸，能以較低的成本讓廣告行銷的經費預算發揮至最大功效。
3. 計畫性的傳播鋪陳，能輕鬆的維持品牌訊息達到品牌管理。

三、執行整合行銷傳播的流程與步驟

綜上，想要成功應用執行整合行銷傳播就必須先掌握好「目標客群」、「溝通目標」、「訊息內容」、「媒體選擇」、「衡量指標」、「意見回饋」等六個重要流程步驟。

1. **鎖定「目標客群」**：亦即清楚描繪勾勒目標客群對象，而這些主要顧客，影響商品的最終採購決策。
2. **確定「溝通目標」**：亦即改變突破顧客想法影響採購決策，例如：商品或服務對於目標客群所傳達的重要相關訊息、目標客群慣性蒐集資訊的種類、目標客群深度偏好的形成方式等。
3. **設計「訊息內容」**：亦即引發刺激目標客群的採購行爲，而這種商品化的訊息形態，包含「內容」及「形式」兩種組成因素。
4. **選擇「適合媒體」**：亦即以有限預算對應正確媒體載具。就時下依據目標客群人數多寡爲基準，包括「個體模式」和「總體模式」兩種顧客溝通模式，個體模式亦稱（AIDA模式）：A-吸引注意（attention）、I-產生或維持興趣（interest）、D-刺激慾望（desire）、A-採取行動（action）。而「總體模式」的特徵爲容易讀取，閱聽者眾多，但影響力小。
5. **建立「衡量指標」**：亦即校正行銷方向確保溝通傳播效度，例如：電視廣告收視率、專屬網站瀏覽人數、記者招待會出席人數、廣告曝光度等。
6. **回饋「顧客意見」**：貼近呼應目標顧客的需求期待，例如：重要溝通訊息是否成功植入、對整體傳播溝通方式的感覺如何、在商品或服務接觸點上的接觸次數等。

總而言之，整合行銷傳播爲「行銷推廣組合」之大成，了解產品與顧客特性，周密規劃與整合各類推廣工具，清楚界定每個工具的表現內容與形式，讓現有及潛在顧客感受到清楚、一致且強烈的訊息產生綜效（synergy），即一加一大於二的效用。

（資料來源：管理知識中心提供，建構整合行銷的六大步驟。）

整合行銷傳播的理念

1 20世紀90年代初，由美國著名學者舒爾茨教授提出的一種現代行銷方法。

2 它使傳播的視角更加廣泛。

3 更加符合資訊時代的市場需求。

4 目的是去創造傳播過程中所能帶來的最大投資報酬。

整合行銷傳播的優點及其流程與步驟

優點

強化傳播效果	能以較低的成本發揮至最大功效	能輕鬆的維持品牌訊息達到品牌管理

流程與步驟

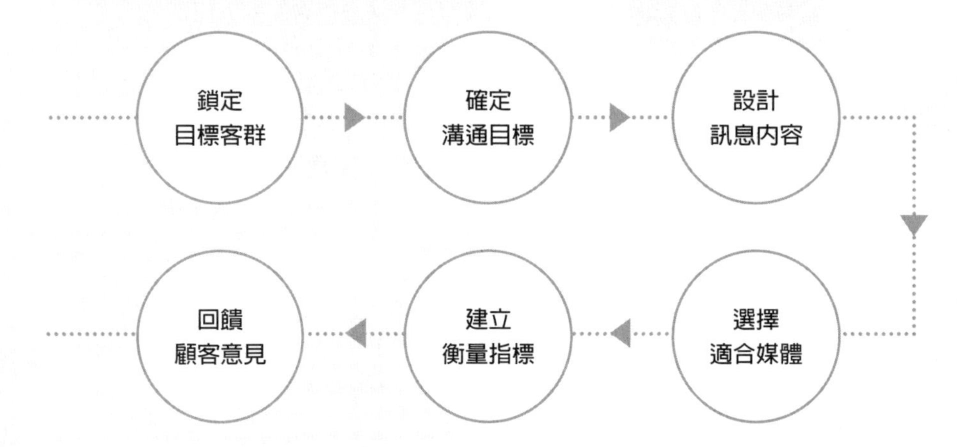

Unit 13-14 廣告行政管理與法規

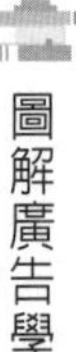

一、廣告行政管理與法規

廣告的定義為何？依《消費者保護法施行細則》第二十三條規定：「本法第二十二條及第二十三條所稱廣告，指利用電視、廣播、影片、幻燈片、報紙、雜誌、傳單、海報、招牌、牌坊、電腦、電話傳眞、電子視訊、電子語音或其他方法，可使多數人知悉其宣傳內容之傳播。」廣告可說已經與現代人的生活融為一體，對現代人消費行為之影響甚為深遠。也因為廣告對消費者所造成的影響很大，如果對「廣告」無法令上的規範，則企業經營者利用廣告對消費者所可能造成之損害，也將影響廣泛。因此，政府相關部門必須針對廣告加以管理。

廣告行政管理，是指政府廣告監督管理機關（國家工商行政機關和地方各級工商行政管理機關）依據廣告管理的法律、法規和有關政策規定，行使國家授予的職權，對廣告行業和廣告活動進行監督、檢查、控制和指導的工作。

廣告法規是由國家行政機關制定的關於廣告宣傳和管理的方針、政策、規範的總稱。廣告法規具有以下幾方面的特點：規範性、概括性、目的性、強制性、穩定性等，其中最為突出的特點就是廣告法規的強制性。

二、廣告社會監督的涵義和特點

廣告社會監督又稱廣告消費者監督或廣告輿論監督，它主要透過廣大消費者自發成立的消費者組織，依照國家廣告管理的法律、法規對廣告進行日常監督，將違法廣告和虛假廣告向政府廣告管理機關檢舉和投訴，並向政府立法機關提出立法請求和建議。廣告社會監督的特點有：主體的廣泛性、組織的重要性、監督的自發性、結果的權威性。

三、廣告社會監督實施的主要途徑

1. 廣告受眾對廣告的全方位監督

每一位能夠接觸到廣告的社會成員，都有權對廣告進行監督。由於廣告社會監督隊伍龐大，其成員的性別、年齡、出生地、興趣、愛好各不相同，因而其對廣告的要求也不盡一致；有人要求內容眞實，有人要求蘊含深厚，有人要求風格樸實……這許許多多的各不相同和不盡一致，便構成了廣告社會監督主體——廣告受眾對廣告的全方位監督。

2. 廣告社會監督組織的中樞保障作用

廣告社會監督組織在廣告社會監督的運行機制中，介於新聞傳媒、廣告管理機關、法院與廣告受眾之間，處於第二層次。對商品或服務進行社會監督，以及對消費者的合法權益進行保護，這是消費者保護協會的兩大任務。

監督組織也有兩大任務：一是對商品或服務廣告進行社會監督，二是保障廣告受眾接受眞實廣告資訊的權利。

四、國外廣告管理的特點

國外廣告管理的一些特性，如制定了完善的廣告公共管理法律法規、充分發揮廣告行業協會自律的作用、建立了專門的廣告審查機構、加大消費者保護組織的事後監督、將媒介作為重要的控制環節、嚴厲制裁違法廣告等。

廣告行政管理與法規

1. 依《消費者保護法施行細則》第二十三條規定。
2. 若無法令上的規範——可能對消費者造成損害。
3. 廣告行政管理——是指政府對廣告行業和廣告活動進行監督、檢查、控制和指導的工作。
4. 廣告法規——由國家行政機關制定的關於廣告宣傳和管理的方針、政策、規範的總稱。
5. 廣告法規的特點——規範性、概括性、目的性、強制性、穩定性等。

廣告社會監督的涵義和特點

涵義	特點
廣告社會監督又稱廣告消費者監督或廣告輿論監督。	主體的廣泛性、組織的重要性、監督的自發性、結果的權威性。

廣告社會監督實施的主要途徑

1. 廣告受眾對廣告的全方位監督。
2. 廣告社會監督組織的中樞保障作用。
3. 監督組織有兩大任務
   (1) 對商品或服務廣告進行社會監督。
   (2) 是保護廣告受眾接受真實廣告資訊的權利。

針對無效廣告的對策

1. 制定了完善的廣告公共管理法律法規。
2. 充分發揮廣告行業協會自律的作用。
3. 建立了專門的廣告審查機構。
4. 加大消費者保護組織的事後監督。

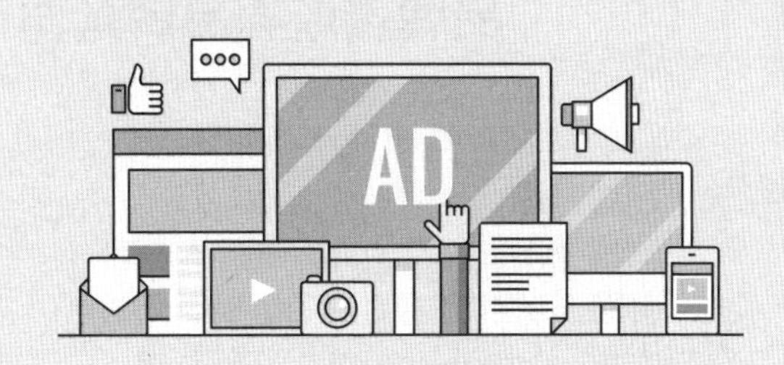

第 14 章

廣告媒體品牌的經營

章節體系架構

Unit 14-1 品牌資產與品牌延伸

一、品牌資產

品牌資產是20世紀80年代在營銷研究和實踐領域新出現的一個重要概念。品牌資產（brand equity）是與品牌、品牌名稱和標誌相聯繫，能夠增加或減少企業所銷售產品或服務價值的一系列資產與負債。它主要包括五個方面，即品牌忠誠度、品牌認知度、品牌感知、品牌聯想、其他專有資產（如商標、專利、管道關係等），這些資產透過多種方式向消費者和企業提供價值。

行銷人員靠著各種行銷管道，在帳戶裡存入有關產品的好處及有特色的溝通，而消費者藉由品牌資訊的吸引和產品使用經驗，在帳戶中存入對產品價值的判斷和對品牌的認知（如同對一個人的好惡和評價，以及是「怎樣一個人」的認定）。這個帳戶存的不是錢，而是「品牌資產」。「品牌資產」累積到一定程度之後，就要考慮如何把它轉化爲利潤。對於媒體來說，品牌經營可以涉及兩個領域：一是品牌延伸、二是品牌輸出。

二、品牌延伸

1. 品牌延伸的定義

在產業領域裡，品牌延伸是指在同一個品牌下發展生產線，形成一個有相關性的品牌家族。

對於一般企業來說，品牌延伸的理由在於：市場細分化。品牌延伸是滿足不同的細分市場的一種低成本和低風險的方法。

2. 品牌延伸的益處

品牌延伸帶來的重要益處在於：

⑴ 如果有一個強壯、靈活的母品牌，新產品上市就不必再取新的品牌名稱，可以節省新產品市場導入的費用。

⑵ 能豐富品牌旗下的產品線，給消費者帶來多種選擇，爲品牌注入新鮮感。

⑶ 品牌可以獲得更多的知名度和注目率。

⑷ 有助於品牌資產與價值的提升，樹立行業綜合品牌。在一定的預算下，集中宣傳一個品牌比分散推廣多個品牌，更能提升品牌價值和知名度。

⑸ 同一品牌門下的不同產品，各自以在市場上取得成功的美譽相互呼應，有助於提升品牌形象。

3. 品牌延伸的領域

對於傳媒業來說，媒體品牌可以有效地延伸到以下三個領域：

⑴ 媒體間的品牌延伸。如一個品牌報紙可以辦廣播、電視節目，可以開設自己的網站（跨媒體經營）。

⑵ 上下游產品的延伸。報紙可以擁有自己的造紙廠、木漿廠、印刷廠，進而掌握生產主動權；同時也可以對一些精品進行二次加工，再次販賣。

⑶ 利用自身資源進行相關行業的延伸。如傳媒業可以利用自身資源優勢，在廣告、發行、資訊服務業做好品牌延伸。

總之，品牌輸出在商業領域中使用普遍，麥當勞、肯德基是其典範。作爲一種成熟的商業模式，連鎖經營在現代商業環境中屢見不鮮，但是它能否在媒體行業大顯身手，剛開始的時候，誰也沒有膽量作出預測。

品牌資產（brand equity）

1. 是20世紀80年代在營銷研究和實踐領域新出現的一個重要概念。
2. 品牌資產主要包括：
   - 品牌忠誠度
   - 品牌認知度
   - 品牌感知
   - 品牌聯想
   - 其他專有資產（如商標、專利、管道關係等）
3. 品牌經營涉及品牌延伸和品牌輸出。

品牌延伸

定義

指在同一個品牌下發展生產線，形成一個有相關性的品牌家族。

益處

1. 節省新產品市場導入的費用
2. 給消費者帶來多種選擇
3. 獲得更多的知名度和注目率
4. 提升品牌價值和知名度
5. 提升品牌形象

延伸領域

01 媒體間的品牌延伸

02 上下游產品的延伸

03 利用自身資源進行相關行業的延伸

Unit 14-2 廣告媒體品牌的特殊性表現及其功能與實例

一、廣告媒體品牌的特殊性表現

廣告媒體品牌的特殊性在品牌和商業品牌的特點和運作，既有共通性又有特殊性。它的特殊性主要表現在以下幾個方面：

1. 對受眾的物質條件要求不高，不易形成依賴性

廣告媒體品牌由於共用度高，對受眾選擇的物質條件要求不高，因而不易形成依賴性；而商品品牌是在人們長期購買、消費過程中確立的，其品質，一般消費者不易識別，又不可能先使用後認知，因而選擇時，品牌往往成為關鍵因素，消費者對其依賴性較高。

2. 媒體品牌較易形成，難以維護

廣告媒體品牌採用大眾傳播手法，較容易產生影響和樹立品牌。同時由於受眾日常對其接觸多、關注度高，一、兩次節目的落差就可能導致品牌的貶值，因而其維護難度較高，週期較短。而商業品牌與大眾接觸較為間接，品牌推廣形成的週期較長，加之購買力的制約，一旦形成品牌，則易維護且週期較長。

3. 品牌滲透性、轉移性較差，不易產生全國乃至全世界馳名品牌

廣告媒體品牌受地域、政治、文化、語言的影響較大，品牌的滲透性、轉移性較差，不易產生全國乃至全世界馳名品牌；而商業品牌較少受此影響，產品採用標準化生產，可以跨國（地區）聯營，馳名商標較多。

二、廣告媒體品牌的功能

廣告媒體品牌的功能，是讓廣告主能透過品牌廣告媒體獲得收益。

1. 廣告媒體品牌能幫助廣告主獲取注意力資源

加拿大著名的傳播學者麥克盧漢曾在20世紀60年代指出：傳媒所獲得的最大經濟回報來自於第二次售賣——將凝聚在自己的版面或時段上的受眾，出售給廣告商或一切對於這些媒體的受眾感興趣的政治宣傳者、宗教宣傳者等。

廣告也是一種注意力經濟，如果一則產品或服務資訊不能到達受眾，無法引起受眾的關注，這樣廣告主花在廣告上的金錢就付諸流水。引起關注是廣告主做廣告的首要目的，而這一目的也只有選擇與擁有豐富注意力資源的品牌媒體合作才能達到。

2. 廣告媒體品牌能幫助廣告主獲得受眾信任，影響其購買決策

任何廣告的目的都是為了在消費者心目中放進一點資訊，以期影響他們日常的購買決策。而在傳播－影響－購買的過程中，消費者對廣告的信任度是廣告效果能否實現的基本平台。

三、實例說明

曾經在歐洲和美洲地區的一些城市，如倫敦、巴黎、科隆、費城和阿根廷的一些城市，陸續出現了在地鐵、公車站等公共場所免費向公眾散發的報紙。傳統品牌報紙如何因應？面對免費報紙帶來的競爭壓力，傳統品牌報紙並沒有驚慌失措。有關研究人員表示：媒體品牌是在競爭中克敵制勝的一個重要法寶，公信力是媒體最具價值的無形資產和內在品質，是其影響力的重要資源，以及在市場競爭中獨樹一幟的關鍵性籌碼。廣告主會不惜重金在品牌媒體上投放廣告，因為，他能借助品牌媒體獲取公眾對其產品的信任，進而影響受眾對其產品的購買決策。

廣告媒體品牌的特殊性表現

01
不易形成依賴性

02
媒體品牌
難以維護

03
不易產生全國乃至
全世界馳名品牌

廣告媒體品牌的功能

01
能幫助廣告主
獲取注意力資源

02
能幫助廣告主
獲得受眾信任

03
影響其購買決策

實例說明

1. 媒體品牌是在競爭中克敵制勝的一個重要法寶
2. 公信力是媒體最具價值的無形資產和內在品質
3. 品牌媒體影響受眾對其產品的購買決策

Unit 14-3 品牌廣告媒體的塑造

媒體品牌是指能給媒體擁有者帶來溢價、產生增值的一種無形資產，它的載體是用以和其他競爭者的媒介產品相區分的名稱、術語、象徵、記號或設計及其組合，其增值的源泉來自於在消費者心智中形成的關於這個媒體的印象。

著名品牌是一個優質的概念，它不但需要這個品牌在受眾當中有一定的知名度，還要有一定的美譽度和忠誠度，這樣的目標要透過一系列的規劃和建構來實現。

媒體品牌形象塑造的核心是建立品牌個性。傳媒透過鮮明的品牌個性，有效的製造差異化，不斷地創新競爭優勢，充分顯現它的風格和優點，令受眾易於識別。

如何塑造品牌長期戰略？品牌的整體規劃戰略步驟是：1.創立——奠定品牌資產基礎，2.建設——累積品牌資產，以及3.不斷改善——提升品牌資產，以創立——奠定品牌資產基礎。分別說明如下：

一、創立——奠定品牌資產基礎

1. 建立品牌核心價值

創立品牌要先從明確品牌的核心價值開始。從品牌的長期戰略來看，品牌精神內涵是比視覺設計、產品形態更長久、更令人崇拜的生命要素。因為，品牌代表著對消費者的意義和價值，它牽引著消費者選擇某一特定商品的原動力和驅動力。

2. 規劃品牌識別系統

品牌的核心價值是其與競爭對手區別開來的鮮明特徵，是它的個性特徵，而要傳達這種差異，需要有一定的識別系統。

報紙、廣播、電視等媒體由於傳播介質、技術、手法的不同，在建立識別系統方面具有很大的差異。因此，我們將分別以報紙、電視為例論述如何建立二者的識別系統。⑴報紙：首先，報紙的名稱應富有個性，能直觀地反映它的市場定位，特別是讀者定位。其次報紙的版面應展現自己的風格。⑵電視：電視的識別系統主要包括：台標設計、片頭包裝、主題音樂選擇、節目主持人包裝等。對電視台來說，台標是它的標誌，是電視台面對大眾的面孔。它代表電視台的風格，甚至是目標。

二、建設——累積品牌資產

1. 如何明確品牌定位

定位是品牌的核心，所謂定位是指消費者心目中形成的先入為主的概念，在數量眾多的媒體當中，首先必須考慮自己的品牌定位，為自己的媒體在受眾心中找到生存的空間。

2. 創建品牌要以優良產品為基礎

消費者對一個品牌的品質看法，往往會影響他們對這個品牌其他方面的認知，並直接影響到產品的銷售。所以媒體的品牌建構，必須始終建立在產品的優良品質的基礎之上。

三、改善——提升品牌資產

為了品牌的持續發展，產品必須保持新鮮感和時代感。特別是隨著時間的推移，社會環境、人的觀念都會出現變化。

媒體的定位、內容策劃、行銷等是一個動態的過程。一個媒體要想勇立潮頭，就要在堅持核心理念、保持自己個性和風格的同時，作到內容常新，經營求新求變。

創立——奠定品牌資產基礎

建立品牌核心價值

規劃品牌識別系統

建設——累積品牌資產

改善——提升品牌資產

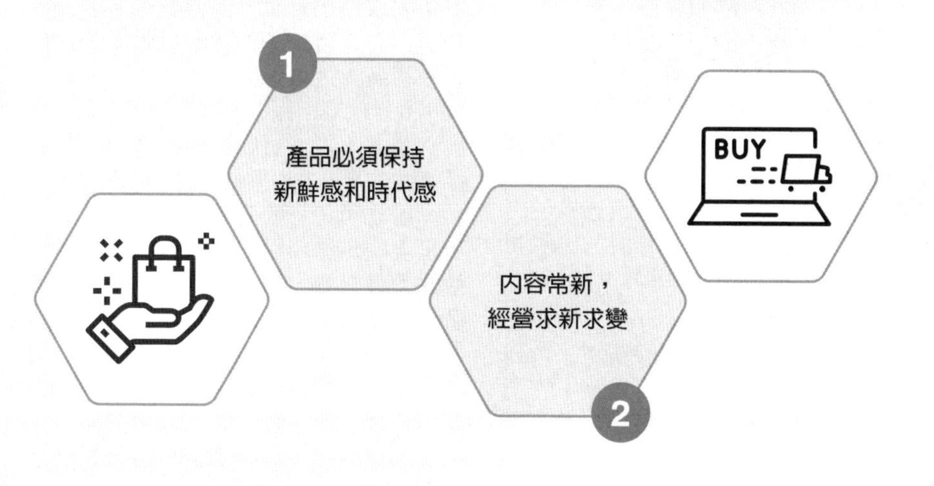

Unit 14-4 媒體品牌推廣戰略與廣告主

一、媒體品牌推廣戰略

如何建立品牌的經營意識，以確立媒體品牌推廣戰略？

媒體品牌的經營與培育，需要經營者樹立受眾至上的意識和深謀遠慮的市場戰略。媒體品牌塑造的關鍵在於對目標受眾視聽需求的深刻把握和理解，在於媒體受眾雙方的互動和溝通，也就是要樹立媒體品牌的受眾知名度和忠誠度。而要達到這樣的目的，除了從根本上提高整體的品質和水準以外，還必須建立品牌的經營意識，確立媒體品牌推廣戰略。

1. 廣告

媒體在品牌的塑造過程中，並不侷限於內容的打造，還要透過廣告、公共關係等現代行銷手法全方位塑造自身品牌形象。媒體形象廣告是能夠醒目地傳達自己定位的理想方式，很多報紙不僅在自己的版面上刊登自己的廣告，而且也能透過其他強勢媒體宣傳自身形象。《國際先驅導報》的形象廣告──「思想的鋒芒往往隱藏在深處」，不僅登在自己的報紙上，還在《參考消息》上同時刊出，充分利用了各種廣告資源。廣告口號在媒體廣告中也有了充分運用，它是媒體思想的表達。一方面，表現出傳播者的傳播理念，另一方面，也規範著傳播者的新聞資訊選擇標準。

2. 注重受眾參與

透過受眾參與、受眾服務等一系列市場營銷活動來增強品牌在受眾中的親和力和忠誠度，創造品牌體驗，進而最終提高市場占有率。

3. 舉辦大型活動

大型活動也是打造品牌、塑造形象的有力武器。在商品經濟社會裡，很多企業要設計一些活動來吸引媒體的注意，並借助媒體擴大知名度和影響力。在這方面，作爲大眾傳播管道的媒體具有獨特優勢，因爲它自己就可以完成從活動策劃到傳播，並形成影響的過程。

二、品牌廣告媒體的塑造與廣告主

品牌廣告媒體如何能給廣告主提供良好的媒體環境？這一點可以從質和量兩個方面，來加以說明媒體環境可以從質與量兩個方面進行評估。

首先，從量的方面來說，品牌媒體的廣告資訊比率比較合理。

媒體的廣告資訊比率特指廣告資訊在媒體資訊總量中所占比重的大小，是從量的角度評估廣告投放環境的主要指標。其公式為：廣告資訊比率＝廣告資訊÷媒體資訊×100%。廣告接觸對消費者而言，通常並不是目的性行為，即觀眾收看電視的目的是要看電視節目，而非電視廣告；閱讀報紙的目的是為了獲取新聞或娛樂資訊，並非廣告。因此廣告所占有媒體載具的時間或版面的比率將影響廣告效果，廣告所占比率愈高，表示受眾所受干擾度愈高，效果愈低。

其次，再從質的方面來考核，品牌媒體能爲廣告主提供較好的廣告環境。

廣告環境指的是載具承載其他廣告所呈現的媒體環境。對廣告環境進行評估的意義在於，如果載具所承載的其他廣告都是形象較佳的品牌或品類，受連帶影響，本品牌也會被消費者歸類爲同等形象的品牌。反之，如果載具內其他廣告皆爲吹噓不實、製作僞劣的廣告，則受其拖累，本品牌廣告也將被歸爲此類型品牌。

媒體品牌推廣戰略

1 廣告

(1) 在自己的版面上刊登自己的廣告
(2) 透過其他強勢媒體宣傳自身形象

2 注重受眾參與

(1) 創造品牌體驗
(2) 提高市場占有率

3 舉辦大型活動

(1) 打造品牌、塑造形象
(2) 形成影響的過程

品牌廣告媒體的塑造與廣告主

從量的方面來說

1. 品牌媒體的廣告資訊比率比較合理
2. 其公式為：
   廣告資訊比率＝
   廣告資訊÷媒體資訊×100%

從質的方面來考核

品牌媒體能為廣告主提供較好的廣告環境。

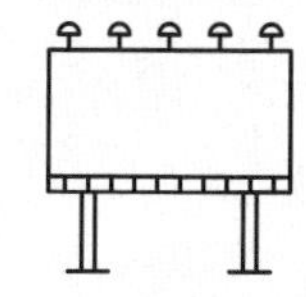

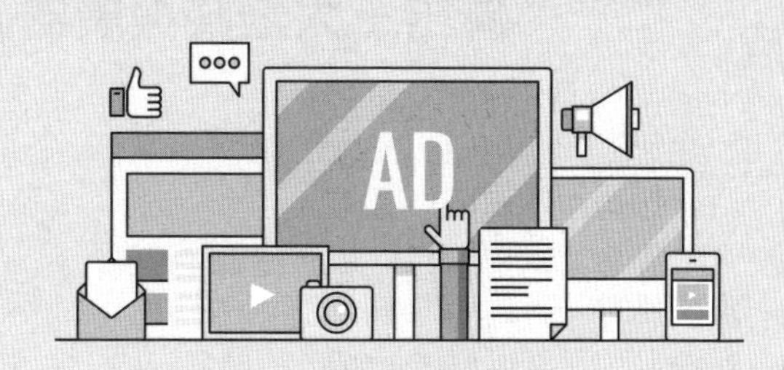

廣告與社會倫理

章節體系架構

Unit 15-1 廣告三大辯論與廣告人的關鍵問題

一、廣告三大辯論

廣告三大辯論指的是廣告社會功能與責任的以下三大辯論內容。

辯論一：「廣告創造需求」

有些批評的人指控廣告創造需求，尤其是創造許多無謂的需求，也就是說，廣告創造了許多消費者原本並不需要的需求。

辯論二：「廣告模塑 vs. 反映社會文化價值」

多數廣告學者認爲廣告雖然有效果，不過並不會有那麼大的影響力，廣告人只是比別人早觀察到社會趨勢，並利用廣告率先講出來罷了。

辯論三：「廣告造成過度追逐商品」

物質消費文化的興起，有人認爲是其所促成，但是，也有人認爲廣告沒有那麼神通廣大，廣告只不過是反映了當時的社會狀況，包括：標準化和在地化。所謂「標準化」指的是以相同劃一的訴求或表現，對全球消費者推出廣告。而「在地化」是根據各地風俗不同，推出符合在地的廣告訴求與表現。

至於其他與「社會責任」有關的議題還包括：第一，廣告品味太差或冒犯消費者；第二，性或色情訴求；第三，對特定族群的不當或扭曲呈現。以下針對此一議題加以論述：在不當或扭曲呈現當中，特別嚴重的是有關「刻板印象」。所謂「刻板印象」指的是人們對特定族群的不正確或扭曲認知。在廣告中的刻板印象，主要是將某個族群的人們，刻劃成具有固定行爲模式的人，正面刻板印象，有助溝通。

而廣告中的不正確或扭曲呈現，分爲：1. 廣告中的性別角色刻板印象；2. 身體意象／廣告形象；3. 種族與族群刻板印象；4. 國際廣告中的文化呈現；5. 銀髮刻板印象；以及6.兒童廣告。

其他與「社會責任」有關的議題，還包括：第四，與廣告訊息有關的爭議，亦即指誤導的產品訊息。

這裡有廣告最喜歡用「簡化後的誇大策略」，來誤導消費者。其次是吹噓式廣告：「以主觀的意見、漂亮的詞藻，或誇大的字眼來描述、讚揚該產品，或空泛地陳述不具體的事實，以達銷售目的。」最後則是比較式廣告：以比較的手法，呈現自己的產品比競爭品牌優秀，背書保證或代言展示。

第五，與廣告產品相關的爭議，包括：不一定適合廣告刊播的產品，如保險套、賭博、槍械。另外，則是不健康／危害健康的產品，如菸、酒、毒品、高熱量、高油脂速食，最後一項是成藥。

二、廣告人的關鍵問題

廣告人的關鍵問題指的是，廣告人在考慮倫理時所面對的關鍵問題。廣告人必須滿足下列問題，以確定廣告合乎倫理：1.誰應該是，或誰不應該是廣告的目標對象？2.哪些內容應該被廣告所使用？又有哪些不應該？3.廣告訊息可利用哪些象徵性的手法？不應該用哪些？4.哪些廣告與媒體播放或刊登的關係是適當的？又有哪些是不適當的？講得更清楚一點，例如：任何有「性暗示」的廣告都不應該出現在週末早上的卡通時段裡。5. 對社會而言，有哪些責任義務是廣告應盡的？

廣告三大辯論

三大辯論

- 廣告創造需求
- 廣告模塑VS.反映社會文化價值
- 廣告造成過度追逐商品

其他與「社會責任」有關的議題

1. 廣告品味太差或冒犯消費者。
2. 性或色情訴求。
3. 對特定族群的不當或扭曲呈現。
4. 誤導的產品訊息：
   - 簡化後的誇大策略
   - 吹噓式廣告
   - 比較式廣告
5. 不一定適合廣告刊播的產品，如保險套、賭博、槍械。
6. 不健康／危害健康的產品，如菸、酒、毒品、高熱量、高油脂速食。
7. 成藥。

廣告人的關鍵問題

1. 誰應該是，或誰不應該是廣告的目標對象？
2. 哪些內容應該被廣告所使用？又有哪些不應該？
3. 廣告訊息可利用哪些象徵性的手法？不應該用哪些？
4. 哪些廣告與媒體播放或刊登的關係是適當的？又有哪些是不適當的？
5. 對社會而言，有哪些責任義務是廣告應盡的？

Unit 15-2 廣告六大議題與廣告管制

一、廣告六大議題

廣告倫理的六大關鍵議題包括：

1. 吹噓式廣告

以主觀評論、最高級形容詞之聲明或誇張的言語來敘述、讚揚該產品；或籠統、空泛地陳述不具體事實，以達到銷售目的的廣告或銷售表現。

2. 品味

每個人對品味都有自己的主見，通常這些意見是不相同的，以致無法產生一般準則，這也使得廣告所宣稱的商品品味難以界定。

3. 刻板印象

主要是將某個族群的人們刻劃成固定的行爲模式，忽略其個體獨立性。

4. 兒童廣告

廣告對於兒童的影響一直是廣告產業中最具爭議性的議題之一，特別是1988年一份研究報告出爐之後，一場辯論於焉展開。報告指出每位兒童平均每年收看二千個廣告，這些數據讓某些人贊成政府規範兒童廣告。

5. 爭議性產品

長時間以來，許多原本被認爲不適合做廣告的產品，像是有關婦女衛生用品、足疾藥品及痔瘡藥等，已漸能被大眾所接受。但是仍有一些產品的廣告不一定爲大眾所認同，例如：菸草、酒類、賭博及藥物產品廣告。

6. 潛意識廣告

一般而言，我們認爲訊息可以藉由被看到與聽到而被察覺。然而潛意識的訊息傳遞方式乃是要讓觀眾在不知不覺中接受訊息，通常這種訊息比較模糊和簡短，導致消費者無法清楚辨識。

二、廣告管制

廣告管制包括政府對廣告管制，以及民間所扮演的角色。

1. 政府角色：政府的政府管制是指政府爲達到一定的目的，憑藉其法定的權利對社會經濟主體的經濟活動所施加的某種限制和約束，其宗旨是爲市場運行及企業行爲建立相應的規則，以彌補市場失靈，確保微觀經濟的有序運行，實現社會福利的最大化。

⑴《商標法》：商標可以是一個品牌名、公司名或其他足以標示出企業重要特徵的符號。商標必須向政府主管機關登記，才會受到該國政府的保護，若未經允許，其他企業絕對不能使用，因爲商標是企業獨一無二的資產。此外，聲音也可以註冊爲商標。

⑵《著作權法》：著作權指的是文字、聲音、圖像、肖像、影像及其他符號的創作所有權。創作該符號的作者，擁有絕對著作權，任何其他個人或機構必須經過合法授權才可使用，未經授權，不得重製、散布、改做、轉貼、播送。

⑶美國憲法第一修正案：「不能以任何形式、規定或條文妨害言論自由。」若制定任何法律，以規範廣告的商業言論自由，就有違憲之嫌。

⑷貿易委員會，爲規範商業行爲的最高行政機關，主要在監測廣告是否涉及欺騙及誤導。

⑸聯邦通訊委員會，目的在保障消費者的廣播與電視收聽（看）權，不但負責審核並決定是否核發營運執照，也有權禁止欺騙廣告的播出。

2. 廣告產業的自治組織，其規範形式分下列三種：⑴自律；⑵廣告產業自律規範；⑶在其他機構參與下建立自律規範。

3. 民間監督組織：如消費者文教基金會、閱聽人媒體監督聯盟。

廣告六大議題

- 吹噓式廣告
- 品味
- 刻板印象
- 兒童廣告
- 爭議性產品
- 潛意識廣告

廣告管制

政府角色

1. 確保微觀經濟的有序運行
2. 實現社會福利的最大化
   ①《商標法》
   ②《著作權法》

廣告產業的自治組織

1. 自律
2. 廣告產業自律規範
3. 在其他機構參與下建立自律規範

民間監督組織

消費者文教基金會、閱聽人媒體監督聯盟

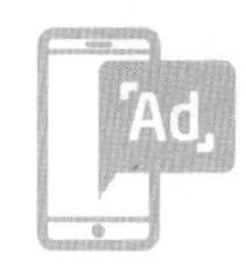

Unit 15-3 藥品、菸、酒廣告與置入性廣告、比較式廣告議題

一、藥品廣告議題

以藥品為例，找出兩個廣告以分辨何者品味較佳？

品味的一大構面是產品本身。電腦廣告中的產品，例如：牛仔褲、女性褲襪、胸罩、瀉藥、女性衛生用品等，如果表現手法過於直接寫實，則是較容易引人反感的廣告。

二、菸、酒廣告議題

贊成在台灣的菸、酒廣告完全開放嗎？

最熱門的廣告議題就是菸草廣告是否應該被限制？限制這些被認為有害健康及不安全的產品並非新鮮事，在美國，電視與廣播從1971年1月1日起就已經被禁止播放菸草廣告。禁止菸草廣告的提倡者認為香菸會造成癌症及其他疾病，廣告菸草商品可能會導致使用者或吸二手菸者的疾病、傷害，甚至造成死亡。禁止香菸廣告會造成銷售量降低，但也可以降低對健康的危害。

1996年美國食品藥物管理局提出一套強力反菸的廣告企劃。禁止在學校及公園附近一千呎以內設立戶外廣告看板，並規定菸草公司在超過55%讀者為18歲以下的雜誌上刊登廣告時，只能以黑白廣告刊登。除此之外，並針對兒童提出1億5000反菸訊息廣告的製作基金。

並不只有美國禁止菸草廣告。其他國家也對菸草廣告有所限制，舉例而言，馬來西亞也禁止了大部分的菸草廣告，包括平面媒體、電視、廣播及廣告看板。然而因為利用廣告間接式的影響消費者減少吸菸，這些禁止對於愛好抽菸者而言，根本是無效的。

在台灣，電視及網路禁止刊登香菸廣告，平面媒體則不予禁止，但是一定要加上「吸菸過量有害身體」的警告用語。

三、置入性廣告議題

置入性廣告是合乎道德的嗎？為什麼？

1. 置入性廣告是指透過商業運作，在電影、電視等媒體形式中置入商品、服務或品牌，以達到引起注意，促進消費的目的。
2. 近年來，台灣一些金飾、手錶、服裝、飲料等業者利用產品置入於戲劇節目中的方式，巧妙地配合劇情發展，成為演員使用的道具或衣著、配件，利用鏡頭特寫或停格的處理方式，讓大眾在觀看劇情的同時，也接觸到產品或品牌，例如：《流星花園》劇中男主角送給女主角的項鍊，使「今生今飾」熱賣。2009年金鐘獎電視劇《痞子英雄》，在劇中成功置入了高雄市的一些景點，這種廣告方式被稱為置入性廣告。現在政府已經開放電視節目作置入性廣告。

四、比較式廣告議題

如何證明比較的廣告是真實的？

比較式廣告是將不同品牌產品的特徵逐一做比較。在美國是允許的，但廣告必須比較相似的產品。如果公司能夠證明競爭者在相同的產品有些地方是較高價格的，才能宣傳公司產品的價格比競爭者低。在Lanbam法案之下，原告／起訴人需要證明五項要素，以贏得比較式廣告中不實廣告的訴訟。他們必須證明：

1. 關於被比較的產品，其中之一的操作、比較是假的。
2. 廣告真的欺騙或有意圖欺騙消費者。
3. 欺騙事實值得或具有意義的。換句話說，原告必須提出該廣告宣傳是有可能影響購買決策的。
4. 不實廣告的產品已在各地區販售。
5. 原告公司已經或可能受不實廣告的損害，不論是銷售額的損失或商譽的損失。

藥品廣告議題

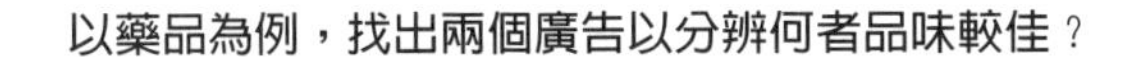

菸、酒廣告議題

贊成在台灣的菸、酒廣告完全開放嗎？

置入性廣告議題

1. 置入性廣告是合乎道德的嗎？為什麼？
2. 現在政府已經開放電視節目作置入性廣告。

比較式廣告議題

如何證明比較的廣告是真實的？

在Lanbam法案之下，原告／起訴人需要證明五項要素

1. 關於被比較的產品，其中之一的操作、比較是假的
2. 廣告真的欺騙或有意圖欺騙消費者
3. 欺騙事實值得或具有意義的
4. 不實廣告的產品已在各地區販售
5. 原告公司已經或可能受不實廣告的損害

Unit 15-4 美國聯邦貿易委員會對廣告主的規範及其對詐騙廣告的處理方式

一、美國聯邦貿易委員會（FTC）對廣告主的規範

1. 欺騙

欺騙的廣告是FTC關注的主要焦點。委員會所定義具有欺騙的活動包括：欺騙的價錢、對競爭產品的錯誤批評、欺騙的保證、含糊不清的言論和虛假的證明書。FTC對欺騙的定義包括三個基本的要素：⑴關於訊息的表達、省略或執行，有很大機率可能誤導消費者。⑵「理性消費者」的觀點用於判斷欺騙的活動。FTC以觀察消費者對一則廣告的解釋或反應是否合理的，來檢測廣告的合理性。⑶欺騙必須導致物質利益的損害。換句話說，欺騙必須影響消費者對於產品和服務的購買決策及結果。

2. 證實廣告的合理性

廣告主應該具備廣告宣傳產品績效的合理基礎，以事實資料佐證廣告所宣稱的內容。例如：冷氣機業者宣稱連續獲得全國品質獎，就應該具備得獎的事實資料作爲查證的基礎。

3. 比較式廣告

是將不同品牌產品的特徵，逐一做比較。

4. 背書

一種廣告策略，請代言人來爲品牌背書，反映了個人、團體或機構的觀點、信念或經驗。

5. 實際展示宣傳

電視廣告中的產品展示不能誤導消費者。這項要求對於食品廣告特別有困難，因爲某些因素會使原來的產品看起來令人感到沒有食慾，比如過熱的攝影棚燈光和廣告長時間的拍攝都有影響。

二、美國FTC對詐騙廣告的處理方式

1. 簽訂協定

在FTC廣告屬於欺騙之後，簽訂協定是法律程序的第一步。FTC會通知廣告主他們的發現，並要求廣告主簽一份協定，同意停止欺騙性的活動。大多數廣告主都會簽訂這份協定，以避免破壞公共形象。

2. 暫停及停止銷售

當廣告主拒絕簽和解協定，且FTC裁決欺騙已經確立時，他就會發布一項暫停及停止銷售令。發布暫停及停止銷售令的過程要求被告停止非法活動。

3. 刊登糾正性廣告

當消費者研究決定一則廣告存在錯誤的信念時，FTC需要製作糾正性廣告。在這種糾正法下，FTC將要求相關組織或人員向消費者提供訊息，糾正廣告主帶來的錯誤印象。糾正性廣告的目的不在於懲罰廣告主，而在於阻止廣告主繼續欺騙消費者。FTC會要求公司立即播放糾正性廣告，即使問題廣告還沒停止。

4. 賠償消費者

1975年Magnuson-Moss Warranty－FTC改進法案，規定當一個人或一家公司從事欺騙性活動時，FTC有權獲得消費者的賠償。委員會可以下達以下命令：取消或改變合約，歸予現金或財產，賠償損害和告知大眾。

5. 廣告代理商負擔法律責任

隨著FTC事務的增加，在FTC內部和聯邦法院中出現了對欺騙行爲的一種新的解決方法：使廣告代理商而非廣告主負有法律責任。當代理公司積極地參與了廣告的準備活動，並且知道或有理由知道它是錯誤的或具有欺騙性的時候，代理公司要與廣告主一同論處。

美國聯邦貿易委員會（FTC）對廣告主的規範

欺騙

FTC對欺騙的定義包括三個基本的要素：

- **01** 訊息的表達可能誤導消費者
- **02** 「理性消費者」的觀點用於判斷欺騙的活動
- **03** 欺騙必須導致物質利益的損害

證實廣告的合理性

以事實資料佐證廣告所宣稱的內容。

比較式廣告

將不同品牌產品的特徵逐一做比較。

背書

請代言人來為品牌背書。

實際展示宣傳

電視廣告中的產品展示不能誤導消費者。

美國FTC對詐騙廣告的處理方式

1. 簽訂協定
2. 暫停及停止銷售
3. 刊登糾正性廣告
4. 賠償消費者
5. 廣告代理商負擔法律責任

Unit 15-5
我國廣告管理之法律依據（上）

一、《公平交易法》

《公平交易法》第二十一條（民國106年6月14日修正通過）

1. 事業不得在商品或廣告上，或以其他使公眾得知之方法，對於與商品相關而足以影響交易決定之事項，為虛偽不實或引人錯誤之表示或表徵。
2. 前項所定與商品相關而足以影響交易決定之事項，包括商品之價格、數量、品質、內容、製造方法、製造日期、有效期限、使用方法、用途、原產地、製造者、製造地、加工者、加工地，及其他具有招徠效果之相關事項。
3. 事業對於載有前項虛偽不實或引人錯誤表示之商品，不得販賣、運送、輸出或輸入。
4. 前三項規定，於事業之服務準用之。
5. 廣告代理業在明知或可得而知情形下，仍製作或設計有引人錯誤之廣告，與廣告主負連帶損害賠償責任。廣告媒體業在明知或可得而知其所傳播或刊載之廣告有引人錯誤之虞，仍予傳播或刊載，亦與廣告主負連帶損害賠償責任。廣告薦證者明知或可得而知其所從事之薦證有引人錯誤之虞，而仍為薦證者，與廣告主負連帶損害賠償責任。但廣告薦證者非屬知名公眾人物、專業人士或機構，僅於受廣告主報酬十倍之範圍內，與廣告主負連帶損害賠償責任。
6. 前項所稱廣告薦證者，指廣告主以外，於廣告中反映其對商品或服務之意見、信賴、發現或親身體驗結果之人或機構。

二、《消費者保護法》

依據《消費者保護法》第二十二條之規定：「企業經營者應確保廣告內容之真實，其對消費者所負之義務不得低於廣告之內容。」

如果在商品或其廣告上有虛偽不實或引人錯誤之表示或表徵者，即已符合廣告不實的情況。

例如：日常生活中常見的房仲業者促銷房屋、購物頻道、各類食品販售等各種廣告，如遇有廣告不實的情況時，消費者可以主張的權利、廠商應負的責任和主管機關可做的處罰，分別加以導引說明。

以上兩種法律，皆是針對不實廣告的法律規範，以避免消費者因為業者的不實廣告而受到損害。雖然兩法的立法目的不同，但均對廣告的內容為嚴謹的規範，業者在為任何形式的廣告行為，不論在任何媒體上，都必須嚴格遵守。

三、廣告不實的定義

依照《公平交易法》第二十一條，廣告不實是指業者在商品或廣告上進行「虛偽不實」或「引人錯誤」的表示，而且這些不實或錯誤，與消費者在決定「要不要買這個商品」有重要的關聯。

例如：收納箱的功能是收藏物品，因此「容量」就是決定「要不要買這個商品」的重要參考標準。如果容量實際上不到70L，廣告中卻標榜有100L的容量，引起大眾錯誤的認知或決定，就是一種廣告不實。

四、造假、引人誤會，都屬於廣告不實

例如：台灣自產的咖啡豆，卻標榜來自非洲肯亞進口。即便沒有造假，若是引起別人的誤會、錯誤聯想，也算是廣告不實。例如：某產品標榜自己是「網路搜尋第一名」，但並沒有說清楚是用什麼關鍵字搜尋、在什麼時間點搜尋、有沒有事前做過完整的搜尋檢驗，卻仍以搜尋第一名作為廣告，讓人誤會該產品仍是蟬聯寶座、銷售冠軍而有相當的品質，可能構成廣告不實。

（資料來源：法律百科網站https://www.legis-pedia.com/article/consumers-loan-contract/874文：張學昌，刊登與最後更新：2021-07-02）

《公平交易法》

1. 不得在商品或廣告上為虛偽不實或引人錯誤之表示或表徵。
2. 所定與商品相關而足以影響交易決定之事項，以及其他具有招徠效果之相關事項。

3. 有前項虛偽不實或引人錯誤表示之商品，不得販賣、運送、輸出或輸入。
4. 查若屬實與廣告主負連帶損害賠償責任，包括：廣告代理業、廣告媒體業廣告薦證者。

《消費者保護法》

1. 《消費者保護法》第二十二條。
2. 例如：房仲業者促銷房屋、購物頻道、各類食品販售等各種廣告，廠商應負何種責任等。

業者不論在任何媒體上，都必須嚴格遵守以上兩種法律。

廣告不實的定義

1. 《公平交易法》第二十一條。
2. 例如：收納箱容量實際上不到70L，廣告中卻標榜有100L的容量。

廣告不實的例子

造假	引人誤會
例如：台灣自產的咖啡豆，卻標榜來自非洲肯亞進口。	例如：某產品標榜自己是「網路搜尋第一名」，但並沒有說清楚是用什麼關鍵字。

Unit 15-6 我國廣告管理之法律依據（下）

一、產品廣告內容之事前管制規範概述

（一）藥物

《藥事法》第五十六條至第七十條就有關「藥物」的廣告爲嚴格規定，其中包括哪些藥品始得爲廣告的資格、核准條件、可利用之方式，以及禁止行爲等及違法效果。

（二）醫療行爲

《醫療法》對於有關「醫療行爲」的廣告，則規定在第五十九條至第六十二條，其主要是針對登載內容有很大的限制，亦包括資格的限制、採用方式的限制、容許範圍的限制等。

（三）食品

《食品衛生管理法》第十九條之規定，主要是對「食品、食品添加物或食品用洗潔劑」所爲之廣告，不得有不實、誇張或易生誤解的情形，例如：販賣保健食品的廣告不得宣稱其食品具有醫療上的療效。

（四）化妝品

在「化妝品」之廣告部分，則應符合《化妝品衛生管理條例》第二十四條規定，化妝品不得登載或宣傳猥褻、有傷風化或虛僞誇大之廣告，並應事先送交主管機關核准，並向傳播機構繳驗核准證件。

（五）香菸

在「香菸」的廣告中，則亦應符合《菸害防制法》第九條規定，菸品廣告在媒體上登載爲禁止及限制其促銷方式，如有違反，則依該法第二十二條第二項處罰。

（資料來源：網路廣告內容的法律規範，教育部資訊及科技教育司網站https://depart.moe.edu.tw/ed2700/News_Content.aspx?n=6F7CB09F756DF1E7&sms=A67688921AA3EF58&s=1F67C40C22B60106）

二、有關廣播電視廣告之規定

（一）《廣播電視法》第二條

本法用詞，定義如下：

廣告：指爲事業、機關（構）、團體或個人行銷或宣傳商品、觀念、服務或形象，所播送之影像、聲音及其相關文字。

贊助：指事業、機關（構）、團體或個人爲推廣特定名稱、商標、形象、活動或產品，在不影響節目編輯製作自主或內容呈現之完整情形下，而提供金錢或非金錢之給付。

置入性行銷：指爲事業、機關（構）、團體或個人行銷或宣傳，基於有償或對價關係，於節目中呈現特定觀念、商品、商標、服務或其相關資訊、特徵等之行爲。

（二）節目廣告化認定及核處之法規

1. 依民國105年修正後之《廣播電視法》第三十三條及《衛星廣播電視法》第三十條規定，節目應明顯辨認，與廣告區隔，但法律另有規定者不在此限；另前開法律分別於第三十四條之三第二項及第三十三條第二項，針對節目與其所插播廣告之明顯辨認及區隔與置入贊助規範一同授權訂定子法，且分別訂有罰責。
2. 國家通訊傳播委員會於民國106年6月1日以通傳內容決字第10648014811號函示「電視節目廣告區隔及置入性行銷與贊助條文之適用原則及核處標準」，以及「電視節目廣告化、置入、贊助之關係表修正」，藉以補充說明並規定置入性行銷、贊助、冠名、廣告之關係。

產品廣告內容之事前管制規範概述

1	藥物	《藥事法》第五十六條至第七十條
2	醫療行為	《醫療法》第五十九條至第六十二條
3	食品	《食品衛生管理法》第十九條
4	化妝品	《化妝品衛生管理條例》第二十四條
5	香菸	1. 《菸害防制法》第九條 2. 如有違反，則依該法第二十二條第二項處罰

有關廣播電視廣告之規定

《廣播電視法》第二條定義

廣告　　贊助　　置入性行銷

節目廣告化之法規

1

《廣播電視法》第三十三條、
《衛星廣播電視法》第三十條

2 **國家通訊傳播委員會**

- 電視節目廣告區隔及置入性行銷與贊助條文之適用原則及核處標準
- 電視節目廣告化、置入、贊助之關係表修正

Unit 15-7 如何檢視廣告代理業是否專業

以下將分客戶服務、專業執著、社會責任和競爭倫理幾個部分，來看什麼是這個行業專業與不專業的表現。

一、客戶服務

廣告代理商接收客戶的委託作廣告，在這個過程中，勢必會吸收客戶產品的商業資訊。一般而言，凡是屬於客戶的商業機密，客戶會主動告知，要求代理商保密。事實上，在承攬客戶業務的過程中，代理商和廣告人一律對所有的客戶資料都予以保密。

廣告代理商也應嚴守避免客戶衝突的堅持，同一家廣告代理公司不應該同時代理同一市場之內彼此競爭品牌的客戶，這是業界心照不宣的默契。

另外，廣告代理商對客戶提供的服務品質不應該因為客戶廣告量的大小，而有懸殊的差別待遇，應該在不同廣告活動的服務上有相同的品質。

再者，廣告代理商對客戶的收費制度應該建立在一套公開並且合理的制度之下。

二、專業執著

廣告是否是一項專業（profession）？目前仍舊是見仁見智的界定，在國內並沒有一個專業化的作業機制，如鑒定或發照，因此任何人都可以從事廣告業，但是為求專業分工、建立外界對於廣告專業的尊重，從業人員應該要具備有所不為的堅持，一方面，應深入了解所代理的廣告商品，方能從事廣告企劃的工作，許多代理商因為時間的壓力或人手的不足，並未充分地了解客戶的商品，便匆匆進入廣告表現，甚至製造產品利益，事實上是有失專業堅持的作法。

另一方面，每一家公司應該自行訂定代理產品的標準，對於產品本質不良的應予以拒絕，對於產品屬性不清的應予以深究。

在從事創意服務時，便應該堅持不抄襲、不剽竊的原則。雖然創意的主觀面很難避免，不同公司的創意人員對於類似的產品有時會產生相同的創意內容，但是專業性的堅持應該讓廣告創意人儘量釐清以往的創意表現。

三、社會責任

廣告人既然掌握了龐大的媒體資源，就應該分外小心，同樣的訊息應朝正面的創意發想，具爭議性的、違反社會善良風俗的主張，不愉悅的畫面、音效等，在有其他更好的取代方案時，更應該多加思考。

廣告訊息的身分應該要公諸於世，不可變裝在社會、公關稿、新聞、節目之下，以變相的訊息試圖隱藏廣告的本質，這也是不負責任的作法。

四、競爭倫理

另外一個業界競爭的現象，便是人才競爭。因為業界的需求，及高度的挖角風氣，廣告業普遍對廣告教育的培訓興趣缺乏，最快的方式便是進行同業挖角。

但是若只是為了快速應付眼前客戶的需要，或是傷害同業而高薪惡意挖角，損人利己，絕非健康的競爭手法。

從個人角度而言，離職、專業應該有正面的考量，如果只是以離職作為薪資與職銜的跳板，事實上也不是一個被尊重的專業行徑。尤其頻頻跳槽以增進自己在新公司的地位，更不是業界被尊重的行為。

客戶服務

1. 一律對所有的客戶資料都予以保密
2. 不應同時代理同一市場之內彼此競爭品牌的客戶
3. 應該在不同廣告活動的服務上有相同的品質
4. 收費制度應該建立在一套公開且合理的制度下

專業執著

廣告是否是一項專業（profession）？

從業人員應該堅持

1. 深入了解所代理的廣告商品
2. 對於產品本質不良的，應予以拒絕

社會責任

1. 避免違反社會善良風俗的主張
2. 廣告訊息的身分應該要公諸於世

競爭倫理

避免高薪惡意挖角

離職、專業應該有正面的考量

Unit 15-8 廣告的社會倫理責任及其與兒童的關係

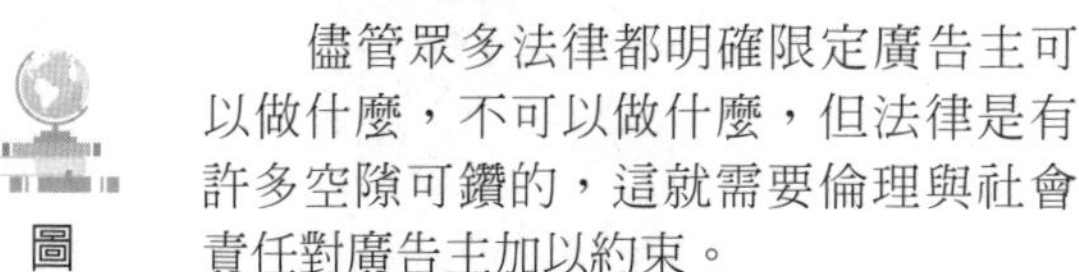

一、廣告的社會倫理責任

儘管眾多法律都明確限定廣告主可以做什麼，不可以做什麼，但法律是有許多空隙可鑽的，這就需要倫理與社會責任對廣告主加以約束。

道德廣告意味著按照廣告主及其夥伴所認定的、合乎特定環境的道德標準去進行社會責任，也意味著按照社會認定的、最有利於民眾或特定社會團體的標準去進行。

因此，倫理和社會責任相結合，方可在沒有法律約束之時，防範廣告主違反我們的經濟基本前提的行爲發生。

當今絕大多數廣告主都力爭遵守相應的倫理準則，發布對社會負責任的廣告。另一方面，作爲製作方，廣告公司也極少強迫自己的員工爲有悖於他們道德標準的客戶工作。廣告作爲是一種自由發揮、無法檢驗的行業，自然會受到大眾的仔細審查和嚴格規範。廣告以往的失誤，導致了一套又一套法律、規章的制定，以及新的管理機構的產生。如今，消費者團體、政府、特殊利益團體，甚至一些廣告主也都在審查、管理和改進廣告，以便創造更多的完全資訊，降低不必要的外部性所造成的影響。

二、廣告與兒童的關係

近年來，全世界針對廣告對兒童的影響愈來愈關心，主要原因是世界各國都發現廣告所呈現的情境、物價與消費習性，的確潛移默化地影響著孩子的生活習慣與消費傾向。

各國在兒童肥胖與健康的議題下，政府單位都制定規範來限制機關業者的廣告刊播；規範的主要焦點在於年齡限制、刊播時間、廣告內容的元素。

1. 年齡限制

在加拿大有一些食品和飲料公司在2007年4月時發起了一項保護12歲以下兒童的承諾活動，承諾的核心原則包括每年產品廣告。多倫多公共衛生署還呼籲聯邦政府禁止一切針對13歲以下兒童的食品和飲料商業廣告。同年的7月美國前十一大食品、飲料製造商吉百利食品子公司Cadbury Adams USA LLC、好時（Hershey）、聯合利華、M&M巧克力製造商Masterfoods USA、金寶湯（Campbell Soup Co）與通用磨坊（General Mills）等，也主動宣布對12歲以下兒童投放廣告設限，包括電視、廣播、印刷媒體與網路廣告。其中麥當勞願意自我規範限制快樂兒童餐的廣告，並願意將部分食品廣告中的米老鼠、史瑞克等知名代言的卡通人物玩具撤除；英國也在同年開始實行禁止對16歲以下青少年投放垃圾食物的電視廣告規定。

2. 刊播時間

希臘嚴格禁止在早晨七點至晚上十點做有關玩具的電視廣告。加拿大規定廣告只能在上午九點到十點露出，且禁止強調最省錢、最優惠等引誘字眼。我們的衛福部也與食品業者溝通，希望在兒童節目時段，不播出高鹽、高糖、高油食品廣告等相關措施。

3. 廣告內容的元素

我們的衛福部與食品業者溝通後，麥當勞、肯德基、可口可樂三大食品業者，皆願意加強營養標示，廣告則以宣傳健康飲食爲主的內容。

廣告的社會倫理責任

1. 法律是有許多空隙可鑽的，對廣告主應加以約束
2. 倫理和社會責任相結合
3. 廣告應受到大眾的仔細審查和嚴格規範
4. 廣告主也都在審查、管理和改進廣告

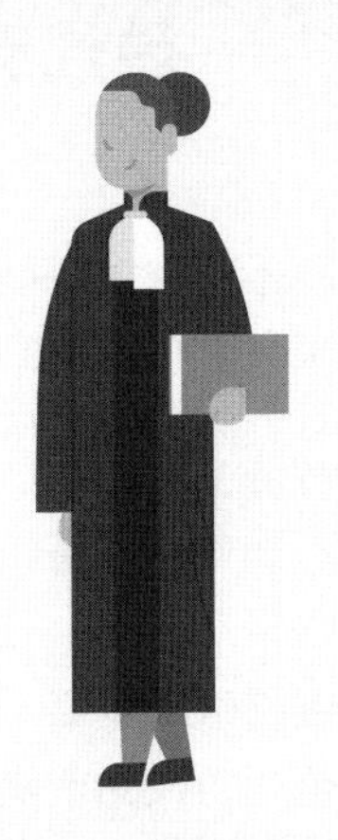

廣告與兒童的關係

年齡限制

刊播時間

廣告內容的元素

Unit 15-9 現代廣告的特點與未來發展趨勢

放眼全球，現代廣告有什麼樣的特點？未來又會有怎樣的發展趨勢？綜觀國際廣告業，整體呈現以下發展特點和趨勢。首先，綜觀歷史，每次媒介形態的革命，都會導致廣告傳播形態翻天覆地的變化。

一、新媒體帶來變革

數位化時代的新媒體所帶來的當代資訊傳播的變革，對廣告受眾的影響是極其深遠的。

在新媒體背景下，廣告策劃者應該重新思考原本處於傳播終端的受眾，同時也應該更加關注對未來人類生存產生重要影響的問題，如技術、經濟、社會、文化。

二、廣告服務日益拓展

廣告服務綜合化整合行銷傳播觀念的提出，推動著廣告活動朝著全方位、立體性、綜合化的方向發展。愈來愈多的廣告公司正在將自己的服務範圍，從單純的做廣告轉變成爲企業做銷售。「整合行銷傳播」這一概念已實實在在進入了廣告這一行業。爲什麼會發生這樣的轉變？最根本的原因在於：「一方面，有些廣告主需要廣告公司提供全面服務，以便在行銷各階段進行多方面溝通，保證各項行銷策略在同一理念指導下相互配合，達到整合行銷傳播的效果；同時避免在尋找其他代理公司中消耗時間、精力及其他的開支。另一方面，近年來廣告主對專業服務的呼聲愈來愈高，需求日益複雜化、多元化；而廣告公司整合自身優勢，經過多年分流已形成多種專業的服務定位，爲廣告主多樣選擇提供可能。」可見，廣告公司只做行銷，「產品、價格、通路、廣告」之中的四分之一已經遠遠不夠了。

三、廣告範圍超越國界

經濟活動的全球化加速了廣告活動國際化的進程，因而湧現出大量的國際廣告活動。廣告業所面臨的文化全球化，主要是資訊與文化傳播的全球化，表現在資訊量的高速膨脹、資訊傳播方式的多樣化、資訊傳播速度的高速性和資訊傳播影響的滲透性上，其中影響最大的是資訊傳播影響的滲透性。

四、廣告研究跨界融合

展望廣告學理論研究的趨勢，今後將更加集中在廣告文化學、廣告傳播學、廣告資訊學、廣告社會學、廣告美學等更加宏觀的領域和更加相互融合的範疇。

在研究重點上也發生了轉移，將從理論的研究，到行爲的研究；從分離的研究，到綜合、交叉的研究；從靜態的研究，到動態的研究。

由於大勢所趨，廣告公司的必要性在網際網路大環境下不斷降低，廣告行業是否就因此走向末路？儘管如此，廣告行業依然是市場行銷環節中不可忽視的環節，特別是500強大型企業依然需要依賴廣告公司爲其行銷導航，所以廣告公司應該還不會死的太快。但隨著網路對傳統行銷模式改革的深入和創新，廣告公司早已不是不可撼動的一環。如何在網際網路大環境中，讓廣告公司生存下來，甚至逆流而上，需要各位廣告界的菁英好好思考。

新媒體帶來變革

更加關注對未來人類生存產生重要影響的問題，
例如：技術、經濟、社會、文化。

廣告服務日益拓展

1. 有些廣告主需要廣告公司提供全面服務
2. 近年來，廣告主對專業服務的呼聲愈來愈高

廣告範圍超越國界

1. 經濟活動的全球化，加速了廣告活動國際化的進程
2. 湧現出大量的國際廣告活動
3. 廣告業所面臨的文化全球化
4. 影響最大的是資訊傳播影響的滲透性

廣告研究跨界融合

1. 今後廣告研究將朝更加宏觀的領域和更加相互融合的範疇
2. 研究重點從理論的研究，到行為的研究

參考書目

王懷明（2012）。《廣告心理學原理》。北京：清華大學。

王軍元等人著（2006）。《廣告通論》。上海：上海三聯書店。

文春英（2006）。《外國廣告發展史》。北京：中國傳媒大學。

申綱領主編（2007）。《消費心理學》。北京：電子工業。

艾進等編（2015）。《廣告學》。台北：元華文創。第一版。

艾進主編（2018）。《體驗經濟下的廣告管理》。台北：財經錢線文化。

李永清譯（1995）。《廣告創意》。台北：朝陽堂。修訂版二刷。

李夢麗、徐村和（1998）。《廣告學：策略與管理》。台北：五南。

李波、丁翠紅（2012）。《經略新媒體廣告》。福州：福建人民。

汪淼主編（2011）。《影視廣告製作》。北京：化學工業。

沈詠惠編撰（2007）。《廣告行銷》。台北縣：台灣出版社。初版。

姜智彬（2010）。《廣告學概論》。北京：化學工業。

何修猛（2006）。《現代廣告學》。上海：復旦大學。第六版五刷。

呂冠瑩（1999）。《廣告學》。台北：文京。初版。

呂冠瑩（2015）。《廣告學概論》。新北：前程文化。初版。

周南燕譯（1996）。《現代廣告事典》。台北：清朝陽堂。初版。

周豔芳、袁偉靜、劉輝（2011）。《廣告概論》。北京：清華大學。初版。

苗杰（2006）。《現代廣告學》。北京：中國人民大學。第三版。

丘穎（2011）。《現代廣告學》。北京：清華大學。

洪冰譯（2004）（Josheph Turow原著）。北京：華夏。第二次印刷。

洪賢智（2004）。《廣告原理與實務》。台北：五南。

紀華強（2006）。《廣告媒體策劃》。上海：復旦大學。

胡擁軍等主編（2011）。《廣告傳媒學基礎》。北京：清華大學。第一次印刷。

桂世河、王長征譯（Well, William, Moriarty, Sandra, & Burnett, John原著）（2009）。《廣告學原理與實務》。北京：中國人民大學。

姜智彬（2012）。《廣告學概要》。北京：化學工業。

孫順華（2007）。《中國廣告史》。濟南：山東大學。第一次印刷。
許俊基（2006）。《中國廣告史》。北京：中國傳媒大學。
許安琪、樊志育（2002）。《廣告學原理》。台北：揚智。
郭有獻（2007）。《廣告文案寫作教程》。北京：中國人民大學。
郭良文主編（2001）。《臺灣的廣告發展》。台北：學富。
崔生國（2015）。《廣告設計》。上海：上海人民美術。新一版。
崔銀河（2008）。《廣告媒體研究》。北京：中國傳媒。
高萍主編（2007）。《廣告策劃與整合傳播》。北京：中國傳媒大學。
陳尚永譯（Moriarty, S., Mitchell, N. & Wells, W.原著）（2018）。《廣告學》。台北：華泰文化。第十版。
陳培愛（2003）。《如何成爲傑出的撰稿人》。廈門：廈門大學。第二次印刷。
陳培愛（2005）。《廣告策劃與策劃書撰寫》。廈門：廈門大學。第四次印刷。
舒咏平（2012）。《新媒體廣告》。北京：高等教育出版社。第二次印刷。
黃昭泰（1989）。《實用廣告學》。台北：美國教育。初版。
張賢平、黃迎新（2012）。《廣告學概論》。北京：中國人民大學。
張建設等人（2013）。《廣告學概論》。北京：北京大學。
程士安（2003）。《廣告調查與效果評估》。上海：復旦大學。第一版。
陳培愛（2009）。《廣告傳播學》。廈門：廈門大學。
陳培愛、覃勝南（2006）。《廣告媒體教程》。北京：北京大學。第二次印刷。
楊堅爭、楊立釩、周楊（2011）。《網絡廣告學》。北京：電子工業。第三版。
賈樹枚等主編（2006）。《廣告文案創意新論》。上海：上海三聯。第一版。
劉林清（2014）。《廣告學概論》。北京：中國人民大學。第一次印刷。
劉英華（2006）。《廣播廣告理論與實務教程》。北京：中國傳媒大學。
劉美琪、許安琪、漆梅君、于心如（2000）。《當代廣告》。台北：學富。
劉建順（2004）。《現代廣告學》。台北：智勝。
鄧國取（2011）。《廣告學》。上海：立信會計。
曾光（1998）。《超猛廣告創意》。台北：非庸媒體集團。
漆梅君譯（1994）。《廣告學》。台北：亞太。

蕭湘文（2002）。《廣告創意》。台北：五南。第二版。

蕭湘文（2010）。《廣告傳播》。台北縣深坑鄉：威士曼文化。第二版二刷。

樊志育（1999）。《廣告效果測定技術》。台北：作者。

樊志育、樊震（2005）。《戶外廣告》。台北：揚智。初版。

樊志育（2005）。《中創意廣告史》。台北：三民。

鄭自隆（2008）。《廣告與台灣社會變遷》。台北：揚智。

鄭自隆（2015）。《廣告策略與管理理論與案例交鋒對話》。台北：華泰文化。

鄭安鳳、彭書翰譯（Chris Hackley原著）（2006）。《廣告與促銷——品牌傳播的密訣》。台北：風雲論壇。

鄭龍偉等編著（2019）。《新媒體廣告創意、策劃、執行與數字整合營銷》。北京：人民郵電。第一次印刷。

趙寰（2012）。《廣告基礎與實務》。大連：東北財經大學。

趙惠霞（2007）。《廣告美學：規律與法則》。北京：人民出版社。第一次印刷。

戴國良（2005）。《廣告學：策略、經營與廣告個案實例》。台北：鼎茂。

戴國良（2021）。《廣告學：策略、經營與廣實例》。台北：五南。

蕭富峰、張佩娟、卓峰志（2020）。《廣告學》。台北：元照。再版。

謝獻章（2007）。《廣告管理》。台北：新文京。

國家圖書館出版品預行編目資料

圖解廣告學/莊克仁著. -- 初版. -- 臺北市:
五南圖書出版股份有限公司, 2022.01
面； 公分
ISBN 978-626-317-342-2(平裝)
1.廣告學
497 110018139

1ZOR

圖解廣告學

作　　者— 莊克仁(213.9)
發 行 人— 楊榮川
總 經 理— 楊士清
總 編 輯— 楊秀麗
副總編輯— 陳念祖
責任編輯— 李敏華
封面設計— 姚孝慈
出 版 者— 五南圖書出版股份有限公司
地　　址：106台北市大安區和平東路二段339號4樓
電　　話：(02)2705-5066　　傳　　真：(02)2706-6100
網　　址：https://www.wunan.com.tw
電子郵件：wunan@wunan.com.tw
劃撥帳號：01068953
戶　　名：五南圖書出版股份有限公司

法律顧問　林勝安律師事務所　林勝安律師

出版日期　2022年 1 月初版一刷
定　　價　新臺幣380元